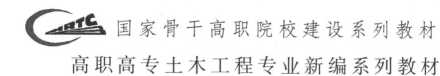

国家骨干高职院校建设系列教材
高职高专土木工程专业新编系列教材

混凝土结构

舒 展 刘芳宏 主 编
张 宇 副主编
胡国伟 主 审

中国铁道出版社有限公司

2024年·北 京

内 容 简 介

本书共分8个单元。单元一主要介绍混凝土的发展与应用；单元二主要介绍混凝土和钢筋的力学性能及混凝土结构的设计方法；单元三、单元四主要介绍受弯构件的承载力计算及变形检算；单元五主要介绍受压构件承载力计算；单元六主要介绍预应力混凝土结构构件；单元七主要介绍砌体结构的构造及承载力计算；单元八主要介绍钢结构连接方法和检算。

本书引入了工程案例，内容实用性强，依据《混凝土结构设计规范》（GB 50010—2010）以及相应的规程进行编写。

本书可作为高职高专院校土木工程类学生的教材，也可作为现场施工技术人员的学习参考书。

图书在版编目(CIP)数据

混凝土结构/舒展，刘芳宏主编．—2版．—北京：中国铁道出版社有限公司，2020.8（2024.6重印）

国家骨干高职院校建设系列教材　高职高专土木工程专业新编系列教材

ISBN 978-7-113-26748-3

Ⅰ.①混…　Ⅱ.①舒…②刘…　Ⅲ.①混凝土结构-高等职业教育-教材　Ⅳ.①TU37

中国版本图书馆CIP数据核字(2020)第048910号

书　　名：混凝土结构

作　　者：舒　展　刘芳宏

策　　划：陈美玲

责任编辑：陈美玲　　**编辑部电话：**(010)51873240　　**电子邮箱：**992462528@qq.com

封面设计：王镜夷　高博越

责任校对：王　杰

责任印制：高春晓

出版发行：中国铁道出版社有限公司（100054，北京市西城区右安门西街8号）

网　　址：http://www.tdpress.com

印　　刷：三河市兴达印务有限公司

版　　次：2016年8月第1版　2020年8月第2版　2024年6月第3次印刷

开　　本：787 mm×1 092 mm 1/16　**印张：**13.75　**字数：**352千

书　　号：ISBN 978-7-113-26748-3

定　　价：42.00元

第二版前言

混凝土结构是土建类专业的一门重要的专业基础课程，也是一门实践性很强，与现行的规范、规程等有密切关系的课程。本书针对高等职业院校注重实践和应用的特点，以实用、实际、实效为原则，以“必需、够用”为度进行编写。

本书重点参考了《混凝土结构设计规范》(GB 50010—2010)(2015 版)编写，反映了我国混凝土结构设计方面的新成果。主要内容包括：钢筋混凝土结构中材料的力学性能、梁板的一般构造、钢筋混凝土受弯构件正截面承载力计算、钢筋混凝土受弯构件斜截面承载力计算、钢筋混凝土受弯构件的变形和裂缝、钢筋混凝土受压构件的承载力、预应力混凝土结构、砌体结构和钢结构。为便于自学和检验学习效果，每个单元都归纳了能力目标和知识目标，并总结了大量的例题、思考题及习题。

本书由哈尔滨铁道职业技术学院舒展和刘芳宏担任主编，哈尔滨铁道职业技术学院张宇担任副主编，中铁三局集团有限公司胡国伟担任主审。全书共分为 8 个单元，具体编写分工如下：第一单元由张宇编写；第二单元项目四、第三单元和第四单元由舒展编写；第二单元项目一～项目三、第五单元和第六单元由刘芳宏编写；全书思考题、习题和附录由中国铁路北京局集团有限公司王泽其编写；第七单元由哈尔滨铁道职业技术学院王淑媛编写；第八单元由哈尔滨铁道职业技术学院徐正伟编写。

本书在编写过程中得到了哈尔滨铁道职业技术学院、中国铁路北京局集团有限公司、齐齐哈尔市公路管理处、中铁三局集团有限公司的同仁们的大力支持和帮助，在此深表感谢。

由于编者水平有限，加之编写时间仓促，不妥之处在所难免，敬请读者批评指正。

编　者

2020 年 6 月

QIAN YAN

第一版前言

混凝土结构是土建类各专业的一门重要的专业基础课程，也是一门实践性很强，与现行的规范、规程等有密切关系的课程。本书针对高职院校注重实践和应用的特点，以实用、实际、实效为原则，以“必需、够用”为度进行编写。

本书在编写中参考了部分现行国家标准，反映了我国混凝土结构设计方面的新成果。主要内容包括：钢筋混凝土结构中材料的力学性能、梁板的一般构造、钢筋混凝土受弯构件正截面承载力计算、钢筋混凝土受弯构件斜截面承载力计算、钢筋混凝土受弯构件的变形和裂缝、钢筋混凝土受压构件的承载力、预应力混凝土结构。为便于自学和检验学习效果，每个单元都归纳了能力目标和知识目标，附有例题、思考题及习题。

本书由哈尔滨铁道职业技术学院王淑媛、刘芳宏任主编，哈尔滨铁道职业技术学院付慧任副主编，中铁三局集团有限公司胡国伟任主审。其中，单元一由付慧编写；单元二中的项目四、单元三和单元四由王淑媛编写；单元二中的项目一到项目三、单元五和单元六由刘芳宏编写；单元二、单元三的思考题与习题由哈尔滨铁路设计院有限公司韩艺编写；单元四的思考题与习题由龙建四公司魏国峰编写；全书由王淑媛修改定稿。

本书在编写过程中得到了哈尔滨铁道职业技术学院、龙建四公司、哈尔滨铁路设计院有限公司、中铁三局集团同仁们的大力支持和帮助，在此深表感谢。

由于编者水平有限，加之编写时间仓促，不妥之处在所难免，敬请读者批评指正。

编者

2016年1月

目录

单元一　绪　　论

学习导读

钢筋混凝土结构在土木工程中的应用范围极广，各种工程结构都可以采用钢筋混凝土建造。本单元主要介绍混凝土结构的分类、特点及应用。在学习过程中要注意课程的学习方法。通过查阅相关规范与网络资源，拓展视野。

能力目标

1. 具备查阅资料、分析提炼的能力；
2. 具备理论联系实际的综合应用能力。

知识目标

1. 掌握混凝土结构定义及优缺点；
2. 熟悉钢筋混凝土结构的发展及应用；
3. 了解本课程的学习方法和需要注意的问题。

学习项目一　混凝土结构的分类和特点

一、引　　文

混凝土，一般是指由胶凝材料(水泥)，粗、细骨料(石子、砂粒)，水及其他材料，按适当比例配制，拌和并硬化而成的具有所需形体、强度和耐久性的人造石材。

在建筑物中，承受和传递作用的各个部件的总和称为结构，它是由若干构件按照一定的连接方式组成的承重骨架体系。

二、相关理论知识

(一)混凝土结构的分类

按承重结构所用材料不同，结构可分为混凝土结构、砖石及混凝土结构、钢结构、木结构等。

砖石及混凝土结构俗称圬工结构，又称砌体结构，是用胶结材料与砖、石、混凝土等块材按一定规则砌筑而成的整体结构。这种结构易于就地取材，且有良好的耐久性，但自重大、施工机械化程度低，多用于中小跨度的拱桥、墩台、基础、挡土墙及防护工程中。

钢结构是由型钢或钢板通过一定的连接方式所构成的。钢结构的可靠性高，基本构件可在工厂预制，故施工效率高、周期短，但相对于混凝土结构而言，造价较高，而且养护费用也高。

木结构指单纯由木材或主要由木材承受荷载的结构。木材易于取材、加工方便，缺点是各向异性，有木节、裂纹等天然缺陷，易腐、易蛀、易燃、易裂和易翘曲。我国木材资源严重不足，因此，木结构常应用于抢险急修的临时性工程以及施工过程中的辅助性工程。

混凝土结构是以混凝土为主要材料制作的结构。它包括素混凝土结构、钢筋混凝土结构、预应力混凝土结构、钢管混凝土结构、钢骨混凝土结构、FRP 筋混凝土结构、纤维混凝土结构等。

素混凝土结构是由无筋或不配置受力钢筋的混凝土制成的结构。素混凝土具有明显的脆性。因此，素混凝土结构在实际工程的应用很有限，常用于路面和一些非承重结构，如重力堤坝、素混凝土桩、挡土墙、水泥混凝土路面(图 1.1)等。

钢筋混凝土结构是由配置受力的普通钢筋、钢筋网或钢筋骨架的混凝土制成的结构，如图 1.2 所示。钢筋混凝土结构由钢筋和混凝土两种力学性质不同的材料组成，具有就地取材、耐久性好、刚度大、可模性好等优点；其缺点在于混凝土抗拉强度太低，构件容易开裂，跨越能力不大，构件尺寸及自重太大。钢筋混凝土结构广泛应用于各种桥梁、涵洞、挡土墙、路面、水工结构和房屋结构等。

图 1.1　水泥混凝土路面

图 1.2　钢筋混凝土桥墩

两根截面尺寸、跨长均相同的素混凝土和钢筋混凝土梁的对比试验情况如图 1.3 所示。混凝土强度为 C20 的素混凝土简支梁，当跨中承受的集中力 $P=P_{cr}$ 时，梁的跨中附近截面底部边缘的混凝土受拉开裂，导致整个梁突然断裂破坏，如图 1.3(a)所示。但如果在这根梁的受拉区配置 3 根直径为 16 mm 的 HPB300 级钢筋，受压区布置 2 根直径为 10 mm 的架立钢筋和适量的箍筋，用钢筋代替开裂后的混凝土承受压力，则可以继续加载，直到钢筋达到屈服强度以后，受压区混凝土被压碎，梁才破坏，此时跨中承受的集中力 $P>P_{cr}$，如图 1.3(b)所示。虽然试件中纵向受力钢筋的截面面积只占整个梁截面面积的 1%左右，但破坏荷载 P 却可以提高许多。

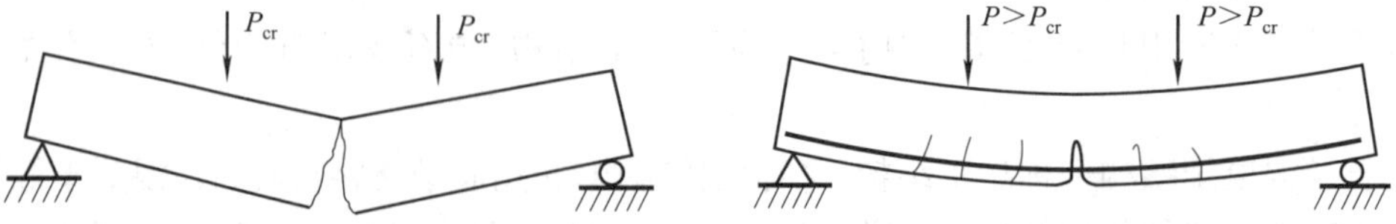

(a) 素混凝土简支梁

(b) 钢筋混凝土简支梁

图 1.3　两根混凝土梁的对比试验

图 1.4　预应力混凝土铁路箱形简支梁

预应力混凝土结构是充分利用高强度材料来改善钢筋混凝土结构的抗裂性能的结构。它是由配置受力的预应力钢筋通过张拉或其他方法建立预应力的混凝土结构，如图 1.4 所示。钢管混凝土结构是指在钢管内浇捣混凝土做成的一种新型组合结构。由于钢管混凝土结构能够更有效地发挥钢材和混凝土两种材料各自的优点，同时克服了钢管结构容易发生局部屈曲的缺点，近年来，随着理论研究的深入和新施工工艺的产生，工程应用日益广泛。钢管混凝土结构按照截面形式的不同可以分为矩形钢管混凝土结构、圆钢管混凝土结构和多边形钢管混凝土结构等，其中前两种结构应用广泛。

钢骨混凝土结构又称为型钢混凝土结构，是指用混凝土包裹型钢或用钢板焊成的钢骨架的混凝土结构。它充分发挥了钢与混凝土两种材料的特点，具有承载力高、抗振性能良好、施工安装方便等优点。钢骨混凝土结构在我国高层建筑以及大跨度建筑中有着广阔的应用前景。

FRP 筋混凝土结构是指用纤维增强复合材料（FRP——Fiber Reinforced Polymer/Plastic）替代钢筋为筋材的混凝土结构。FRP 是近年来在土木工程中应用日益广泛的一种新型的结构材料，具有高强、轻质、耐腐蚀等显著优点。FRP 在土木工程中的应用分为两大类，一类是用 FRP 筋代替钢筋用于新建结构，另一类是将 FRP 筋用于旧结构物的加固补强、围护防腐。

纤维混凝土结构（FRC——Fiber Reinforced Concrete），是纤维增强混凝土结构的简称，通常是以水泥净浆、砂浆或者混凝土为基体，将短而细的分散性纤维掺入其中而形成的一种新型材料。纤维有两类：一类是高弹性模量纤维，包括钢纤维、玻璃纤维、石棉纤维及碳纤维等，掺入混凝土后，可使混凝土获得较高的韧性，并提高抗拉强度、刚度和承受动荷载的能力；另一类是低弹性模量纤维，如聚丙烯纤维、聚乙烯纤维及尼龙纤维等，掺入混凝土中只能增加韧性，不能提高强度。此外，纤维混凝土还具有抗疲劳性，在耐久性、耐磨性、耐腐蚀性、耐冲刷性、抗冻融和抗渗性方面都有不同程度的提高。

钢筋混凝土结构和预应力混凝土结构常用作土木工程中的主要承重结构。在多数情况下混凝土结构是指钢筋混凝土结构。

钢筋混凝土结构按结构的受力状态和结构外形可分为杆件系统和非杆件系统两大类。杆件系统中又包括有受弯构件、受压构件、受拉构件、受扭构件等。非杆件系统可以是空间薄壁结构，也可以是外形复杂的大体积结构等。

钢筋混凝土结构按结构的制造方法可分为整体式（现浇式）、装配式及装配整体式三种。整体式结构是在现场先架立模板，绑扎钢筋，然后现场浇捣混凝土而成的结构。它的整体性比较好，刚度也比较大，但生产较难工业化，施工期长，模板用料较多。装配式结构则是在工厂（或预制工厂）预先制备各种构件，然后运往工地装配而成。采用装配式结构可加快建筑工程的工业化进程（设计标准化、制造批量化、安装模式化）；制造不受季节限制，能加快施工进度；利用工厂有利条件，提高构件质量；模板可重复使用，还可免去脚手架，节约木材或钢材。目前装配式结构在建筑工程中已普遍采用。但装配式结构的接头构造较为复杂，整体性差，对抗振不利，装配时还需要有必要的起重安装设备。装配整体式结构是一部分为预制的装配式构件，另一部分为现浇的混凝土。预制装配部分通常可作为现浇部分的模板和支架，它比整体式结构有较高的工业化程度，又比装配式结构有较好的整体性。

钢筋混凝土结构按结构的初始应力状态可分为普通钢筋混凝土结构和预应力钢筋混凝土结构。预应力钢筋混凝土结构是在结构承受荷载以前，预先在混凝土中施加压力，造成人为的压应力状态，预加的压应力可抵消荷载产生的全部或部分拉应力。预应力混凝土结构的主要优点是抗裂性能好，能充分利用高强度材料，可以用来建造大跨度的承重结构（如大跨度的预应力混凝土桥梁）。钢筋混凝土结构已经广泛应用于桥梁、隧道、工业与民用建筑以及水利、海港等工程中。

（二）混凝土结构的优缺点

混凝土结构应用广泛，主要是因为它有很多的优点，具体如下：

(1)耐久性好。处于良好环境下的钢筋混凝土结构，混凝土强度随时间不断增长，且钢筋受到混凝土的保护而不易锈蚀，因而提高了混凝土结构的耐久性，几乎不用保养和维修。

(2)耐火性好。由于有热传导性差的混凝土做钢筋的保护层，当火灾发生时，钢筋混凝土结构不像木结构那样易燃烧，也不像钢结构那样很快发生软化而破坏。

(3)整体性好。整体式或装配整体式钢筋混凝土结构，具有较好的整体性，因而有利于结构的抗振和防爆。

(4)可模性好。钢筋混凝土结构可以根据设计需要，制作各种形状的模板，可浇制成各种形状和尺寸的结构，特别适宜于建造外形复杂的大体积结构、曲线形的梁和拱以及空间薄壁结构。

(5)刚度大。钢筋混凝土结构的刚度大，在使用荷载作用下仅产生较小的变形，因此能有效地用于对变形要求较严格的各种环境。

(6)承载力高。和砌体、木结构相比，其承载力高。

(7)抗振性能好。现浇整体式钢筋混凝土结构，整体性好，且通过合适的配筋，可获得较好的延性，有利于抗振，因而在地震区建造的高层房屋结构，宜采用钢筋混凝土结构。

(8)可就地取材，节约钢材。混凝土所用砂、石材料，一般可以就地、就近取材，节约运输费用，从而可以显著地降低工程造价。钢筋混凝土结构可合理地利用钢筋和混凝土各自的优良性能，在某些情况下能代替钢结构，从而可节约钢材，降低造价。

当然，钢筋混凝土结构还有一些缺点，具体如下：

(1)自重大。钢筋混凝土的重度大约为 25 kN/m^3，大于砌体和木材的重度。虽然比钢材的重度小，但由于结构的截面比钢结构大，因而其结构自重远远超过相同跨度和高度的钢结构，所以不利于建造大跨度结构和超高层建筑。

(2)抗裂性差。由于混凝土抗拉强度低（约为抗压强度的 1/17～1/8），因此，普通混凝土结构经常处于带裂缝工作状态。虽然从设计理论上讲裂缝的存在并不意味着结构就会发生破坏，但是可能要影响结构的耐久性和美观。

(3)施工的季节性强。在严寒地区冬季施工，混凝土浇筑后可能冻坏，施工时应注意保温措施，也可在混凝土中掺加化学添加剂加速凝结，增加热量、防止冻结。在酷热地区或雨季施工，应注意控制水灰比、加强保养。

(4)施工复杂。施工工序多（支模、绑钢筋、浇筑、养护等），施工比钢结构复杂，建造工期一般较长。

(5)修复、加固、补强困难。随着钢筋混凝土结构的发展，混凝土结构加固技术也在不断得到发展，如采用碳纤维布加固混凝土结构技术等。

(6)隔热隔声效果差。

知识拓展——大跨度桥梁

预应力混凝土箱形截面斜拉桥或钢与混凝土组合梁斜拉桥是当前大跨度桥梁的主要结构形式之一。

2001 年底建成通车的夷陵长江大桥(图 1.5)，全长 3 246 m，主桥是一座三塔、中心索面、预应力混凝土箱形截面斜拉桥，长度 936 m，跨径布置为 120 m＋2×348 m＋120 m，桥面宽 23 m，是长江上唯一的一座三塔倒 Y 形单索面混凝土加劲梁斜拉桥，其跨度在同类桥梁中为世界之最。

1993 年 10 月建成通车的上海杨浦大桥(图 1.6)，桥全长 1 172 m，主跨 602 m，是大跨径的钢与混凝土结合梁斜拉桥，"A"字形桥塔高 220 m，采用了 256 根斜拉索。它的建成完工引起国内外同行的注目，受到国际桥梁专家的高度赞扬。

图 1.5　夷陵长江大桥

图 1.6　上海杨浦大桥

学习项目二　混凝土结构的发展与应用

一、引　　文

混凝土结构是工程中应用最多的一种结构。现代混凝土结构是随着混凝土和钢筋工业的发展而发展起来的，虽然混凝土结构的出现比传统的石、砖、木结构晚，但发展速度却很快，应用范围广泛。

二、相关理论知识

(一)混凝土结构的发展

混凝土结构在 19 世纪初期开始得到应用，它与石、砖、木结构相比是相当年轻的，是一种较新的结构。混凝土结构的发展大体可分为以下四个阶段。

第一阶段：从钢筋混凝土发明至 20 世纪 20 年代。1824 年英国人 J·阿斯普汀发明了波特兰水泥之后，大约在19世纪50年代，钢筋混凝土才开始被用来建造中小型楼板、梁、拱、基础等构件。由于当时所采用的钢筋和混凝土的强度较低，计算理论套用弹性理论，设计方法采用容许应力法，所以混凝土结构在工程中的应用发展较慢。

在进入20世纪以后，钢筋混凝土结构有了较快的发展，1910年以后，德国混凝土委员会、奥地利混凝土委员会、美国混凝土学会、英国混凝土学会等相继建立，从而促进了混凝土理论和应用的明显进步。

第二阶段：从20世纪20年代到40年代。到1920年已先后建造了许多混凝土建筑物和桥梁，开始进入了直线形和圆形预应力钢筋混凝土结构的新时代。随着生产的需要，人们开始对钢筋混凝土性能进行实验，开展计算理论的探讨和施工方法的改进。混凝土和钢筋强度的不断提高，1928年法国杰出的土木工程师弗雷西内 E. Freyssnet 发明了预应力混凝土。在这期间预应力混凝土结构得到了广泛的发展。工厂生产的预制构件也得到了广泛的应用，钢筋混凝土结构和预应力混凝土结构的应用范围在不断向大跨桥梁和高层发展。计算理论已开始考虑材料的塑性性能，并开始按破坏阶段法计算构件的破坏承载力。

第三阶段：从20世纪40年代到80年代。钢筋混凝土结构应用已经到了一个较高的水平，在工程实践、理论研究和新材料的应用等方面都有了较快的发展。钢筋和混凝土均向高强度发展。工程上已大量使用了C80～C100强度等级的混凝土。国外预应力钢筋趋向于采用高强度、大直径、低松弛钢材，如热轧钢筋的屈服强度达到600～900 N/mm^2，为了减轻自重，各国都在发展各种轻质混凝土，如加气混凝土、陶粒混凝土等。为了改善混凝土的工作性能，国内外正在研究和应用在混凝土中加入掺和料以满足各种工程的特定要求，如纤维混凝土、聚合物混凝土等。

第四阶段：从20世纪80年代到现在。在计算理论上已过渡到充分考虑混凝土和钢筋塑性的极限状态设计理论，在设计方法上已过渡到以概率论为基础的多系数表达的设计方法。该阶段的计算理论趋于完善，材料强度不断提高，施工机械化程度也越来越高，预制装配式混凝土结构、高效预应力混凝土结构、泵送商品混凝土以及各种新的施工技术广泛地应用于各类土木工程，如超大跨度桥梁、跨海隧道、高层建筑等。

随着人们对混凝土的深入研究，钢筋混凝土结构在土木工程领域必将得到更广泛的应用。目前，钢管混凝土结构和钢骨混凝土结构的应用更加拓展了混凝土的使用范围。

（二）我国混凝土结构的发展

我国混凝土结构虽然起步较晚但在新中国建立后发展迅速，现在从混凝土结构材料、混凝土结构形式、混凝土结构计算理论和混凝土结构施工技术4个方面简要地叙述我国混凝土结构的发展概况及应用。

1. 混凝土结构材料

(1)混凝土

我国《高强混凝土结构设计与施工指南》将等级在C50以上(含C50)的混凝土划为高强度混凝土，目前我国普遍使用的混凝土等级是C20～C40，在一些高层建筑中也采用等级为C50～C80的混凝土。20世纪80年代末美国和日本相继提出高性能混凝土的概念。高性能混凝土的概念相对于高强度混凝土意义更加深远，高性能混凝土要求混凝土具有高耐久性、高工作性、高强度、高抗渗、高体积稳定性和经济合理性等，即概括为高强度、高耐久性和高工作性。

绿色高性能混凝土的发展方向是混凝土的未来，因为它充分利用各种工业废弃物，节约更多的资源与能源，对环境的破坏减少到最小，这不仅使混凝土工程走可持续发展之路，也是人类生存发展的需要。

(2)钢筋

我国20世纪50～60年代使用低碳钢筋(HPB235)；70年代通过低合金化(20MnSi)使强度提高40%(HRB335)；80年代进一步微合金化(20MnSiV)强度又提高20%(HRB400)。目前，强度再提高25%的HRB500级钢筋已具备生产能力。20世纪90年代，我国采用国际标准开始生产高强钢丝和钢绞线，强度达到1 570～1 860 MPa，2 000 MPa以上的预应力钢筋也已试制成功。这些高效预应力筋(如三股钢绞线、螺旋肋钢丝等)不仅高强，而且有相当好的延性和锚固性能。其最明显的优势是高强度和高效率，强度价格比提高40%以上，且不会发生脆性断裂破坏。此外，粗直径钢筋的连接技术发展较快，钢筋的连接将逐渐由搭接过渡到电渣压力焊、套筒挤压、锥螺纹连接、直螺纹连接等可靠而节约的连接方式。

2. 混凝土结构形式

土木工程上传统的结构形式主要有木结构、砌体结构、混凝土结构和钢结构四类。随着科学技术的发展，近20年来又推进了第五种结构类型，即钢管混凝土组合结构。该种新型结构是钢管和混凝土两种材料的结合，充分发挥了钢材的抗拉性能和混凝土的抗压性能，而克服了彼此的缺点，因而是经济合理的结构。

在我国，钢管混凝土已经被广泛的应用于拱桥结构中。1990年在我国四川省苍旺县建成了跨度115 m的第一座钢管混凝土拱桥。经过多年的实践，我国在钢管混凝土拱桥建设上已经积累了丰富的经验，形成了一套较为完整的拱桥建造技术。

近年来，在斜拉桥和梁式桥中也开始采用钢管混凝土结构，同样取得了良好的经济效益。例如，武汉后湖斜拉桥和四川雅安石棉县干海子特大桥，都采用了全钢管桁架组合梁式结构，减轻了结构恒载，提高了结构承载力利用系数。钢管混凝土空间桁架组合梁式结构适用多种桥型，推广其应用必将带来显著的经济效益和社会效益。

混凝土结构电视塔由于其造型上及施工(采用滑模施工)上的特点，已逐渐取代过去常用的钢结构电视塔。

3. 混凝土结构计算理论

钢筋混凝土的基本理论和设计方法仍在不断发展中。目前考虑混凝土非弹性变形的计算理论有很大进展，在连续板、梁及框架结构的设计中考虑塑性内力重分布的分析方法已得到较为广泛的应用。随着对混凝土强度和变形理论的深入研究，现代化测试技术的发展及有限元分析方法的应用，对混凝土结构，尤其是体形复杂或受力状况特殊的二维、三维结构，已能进行非线性的全过程分析，并开始从个别构件的计算过渡到考虑结构整体空间工作、结构与地基相互作用的分析方法，使得混凝土结构的计算理论和设计方法日趋完善，向着更高的阶段发展。

在20世纪50年代初期，我国钢筋混凝土的计算理论由按弹性方法的允许应力计算法过渡到考虑材料塑性的按破损阶段计算法。随着科学研究的深入和经验的积累，我国于1966年颁布了按多系数极限状态计算的设计规范《钢筋混凝土结构设计规范》(GBJ 21—1966)。1970年起又提出了单一安全系数极限状态设计法，并于1974年正式颁布了《钢筋混凝土结构设计规范》(TJ 10—1974)。1989年我国又颁布了近似全概率的可靠度极限状态设计法国家规范《混凝土结构设计规范》(GBJ 10—1989)，2002年又颁布全面修改后的《混凝土结构设计规范》(GB 50010—2002)。

在工程建设领域出现了许多新技术和新材料，随着人民生活水平的提高，对结构可靠性、耐久性的要求也进一步提高，2002年版的《混凝土结构设计规范》(GB 50010—2002)中有些条款已不能适应工程建设的需要。于是2010年又重新颁布了新的《混凝土结构设计规范》(GB 50010—2010)，并已于2011年7月执行。新规范反映了近几年来在工程建设中的新经验和混凝土结构学科新的科研成果，标志着我国混凝土结构的计算理论和设计水平又有了新的提高。

《混凝土结构设计规范》(GB 50010—2010)中调整了正常使用极限状态的荷载组合，以及预应力构件的验算要求。完善耐久性设计方法，适当增加钢筋保护层厚度，提出了使用期维护、管理的要求。调整正常使用极限状态裂缝宽度及刚度的计算方法，计算结果略有放松。考虑配筋特征值调整钢筋最小配筋率，增加安全度，同时控制大截面构件的最小配筋率。调整混凝土构件抗振等级以及有关内力调整的规定，提出抗振钢筋延性的要求。调整柱的轴压比限值、最小截面尺寸、最小配筋率，适当提高安全储备。可见，新规范的颁布与实施必将促进我国混凝土结构设计水平的进一步提高。

4. 混凝土结构施工技术

中小型预制桥梁的整个吊装、大型桥梁的泵送混凝土等技术得到广泛应用。

模板工程向非木材化、高品质、多功能方向发展，开始提出模板的结构化，即施工中的模板作为结构的一部分参与受力，不再拆除。在现场养护条件下，提出用电热钢模板的方法来加速混凝土养护过程。在工厂生产的条件下，已开始尝试采用远红外辐射养护技术。

(三)混凝土结构的应用

混凝土结构可应用于土木工程中的各个领域，如桥梁、隧道、高速公路、房屋建筑、地铁等大都可采用混凝土结构。如2014年在辽宁省大连市建成主跨206 m的预应力混凝土矮塔斜拉桥——长山大桥(图1.7)；2010年在阿拉伯联合酋长国迪拜建成的高828 m的哈利法塔(图1.8)；2014年在青海省天峻县和乌兰县境内通车的目前国内最长的关角铁路隧道(图1.9)。

钢筋混凝土结构在特种结构、水利工程、海洋工程、港口码头工程领域也得到了不断发展。如在湖北省宜昌市建成的世界上规模最大的三峡水电站(图1.10)等。

相信未来混凝土结构还会得到更广泛的应用。

图1.7　长山大桥

图1.8　哈利法塔

图 1.9　关角铁路隧道

图 1.10　三峡水电站

知识拓展——万州新田长江大桥南北主塔封顶

2020 年 4 月 2 日，新田长江大桥南岸主塔最后一方混凝土顺利浇筑完毕，新田长江大桥南北主塔胜利封顶。高度为 177.5 m 的钢筋混凝土主塔，相当于 60 层楼的高度，矗立于长江两侧。塔柱采用液压自动爬模技术，主要分为 30 个节段进行“堆积木式”施工。新田长江大桥自 2019 年 3 月 1 日开工以来，全面落实“快、准、狠”管理模式，平稳推进大桥建设，提前一个月完成南岸主塔封顶(图 1.11)。

图 1.11　新田长江大桥南岸主塔施工现场图片

项目部现场实施工点工厂化、标准化和 6 s 管理，提升管理质量。同时，全体参建人员齐抓安全，实现安全无盲区、无死角管理，全过程管控，共创安全生产。

新田长江大桥是三峡库区在建跨度最大的双塔单跨钢箱梁悬索桥，属三峡库区第二座千米级桥梁，是万州区一环八射“高速公路网一环”中的控制性工程，是国家高速公路网——恩广高速万州环线项目新田至高峰段的重点控制性工程。

大桥全长 1.7 km，一跨过江，主跨 1 020 m，索塔为简洁门形塔，由塔柱与上下两道横梁组成，其中塔柱为等高塔设计，总高 177.5 m，上塔柱高 115.5 m，下塔柱高 54 m，塔冠高 8 m。

新田长江大桥主塔建设项目集中技术骨干力量，精心构建起国内山区首座实施全生命周期 BIM+技术应用体系，借助建筑模型对桥型调整优化进行攻关。在专家组的技术指导下，先后组织完成 3 次专家论证及行业主管部门审查。通过对大桥结构精密计算、模拟精确摆动，规避了北岸主塔原设计涉水施工难题，形成目前北岸两根主塔横向地面高差 16 m，呈现不等高“高低塔”的奇特效果。

据了解，仅设计优化这一项，就节约工程投资近 2 000 万元，科学保证了全生命建设运营期内质量安全，大大加快了施工进度。此次主塔封顶，使全过程整体工期得以有效提前，标志着桥梁建设转入上部结构施工阶段。为下一步先导索过江、猫道和主缆架设等重点环节工序的衔接，奠定了坚实的基础。

学习项目三　混凝土结构课程的内容和学习方法

一、引　　文

本课程是一门理论性、实践性较强的专业基础课，是基础课和专业课之间的桥梁和纽带。本课程的先修课程主要为材料力学和建筑材料。

二、相关理论知识

(一)课程内容

课程主要学习混凝土受弯和受压基本构件的受力性能、计算方法和构造要求，包括钢筋混凝土结构、预应力混凝土结构。通过学习，应懂得结构计算的基本原理，掌握钢筋混凝土结构基本构件计算和构造要求，了解预应力混凝土结构的计算方法，理解各种结构构件的构造要求，为将来从事各种结构的施工、设计奠定基础。

(二)课程学习方法

想学好本课程，应注意以下几点：

(1)本课程与其他课程的区别。主要注意同力学知识的联系和区别，本课程讨论的是钢筋和混凝土两种材料组成的构件，构件不符合均质、连续、各项同性、弹性等条件，因此在应用力学原理和方法时，必须考虑上述特点，不可照搬照抄。

(2)材料的复杂性。因为混凝土材料本身的物理学特性十分复杂，不少公式非单纯由理论推导而来，而是以经验、试验为基础得到的半理论经验公式。学习过程中要了解试验中的规律性现象，在学习和运用这些方法和公式时，要注意它们的适用范围和限制条件。钢筋和混凝土两种材料在截面面积数量和材料强度大小上的比例匹配不同，会引起构件受力性能的改变。为了对钢筋混凝土的受力性能和破坏特性有较好的了解，一定要掌握好钢筋和混凝土材料的力学性能和影响因素。

(3)设计的综合性和多方案性。构件设计是一个综合性问题，包括选型、材料、配筋、造价、施工等多方面因素，既要做到安全、适用、耐久，又要做到技术先进、经济合理。设计过程是一个多次反复的过程，对同一问题，往往有多种可能的解决方案，要考虑诸多方案的合理性，从中选出最优的方案。所以在学习过程中，不能以数学、力学的思维模式和方法来学习本课程，要培养综合分析的能力。

(4)《混凝土结构设计规范》的权威性。本课程的内容多、计算公式及符号多、构造规定也多，要遵循教学大纲的要求，贯彻“少而精”的原则，突出重点，并注意难点的学习。学习并学会应用有关规范是学习本课程的重要任务之一。从某种意义上说，本课程的学习就是规范的学习。规范是国家颁布的关于结构计算和构造要求的技术规定和标准，具有一定的约束性和法规性，学生应注重对规范的学习，并在学习过程中逐步熟悉和正确运用我国颁布的一些设计规范和设计规程。《混凝土结构设计规范》(GB 50010—2010)是本教材使用的基本规范。

(5)构造措施的重要性。构造措施是在施工方便、经济合理前提下,对结构计算中未能详细考虑或难定量计算的因素所采取的技术措施。构造措施是长期科学试验和工程实践经验的总结,是对计算必不可少的补充,两者是同样重要的。因此,学生要重视理解构造措施中的道理。

(6)课程的实践性。在学习过程中要有计划地到施工现场参观,细心观察结构构件的构造细节和受力情况,积累感性认识,这对于学好本课程将有较大的帮助。注重实践教学环节,扩大知识面。混凝土结构设计原理是以试验为基础的,因此除课堂学习以外,还要加强实践的教学环节,以进一步理解学习内容和实践的基本技能。结合课程设计等实践性教学环节,使学生初步具有运用理论知识正确进行混凝土结构设计和解决实际技术问题的能力。

知识拓展——绿色生态混凝土

对绿色生态混凝土的概念目前学术界还没有统一的定义。1990 年,日本山本良一教授提出环境协调性材料,之后又出现了许多类似的提法,如“生态材料”“生态环境材料”“绿色材料”“环境友好型材料”等,它们都是以保护地球环境和资源为出发点而提出的概念。1995 年,日本混凝土协会与生态混凝土研究委员会在环境协调性材料概念的基础上,提出“生态混凝土”的概念,又称环保型混凝土、生态环境友好型混凝土。

与生态混凝土相类似的一个概念是绿色混凝土。绿色混凝土是具有环境协调性和自适应特性的混凝土。其中,环境协调性是指对资源和能源消耗少,对环境污染小和循环再利用率高;自适应特性是指具有满意的使用性能,能够改善环境,具有感知、调节和修复等机敏特性。“绿色”的涵义可理解为:节约资源、能源;不破坏环境,更有利于环境;可持续发展,既满足当代人的需求,又不危害子孙后代,且能满足其需要。而“生态” 更强调的是混凝土材料本身直接“有益”于生态环境。

绿色生态混凝土可以定义为:是通过材料研选采用特殊工艺制造出来的具有特殊结构与表面特性的混凝土,对资源和能源消耗少;与自然生态系统相协调,对环境的负荷小,能够主动改善环境;非再生资源的循环再利用率高;具有满意的使用性能,包括力学性能、耐久性能和功能性。绿色生态混凝土属于现代混凝土范畴,并且符合循环经济的理念。

思考题

1-1　钢筋混凝土结构有哪些优点? 有哪些缺点? 如何克服这些缺点?

1-2　素混凝土有哪些特点? 与其他混凝土有哪些区别?

1-3　什么是混凝土结构? 根据混凝土中添加材料的不同通常分哪些类型?

1-4　钢筋混凝土结构中配置一定形式和数量的钢筋有哪些作用?

1-5　近十年来,混凝土结构有哪些发展?

单元二　钢筋混凝土结构基本知识

学习导读

钢筋混凝土结构是由混凝土和钢筋两种力学性能(强度和变形)极不相同的材料组成的。在实际工程中,为了正确合理地进行钢筋混凝土结构的设计,必须掌握钢筋与混凝土的力学性能及其受力特点,为学习后续内容打下基础。

本单元主要介绍混凝土和钢筋两种材料的力学性能及钢筋混凝土结构的设计方法。在学习过程中应学会查阅各种数据表,以便得到材料强度设计值及弹性模量的数值。

能力目标

1. 具备合理选用钢筋和混凝土品种、级别的能力;
2. 具备查阅钢筋和混凝土的主要力学指标的能力;
3. 具备应用两种极限状态设计表达式的能力。

知识目标

1. 熟悉钢筋的种类及常用钢筋的特性;
2. 理解混凝土的力学性能;
3. 掌握钢筋和混凝土的强度与强度等级的概念;
4. 熟悉钢筋与混凝土的黏结作用和共同工作的原理;
5. 了解钢筋混凝土结构对钢筋性能的要求;
6. 掌握结构的功能要求,理解结构极限状态的定义及极限状态设计的方法。

学习项目一　混凝土的力学性能

一、引　文

混凝土的物理力学性能将直接影响混凝土结构和构件的性能,也是混凝土结构计算理论和设计方法的基础。

二、相关理论知识

(一)混凝土的强度

混凝土的强度是指它所能承受的某种极限应力。从结构设计的角度出发,我们需要了解如何测定混凝土的强度和影响混凝土强度的主要因素。

1. 混凝土立方体抗压强度(立方体)

混凝土立方体抗压强度是混凝土的基本强度指标。我国国家标准《普通混凝土力学性能试验方法标准》(GB/T 50081—2002)规定:边长为 150 mm 的标准立方体试件在标准养护条件[温度(20±2)℃,相对湿度 95%以上]下养护 28 d 后,以标准试验方法(中心加载,加载速度为 0.3～1.0 MPa/s),在试件上、下表面不涂润滑剂,连续加载直至试件破坏。将试件的破坏荷载除以承压面积,所测得的抗压强度值,即为混凝土立方体抗压强度(f_{cu})。

《混凝土结构设计规范》(GB 50010—2010)规定,混凝土的立方体抗压强度标准值($f_{cu,k}$)指按照标准方法制作养护的边长为 150 mm 的立方体试块,在 28 d 龄期用标准试验方法测得的具有 95%保证率的抗压强度。

试验表明,立方体抗压强度不仅与养护期的温度、湿度、龄期等因素有关,而且与试验的方法有密切关系。

试件受压时,纵向缩短,横向扩张。一般情况下,试验机承压板与试件之间将产生阻止试件向外自由变形的摩阻力,就如同在试件上下端各加了一个套箍,它阻碍了试件的横向变形,阻滞了裂缝的开展,从而提高了试块的抗压强度。

在试验过程中也可看到,试件破坏时,首先是试块中部外围混凝土发生剥落,如图 2.1(a)所示。这也说明,试块和试验机垫板之间的摩擦对试块有“套箍”作用,且这种“套箍”作用越靠近试块中部就越小。

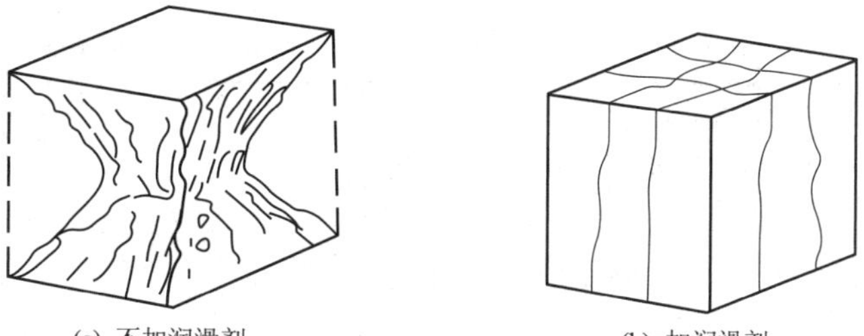

(a) 不加润滑剂 (b) 加润滑剂

图 2.1 混凝土立方体试件的破坏

如果在承压板与试件之间涂油脂润滑剂,则实验加压时摩阻力将大为减小,如图 2.1(b)所示。《混凝土结构设计规范》规定采用不加润滑剂的试验方法。混凝土的立方体抗压强度还与试件尺寸有关。试验表明,立方体试件尺寸愈小,摩阻力的影响愈大,测得的强度也愈高。试验加荷速度对混凝土强度也有影响,加荷速度越快则强度越高。

《混凝土结构设计规范》规定,混凝土的强度等级应按立方体抗压强度标准值 $f_{cu,k}$ 确定,以符号 C 表示,单位为 N/mm^2。例如,C35 表示混凝土的立方体抗压强度标准值为 $f_{cu,k}=35\ N/mm^2$(即 $f_{cu,k}=35$ MPa)。混凝土强度等级有 14 个级别,即 C15、C20、C25、C30、C35、C40、C45、C50、C55、C60、C65、C70、C75、C80。一般将混凝土等级在 C50 以上的混凝土称为高强混凝土。

《混凝土结构设计规范》规定,钢筋混凝土结构的混凝土强度等级不应低于 C20;当采用 HRB400 和 RRB400 级钢筋时,混凝土强度等级不得低于 C25;承受重复荷载的钢筋混凝土构件,混凝土强度等级不得低于 C30;预应力混凝土结构的混凝土强度等级不应低于 C30,且不宜低于 C40。

2. 混凝土轴心抗压强度(棱柱体)

通常混凝土受压构件往往不是立方体而是棱柱体,其长度比它的截面边长要大得多,因此棱柱体试件的受力状态更接近于实际构件中混凝土的受力情况。

工程中通常用高宽比为 2～4 的棱柱体,按照与立方体试件相同条件下制作和试验方法测得的具有 95%保证率的棱柱体试件的极限抗压强度值作为混凝土轴心抗压强度标准值,用 f_{ck}表示。试验表明,棱柱体试件的抗压强度较立方体试块的抗压强度低。混凝土的轴心抗压强度试验以 150 mm×150 mm×300 mm 的试件为标准试件。

3. 混凝土轴心抗拉强度

混凝土的抗拉强度和抗压强度一样,均为混凝土的基本强度指标。但是混凝土轴心抗拉强度远小于其立方体抗压强度,一般仅相当于立方体抗压强度的 1/19～1/8。

在进行钢筋混凝土结构强度计算时,总是认为受拉区混凝土开裂后退出工作,拉应力全部由钢筋来承受,此时混凝土的抗拉强度没有实际意义。

但是,对于不容许出现裂缝的结构,就应考虑混凝土的抗拉能力,并以混凝土的轴心抗拉极限强度作为混凝土抗裂强度的重要指标。混凝土轴心抗拉强度测试有两种方法。

第一种是直接测试方法(图 2.2),对两端位于试件轴线上的预埋钢筋施加拉力,破坏时裂缝产生在试件中部。试件破坏时的平均拉应力即为混凝土的轴心抗拉强度。这种试验方法预埋钢筋时难以对中,会形成偏心受力,所测得的抗拉强度比实际强度偏低,因此这种测试对试件尺寸及钢筋位置要求较严。

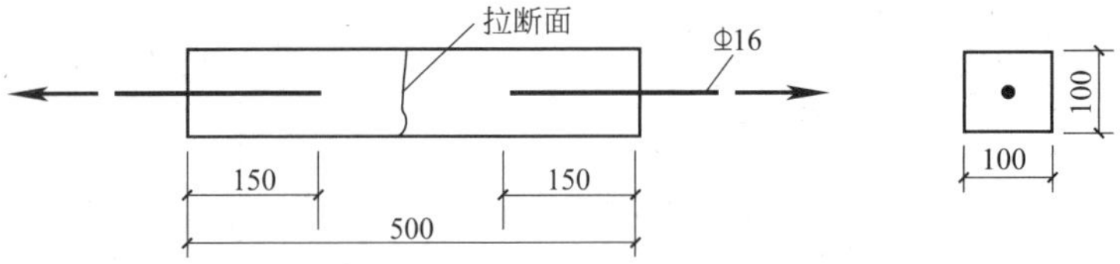

图 2.2　直接测试(单位:mm)

另一种为间接测试方法,如劈裂试验(图 2.3),即对圆柱体或立方体试件通过弧形垫条及垫层施加线荷载。在试件中间垂直截面上除垫条附近极小部分外,都将产生均匀分布的拉应力。当拉应力达到混凝土抗拉强度时,试件沿中间垂直截面对半劈裂。根据相关理论公式计算抗拉强度。

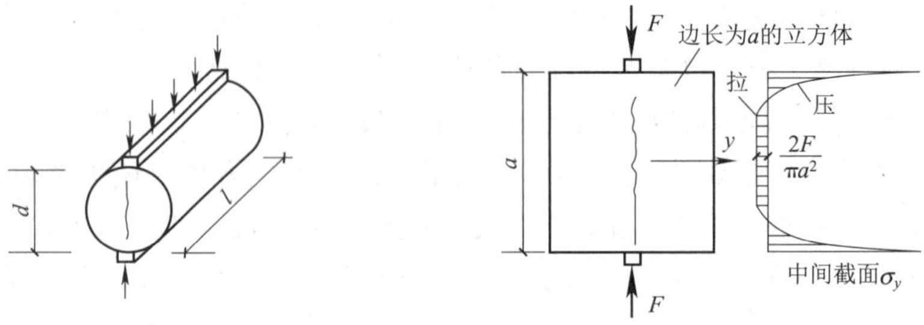

(a) 圆柱体劈裂法试验　　(b) 立方体劈裂法试验

图 2.3　劈裂法试验

4. 混凝土轴心抗压(拉)强度标准值与设计值

在分析大量试验结果的基础上,通过数理统计,根据结构的安全和经济条件,选取某一个具有 95%保证率的强度值，作为混凝土强度的标准值。

混凝土强度设计值主要用于承载能力极限状态设计的计算。概率极限状态设计方法规定强度设计值应用标准值除以材料分项系数而得。混凝土的材料分项系数为 1.4。

混凝土轴心抗压强度标准值 f_{ck}、轴心抗拉强度标准值 f_{tk}应按表 2.1、表 2.2 采用。混凝土轴心抗压强度设计值 f_c、轴心抗拉强度设计值 f_t应按表 2.3、表 2.4 采用。

表 2.1　混凝土轴心抗压强度标准值(N/mm²)

强度种类	混凝土强度等级													
	C15	C20	C25	C30	C35	C40	C45	C50	C55	C60	C65	C70	C75	C80
f_{ck}	10.0	13.4	16.7	20.1	23.4	26.8	29.6	32.4	35.5	38.5	41.5	44.5	47.4	50.2

表 2.2　混凝土轴心抗拉强度标准值(N/mm²)

强度种类	混凝土强度等级													
	C15	C20	C25	C30	C35	C40	C45	C50	C55	C60	C65	C70	C75	C80
f_{tk}	1.27	1.54	1.78	2.01	2.20	2.39	2.51	2.64	2.74	2.85	2.93	2.99	3.05	3.11

表 2.3　混凝土轴心抗压强度设计值(N/mm²)

强度种类	混凝土强度等级													
	C15	C20	C25	C30	C35	C40	C45	C50	C55	C60	C65	C70	C75	C80
f_c	7.2	9.6	11.9	14.3	16.7	19.1	21.1	23.1	25.3	27.5	29.7	31.8	33.8	35.9

表 2.4　混凝土轴心抗拉强度设计值(N/mm²)

强度种类	混凝土强度等级													
	C15	C20	C25	C30	C35	C40	C45	C50	C55	C60	C65	C70	C75	C80
f_t	0.91	1.10	1.27	1.43	1.57	1.71	1.80	1.89	1.96	2.04	2.09	2.14	2.18	2.22

(二)混凝土的变形

混凝土的变形可分为两大类：一类是由外荷载作用而产生的受力变形——包括一次短期加载变形、重复荷载作用下的变形和长期荷载作用下的变形；另一类是非外荷载因素(温度、湿度等的变化)引起的体积变形——包括混凝土收缩变形、温度变形等。

1. 混凝土的受力变形

1)混凝土在一次短期荷载作用下的变形

混凝土在一次短期加载下的应力—应变关系是混凝土最基本的力学性能之一，是混凝土结构理论分析的基本依据，并可较全面地反映混凝土的强度和变形的特点。

混凝土受压时的应力—应变曲线通常用棱柱体试件进行测定，典型的受压应力—应变曲线如图 2.4 所示，主要由两个阶段组成。

(1)上升段：指 *OC* 曲线段。

OA 段：应力较小，$\sigma \leqslant 0.3f_c$，应力—应变关系呈直线变化，混凝土处于理想的弹性工作阶段，内部的初始微裂缝没有发展。

AB 段：$0.3f_c < \sigma < 0.8f_c$，应力—应变关系偏离直线，应变比应力增长速度快，混凝土开始表现出明显的弹塑性。混凝土内部微裂缝已有所发展，但处于稳定状态；

BC 段：$0.8f_c < \sigma < f_c$，应变增长速度进一步加快，接近 f_c 时，塑性变形急剧增大，混凝土

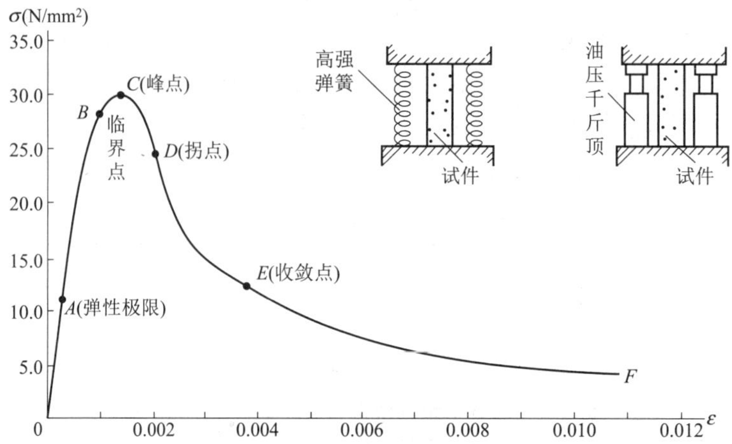

图 2.4　混凝土轴心受压时的应力应变曲线

内部微裂缝进入非稳定发展阶段；当到达应力峰值 C 点时，即应力达到轴心抗压强度 f_c。此时，内部微裂缝已延伸扩展成若干通缝，相应于最大应力的应变值，即为峰值应变 ε_0，它随混凝土强度等级的不同而变动(0.001 5～0.002 5)，实用中通常取 $\varepsilon_0=0.002$。

(2)下降段：指 C 点以后的曲线。

超过 C 点后，试件的承载能力随应变增长逐渐减小，应力开始下降时，试件表面出现一些不连续的纵向裂缝，以后应力下降加快，应力—应变曲线的坡度变陡，曲线在 D 点出现反弯，试件在宏观上已破坏，此时混凝土已达到极限压应变。当到达 E 点时，应力下降减缓，最后趋向于稳定的残余应力(F 点的纵坐标)。

2)混凝土在多次重复荷载作用下的变形

(1)混凝土棱柱体在一次加荷卸荷时的应力—应变曲线

当加荷至 A 点后卸荷，卸荷应力—应变曲线为 AB。如果停留一段时间再量测试件的变形，则发现变形又恢复一部分，也即由 B 点到 B' 点，则 BB' 的恢复变形称为混凝土的弹性后效，OB' 称为试件残余变形，如图 2.5 所示。

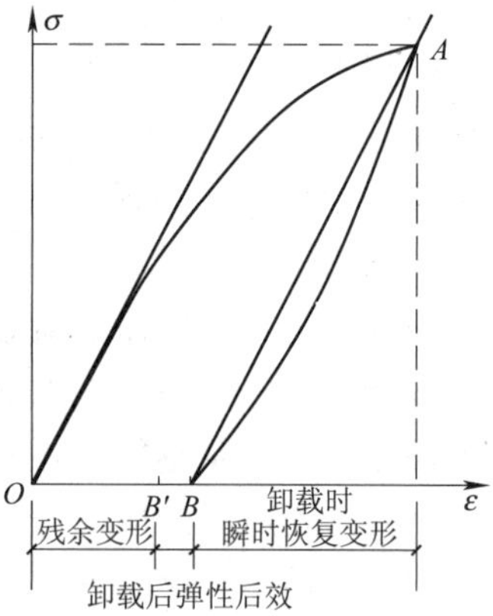

图 2.5　一次加荷卸荷时的应力—应变曲线

(2)混凝土棱柱体多次重复荷载作用下的应力—应变曲线

当每次加载的最大压应力值不超过某个限值且多次重复时，混凝土的塑性变形逐步残留下来，环状曲线包围的面积越来越小，最后闭合为一条直线，大致平行于一次加荷曲线的原点所作的切线，如图 2.6 所示。

因荷载多次重复作用而引起的破坏称为疲劳破坏；将混凝土试件承受 200 万次重复荷载时发生破坏的压应力值称为混凝土的疲劳强度。

3)混凝土在长期荷载作用下的变形

在加载瞬间试件产生瞬时应变，当荷载保持不变并持续作用时，应变会随时间而增长。

如果在 B 点卸去全部荷载，则此时的应变为卸荷时的瞬时恢复变形，经过一段时间又有一部分应变逐渐恢复，称为弹性后效，最后剩下的为不可恢复的残余变形。

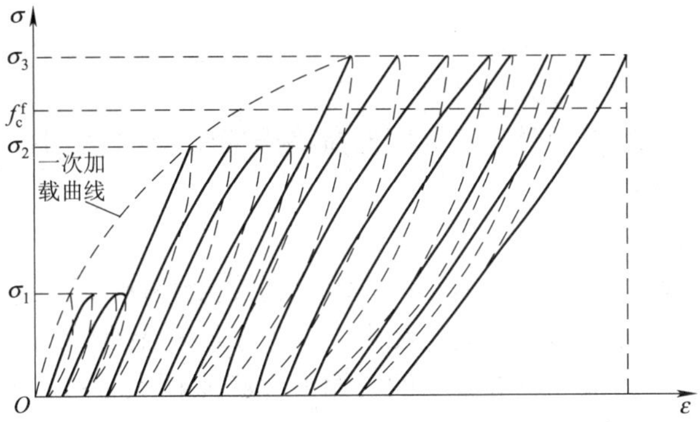

图 2.6 混凝土在多次重复荷载应力—应变曲线

混凝土在不变的应力长期持续作用下，应变随时间继续增长的现象称为混凝土的徐变，如图 2.7 所示。徐变开始发展很快，然后逐渐减慢，经过较长时间后而趋于稳定。通常在前 6 个月可完成全部徐变的 70%～80%，一年内可完成 90%左右，其余部分在后续几年内完成。

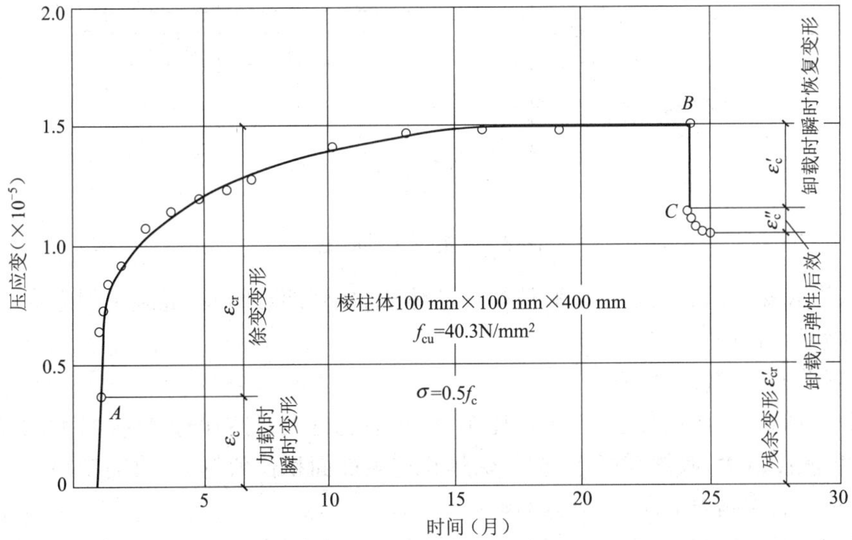

图 2.7 混凝土的徐变

徐变与塑性变形不同，塑性变形主要是由混凝土中结合面裂缝的扩展延伸引起的，只有当应力超过了材料的弹性极限后才发生，而且是不可恢复的。徐变不仅部分可恢复，而且在较小的应力时就能发生。

产生徐变的原因：

(1)混凝土中的水泥凝胶体在荷载作用下产生黏性流动，并把它所承受的压力逐渐转给骨料颗粒，使骨料压应力增大，试件变形也随之增大。

(2)混凝土内部的微裂缝在荷载长期作用下不断发展和增加，也使徐变增大。

当应力不大时，徐变的发展以第一个原因为主；当应力较大时，则以第二个原因为主。

影响徐变的因素：

(1)混凝土的徐变与混凝土的应力大小有着密切的关系，应力愈大，徐变也愈大。

(2)混凝土的徐变与时间参数有关，混凝土在不变的应力长期持续作用下，应变随时间继续增长。

(3)混凝土构件尺寸愈大,徐变愈小。

(4)水泥用量愈多,水灰比愈大,徐变愈大。

(5)混凝土集料愈坚硬、养护时相对湿度愈高,级配越好,徐变愈小。

2. 混凝土的体积变形

1)混凝土的收缩与膨胀

混凝土在空气中结硬时其体积会缩小的现象称为混凝土的收缩。收缩是混凝土在不受力情况下因体积变化而产生的变形。混凝土在水中或处于饱和湿度情况下结硬时体积增大的现象称为混凝土的膨胀。一般情况下混凝土的收缩值比膨胀值大很多,混凝土的膨胀往往对构件有利,在计算中不予考虑。

由收缩试验结果可知,混凝土的收缩是随时间而增长的变形,如图 2.8 所示。混凝土从开始凝结起就产生收缩,1 个月大约可完成 1/2 的收缩,3 个月后收缩变缓慢,半年内收缩量最大可完成全部收缩量的 80%~90%,一般 2 年后趋于稳定,有时它可延续一二十年。

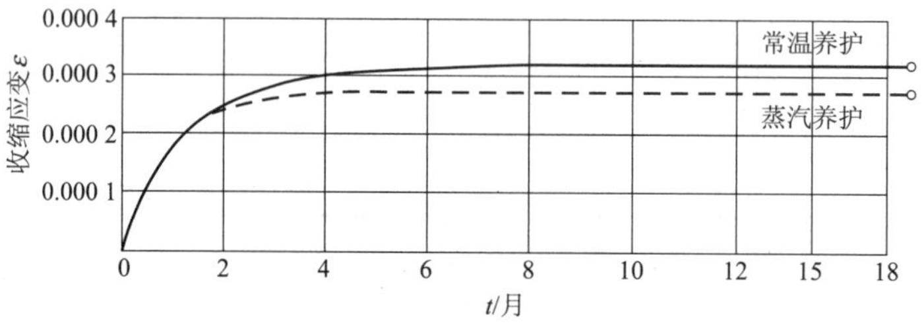

图 2.8　混凝土的收缩

通常认为混凝土的收缩是由凝胶体本身的体积收缩(即凝结)和混凝土因失水产生的体积收缩(即干缩)所组成的。

(1)混凝土的收缩影响因素

水泥等级越高,水泥用量越多,水灰比越大,收缩也越大;骨料的弹性模量大、级配好,振捣越密实,养生湿度越大,收缩就越小;构件的体积与表面面积比值越大,收缩越小。

(2)混凝土的收缩对混凝土结构影响

当混凝土结构受到各种制约不能自由收缩时,将在混凝土中产生拉应力,甚至导致混凝土产生收缩裂缝。

在钢筋混凝土构件中,钢筋因混凝土收缩受到压应力,而混凝土则受有拉应力,当混凝土收缩较大、构件截面配筋又较多时,混凝土构件将产生收缩裂缝。

例如一些长度大但截面尺寸小的构件或薄壁结构,若在制作和养护时不采取预防措施,严重的会在交付使用前就因收缩裂缝而破坏。在预应力混凝土构件中,收缩会引起预应力损失。收缩也对一些钢筋混凝土超静定结构产生不利影响。

(3)减少混凝土收缩的措施

①在施工时应减少水灰比、水泥用量和提高水泥强度,加强振捣,提高混凝土密实度。

②加强早期养护。

③必要时应设置变形缝和防收缩钢筋,以防止和限制因混凝土收缩而引起的裂缝开展。

2)混凝土的温度变形

混凝土的温度变形也很重要,尤其对大体积的混凝土结构,温度变化引起的应力可能会使混凝土形成贯穿性裂缝，进而导致渗漏、钢筋锈蚀、整体性下降，使结构承载力和混凝土的耐久性显著降低。大体积混凝土结构、水池以及烟囱等结构由温度变化引起的温度应力在设计中需要进行计算。

混凝土的线膨胀系数与钢筋的线膨胀系数较相近，因此，温度变化时在钢筋和混凝土之间引起的内应力很小，不致产生有害的变形。

（三）混凝土的弹性模量

在计算混凝土构件的截面应力、变形、预应力混凝土构件的预压应力，以及由于温度变化、支座沉降产生的内力时，就要用到混凝土的弹性模量。

工程上所取用的混凝土受压弹性模量 E_c 数值是在重复加荷的应力—应变曲线上求得的。试验采用棱柱体试件，加荷产生的最大压应力选取(0.4～0.5)f_c，反复加荷卸荷 5～10 次后，混凝土受压应力—应变关系曲线基本上接近直线，并大致平行于相应的原点切线，则取该直线的斜率作为混凝土受压弹性模量 E_c 的数值，如图 2.9 所示。

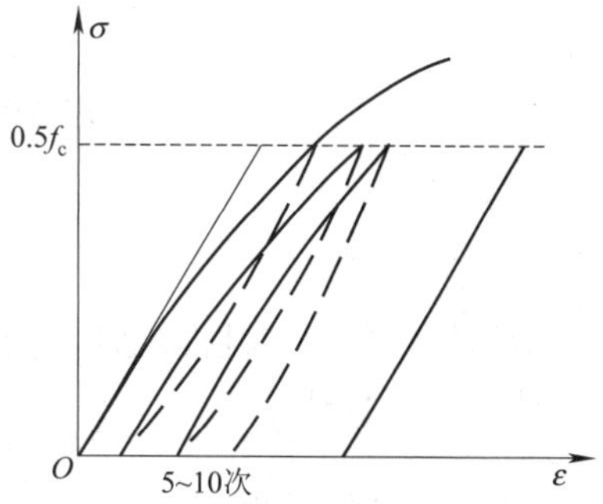

图 2.9　混凝土的弹性模量

在《混凝土结构设计规范》(GB 50010—2010)中混凝土的弹性模量按公式(2.1)计算：

$$E_c=\frac{10^5}{2.2+\frac{34.74}{f_{cu,k}}}\quad (\text{N/mm}^2) \tag{2.1}$$

试验结果表明，混凝土的受拉弹性模量与受压弹性模量十分相近，其比值平均为 0.995。混凝土受压或受拉的弹性模量 E_c 见表 2.5。

表 2.5　混凝土弹性模量($\times10^4$ N/mm^2)

混凝土强度等级	C15	C20	C25	C30	C35	C40	C45	C50	C55	C60	C65	C70	C75	C80
E_c	2.20	2.55	2.80	3.00	3.15	3.25	3.35	3.45	3.55	3.60	3.65	3.70	3.75	3.80

注：(1)当需要时，可根据试验实测数据确定结构混凝土的弹性模量；
(2)当混凝土中掺有大量矿物掺合料时，弹性模量可按规定龄期根据实测值确定。

三、相关案例——工程中混凝土产生裂缝的原因

1. 工程概况

西北地区某高层综合办公楼，主楼为钢筋混凝土框一筒结构，地下 1 层，地上 18 层，总高度 76.8 m，总建筑面积 3 6482 m^2。该建筑基础为灌注群桩，地下室外墙采用 300 mm 厚 C30 自防水混凝土。标高 13.6 m 以上混凝土等级均为 C40，楼板厚度 120 mm。混凝土采用输送泵泵送到位，捣固采用插入式振动棒。该工程于 1998 年 6 月开工，1998 年 9 月中旬施工地下室外墙，1999 年 1 月 19 日施工到结构 6 层梁板。该层梁板在施工的同时即发现板面出现少量不规则细微裂缝，到 2 月 24 日该层梁板底模拆除时，发现板底出现裂缝。

2. 原因分析

第一，在施工的各种条件未变的情况下，从裂缝仅在六层现浇板上出现，而未在其他层现浇板上出现的事实来分析，唯一不同的是施工作业时的气候变化。如前所述，该层现浇板施工

时是该地区冬季最寒冷、干燥的一个时期，最高气温仅 1 ℃，当时的最大风速 7 m/s，湿度仅有 30％～40％，导致混凝土失去水分过快，引起表面混凝土干缩，产生裂缝。

第二，梁板所用混凝土均为 C40 混凝土，而根据设计院进行的技术交底要求，梁板混凝土只要达到 C30 强度即可，施工单位为了施工中更容易控制墙柱的质量，统一按照 C40 混凝土标准进行施工，而 C40 相对于 C30 混凝土，单位水泥用量增加约 70kg，这样，混凝土的收缩将增加，无形中又增加了裂缝出现的可能。

第三，进入冬季施工以后，混凝土中又添加了 Q 型防冻膏和减水剂，施工用水相对减少，混凝土强度增长较快，加剧了混凝土水分的蒸发和裂缝的发展。

学习项目二　钢筋的力学性能

一、引　　文

钢筋的物理力学性能也将直接影响混凝土结构和构件的性能，也是混凝土结构计算理论和设计方法的基础。

二、相关理论知识

(一)钢筋的分类

1. 按外形分类

(1)光圆钢筋

钢筋的表面是光圆的，与混凝土的黏结强度较低，如图 2.10(a)所示。

(2)变形钢筋

钢筋的外形有螺旋纹、人字纹、月牙纹等。在现行的钢筋标准中，螺旋纹和人字纹钢筋统称带肋钢筋，如图 2.10(b)、(c)所示；月牙纹钢筋称为月牙肋钢筋，如图 2.10 (d)所示。

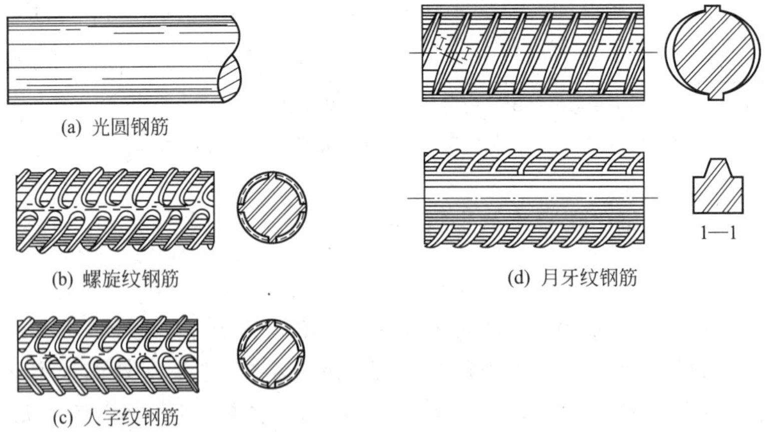

图 2.10　钢筋的外形

钢筋在混凝土中主要承受拉应力。钢筋用公称直径的毫米数表示。变形钢筋的公称直径相当于横截面相等的光圆钢筋的公称直径。推荐采用的直径为 8 mm、12 mm、16 mm、20 mm、25 mm、32 mm、40 mm。变形钢筋由于肋的作用，和混凝土有较大的黏结能力，因而能更好地承受外力的作用。我国目前广泛使用的是横肋与纵肋不相交的月牙纹钢筋。

2. 按化学成分分类

(1)碳素钢

碳素钢为铁碳合金,化学成分以铁为主,还含少量的碳、硅、锰、硫、磷等元素。钢筋强度随含碳量的增加而提高,但是塑性、韧性降低,脆性增加,可焊接性下降。

碳素钢按其含碳量的多少可分为低碳钢(含碳量小于0.25%)、中碳钢(含碳量0.25%～0.6%)和高碳钢(含碳量0.6%～1.4%)。低碳钢俗称软钢,中碳钢、高碳钢俗称硬钢。

(2)普通低合金钢

普通低合金钢除碳素钢中已有成分外,再加入少量合金元素,如锰、硅、钒、钛、铬等,可有效提高钢材的强度、塑性等综合性能。磷、硫是有害杂质,其量超过一定限度时会使钢材变脆,塑性显著降低,不利于焊接。普通低合金钢具有强度高、塑性及可焊性好的特点,因而应用广泛。

3. 按生产加工工艺分类

(1)热轧钢筋

热轧钢筋是由低碳钢、普通低合金钢在高温状况下轧制而成的。钢筋混凝土结构中的钢筋和预应力混凝土结构中的非预应力钢筋主要是热轧钢筋。

热轧钢筋的牌号有 HPB300(Q300)、HRB335、HRB400 和 RRB400。

热轧钢筋的主要成分为铁元素,还含有少量的碳、硅、锰、硫、磷等元素,力学性能主要与碳的含量有关:含碳量越高,则钢筋的强度越高,质地硬,但塑性变差。钢筋混凝土结构中多应用的是低碳钢。

热轧钢筋的性能随着屈服强度的不同是有所差异的:HPB300 质量稳定,塑性好易成型,但屈服强度较低,不宜用于结构中的受力钢筋。HRB335 属带肋钢筋,有利于与混凝土之间的黏结,强度和塑性均较好,是目前主要应用的钢筋品种之一。HRB400 也属带肋钢筋,有利于与混凝土之间的黏结,强度和塑性均较好,是今后主要应用的钢筋品种之一。RRB400 钢筋是指强度级别为 400 MPa 的余热处理带肋钢筋。RRB 系列余热处理钢筋由轧制钢筋经高温淬水、余热处理后得到,可提高强度,但延性、可焊性、机械连接性能及施工适应性均稍差,一般可在对延性及加工性能要求不高的构件中使用,如墙体、基础以及次要的中小结构构件中应用。

(2)冷加工钢筋

冷加工钢筋是指在常温下采用某种工艺对热轧钢筋进行加工得到的钢筋。常用的加工工艺有冷拉、冷拔、冷轧和冷轧扭四种。其目的均为提高钢筋的强度,以节约钢材。但是,经冷加工后的钢筋在强度提高的同时,延伸率显著降低,用于预应力构件时易造成脆性断裂。除冷拉钢筋仍具有明显的屈服点外,其余冷加工钢筋均无明显屈服点和屈服台阶。

(3)热处理钢筋

热处理钢筋是利用热轧钢筋的余热进行淬火,然后利用芯部余热自身完成回火处理所得的成品钢筋。此种钢筋为带肋钢筋。热处理后,钢筋强度得到较大幅度的提高,而塑性降低不多。热处理钢筋因其强度已很高,不必再进行冷拉,可直接用作预应力钢筋。

(4)钢丝

钢丝包括光面钢丝、刻痕钢丝、钢绞线和冷拔低碳钢丝等,它们属于硬钢类。钢丝的直径越细,其强度越高,可作为预应力钢筋使用。钢丝的外形有光圆、螺旋肋、刻痕三种,如图 2.11 和图 2.12 所示。

钢丝按加工情况有冷拉钢丝和消除应力钢丝两类:冷拉钢丝指用盘条通过拔丝模或轧辊

经冷加工而制成产品，以盘卷供货的钢丝；消除应力钢丝指按下述一次性连续处理方法之一生产的钢丝：

①钢丝在塑性变形下(轴应变)进行短时热处理，即得到低松弛钢丝；

②钢丝通过矫直工序后在适当温度下进行短时热处理，即得到普通松弛钢丝。

钢绞线则为绳状，由 2 股、3 股或 7 股钢丝捻制而成，均可盘成卷状，如图 2.13 所示。

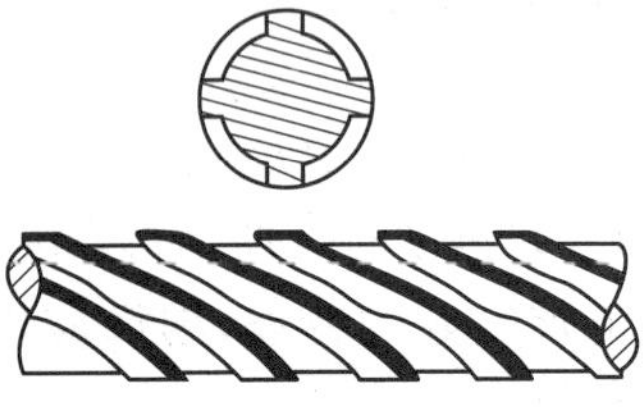

图 2.11　螺旋肋钢丝

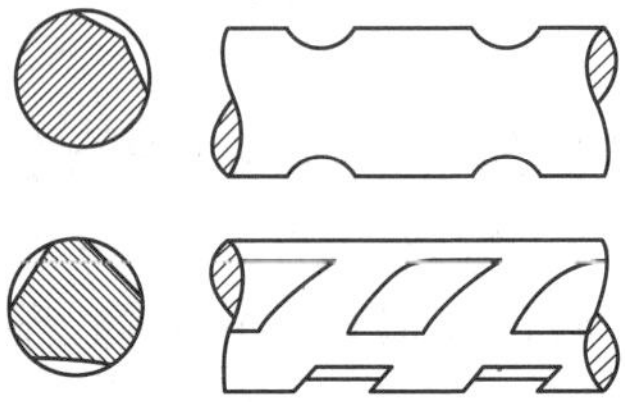

图 2.12　刻痕钢丝

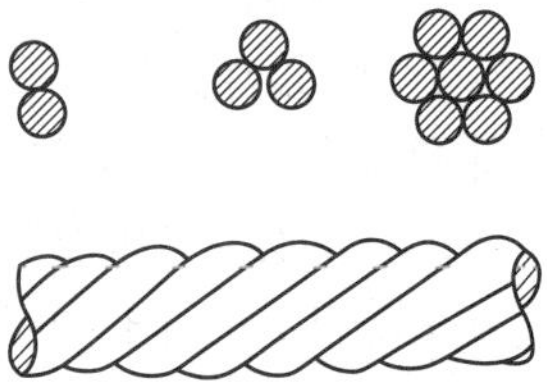

图 2.13　钢绞线

(二)钢筋的主要力学性能

1. 钢筋的应力—应变曲线

钢筋的强度和变形性能可以通过拉伸试验的应力—应变曲线来讨论：一类具有明显流幅(或有明显屈服点)，如热轧钢筋和冷拉钢筋，其力学性质相对较软，常称之为软钢，如图 2.14(a)所示；另一类无明显流幅(或无明显屈服点)，如热处理钢筋、预应力钢丝和钢绞线，其力学性质相对较硬，常称为硬钢，如图 2.14 (b)所示。

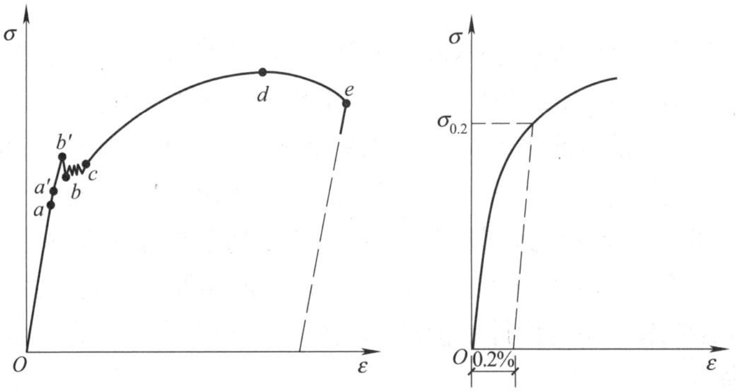

(a) 有明显流幅的钢筋　　(b) 无明显流幅的钢筋

图 2.14　钢筋的应力—应变曲线

1)有明显流幅的钢筋

在低碳钢(软钢)的一次拉伸试验过程中，大致分为四个阶段：

(1)弹性阶段，如图 2.14(a)中 Oa' 段所示

试样应力不超过 a 点所对应的应力时，钢筋的变形全是弹性变形，即卸除荷载时，钢筋的变形将全部消失。弹性阶段最高点 a' 相对应的应力值称为钢筋的弹性极限。在弹性阶段内，直线段 Oa 表明应力与应变成正比，材料服从胡克定律。过 a 点后，应力应变图开始微弯，应力与应变不再成正比。a 点对应的应力值称为材料的比例极限。

弹性极限和比例极限两者意义虽然不同，但数值非常接近，工程上对它们不加严格区分，近似认为在弹性范围内材料服从胡克定律。

(2)屈服阶段，如图 2.14(a)中 $a'c$ 段所示

当应力超过 a' 点，逐渐到达 c 点时，图线将出现一段锯齿形线段 $b'c$，其最高点 b' 称为屈服

上限，最低点 b 称为屈服下限。此时应力基本保持不变，应变显著增加，材料暂时失去抵抗变形的能力，产生明显塑性变形的现象，称为屈服（或流动）。b 点到 c 点水平距离的大小称为屈服台阶（流幅），屈服阶段中的最低应力（最低点 b）称为屈服极限。

（3）强化阶段，如图 2.14(a)中 cd 段所示

屈服阶段以后，钢筋重新产生了抵抗变形的能力。若要试件继续变形，必须增加应力，这一阶段称为强化阶段。曲线最高点 d 所对应的应力称为强度极限。

（4）破坏（颈缩）阶段，如图 2.14(a)中 de 段所示

应力达到强度极限后，在试件薄弱处横截面显著缩小，出现"颈缩"现象。由于颈缩部分横截面面积急剧减小，试件继续伸长所需的拉力也随之迅速下降，直至到达 e 点而断裂。

对于有明显流幅的钢筋，取它的屈服强度作为设计强度的依据。这是因为构件中钢筋的应力达到屈服强度后，将产生很大的塑性变形，配有这种钢筋的钢筋混凝土构件，破坏前会出现很大的变形，有明显的预兆。

钢筋除需有足够的强度外，还应具有一定的塑性变形能力。钢筋的塑性变形通常以钢筋试件的伸长率（延伸率）和冷弯性能两个指标来衡量。钢筋拉断后的伸长值与原长的比率称为伸长率。

伸长率越大，塑性越好。冷弯是把钢筋围绕直径为 D 的钢辊弯转 α 角而要求不发生裂纹。钢筋塑性越好，冷弯角 α 就可越大，钢辊直径 D 越小（图 2.15）。为了使钢筋在弯折加工时不致断裂和在使用过程中不致脆断，应进行冷弯试验，并保证满足规定的指标。

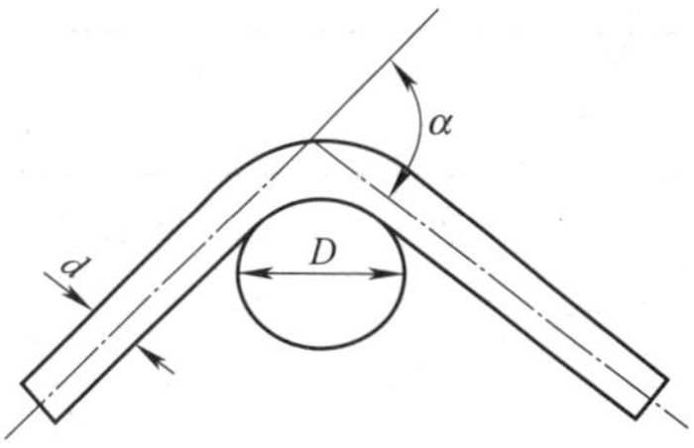

图 2.15　钢筋的冷弯

在对有明显屈服点的钢筋进行质量检验时，主要应测定屈服强度、极限抗拉强度、伸长率和冷弯性能这四项指标，必要时还必须补充进行抗冲击韧性和反弯性能等项检验。

2）无明显流幅的钢筋

硬钢的应力—应变曲线[图 2.14(b)]本身无明显的屈服台阶，没有明确的屈服极限，伸长率小，塑性较差。在实用上取对应于加载后卸载时材料的残余变形为 0.2%时的应力作为条件屈服点，即名义屈服强度。由于其条件屈服点不容易测定，因此这类钢筋的质量检验以极限抗拉强度作为主要强度指标。《混凝土结构设计规范》(GB 50100—2010)规定取条件屈服强度 $\sigma_{0.2}$ 为极限抗拉强度 σ_b 的 0.85 倍，即 $\sigma_{0.2}=0.85\sigma_b$。

用硬钢配筋的钢筋混凝土构件受拉破坏时往往突然断裂，在破坏前没有明显的预兆。

对于没有明显屈服点的钢筋进行质量检验需要测定的指标一般只有三项：极限抗拉强度、伸长率和冷弯性能。

2. 钢筋的弹性模量

钢筋的弹性模量是一项很稳定的材料常数。即使强度级别相差很大的钢筋，其弹性模量也很接近。各种类型钢筋的弹性模量如表 2.6 所示。

3. 钢筋的强度标准值和设计值

在实际工作中，按同一标准生产的钢筋各批之间的强度是不可能完全相同的，按照同一方法在同一台试验机上试验，所测得的强度也不完全相同，因此在确定钢筋的设计强度时必须充分考虑这种变异性。为了保证钢筋质量，钢筋的强度标准值应具有不小于 95%的保证率。

钢筋的强度设计值由钢筋强度标准值除以钢筋的材料分项系数得到。《混凝土结构设计规范》对各种热轧钢筋的材料分项系数统一取 1.10,公路桥涵工程的可靠度要求比建筑工程高一些,所以材料分项系数取 1.20。

钢筋的强度标准值用于正常使用极限状态的验算,设计值用于承载能力极限状态的计算。普通钢筋与预应力钢筋的抗拉强度、屈服强度标准值应按表 2.7、表 2.8 采用,普通钢筋与预应力钢筋的抗拉强度、屈服强度设计值按表 2.9、表 2.10 采用。

表 2.6　钢筋弹性模量($\times 10^5$ N/mm^2)

种　类	弹性模量 E_s
HPB300 钢筋	2.10
HRB335、HRB400、HRB500 钢筋 HRBF335、HRBF400、HRBF500 钢筋 RRB400 钢筋 预应力螺纹钢筋	2.00
消除应力钢丝、中强度预应力钢丝	2.05
钢绞线	1.95

表 2.7　普通钢筋强度标准值(N/mm^2)

种　类	符号	公称直径 d/mm	屈服强度 f_{yk}	抗拉强度 f_{tk}
HPB300	Φ	6～22	300	420
HRB335 HRBF335	Φ Φ^{F}	6～50	335	455
HRB400 HRBF400 RRB400	Φ Φ^{F} Φ^{R}	6～50	400	540
HRB500 HRBF500	Φ Φ^{F}	6～50	500	630

注:当采用直径大于 40 mm 的钢筋时,应经相应的试验检验或有可靠的工程经验。

表 2.8　预应力筋强度标准值(N/mm^2)

种　类		符号	直径/mm	屈服强度 f_{pyk}	抗拉强度 f_{ptk}
中强度预应力钢丝	光面 螺旋肋	Φ^{PM} Φ^{HM}	5、7、9	620	800
				780	970
				980	1 270
预应力螺纹钢筋	螺纹	Φ^{T}	18、25、32、40、50	785	980
				930	1 080
				1 080	1 230
消除应力钢丝	光面 螺旋肋	Φ^{P} Φ^{H}	5	1 380	1 570
				1 640	1 860
			7	1 380	1 570
			9	1 290	1 470
				1 380	1 570

续上表

种　类		符号	直径/mm	屈服强度 f_{pyk}	抗拉强度 f_{ptk}
钢绞线	1×3(三股)	ϕ^S	8.6、10.8、12.9	1 410	1 570
				1 670	1 860
				1 760	1 960
			9.5、12.7、15.2、17.8	1 540	1 720
				1 670	1 860
				1 760	1 960
	1×7(七股)		21.6	1 590	1 770
				1 670	1 860

表 2.9　普通钢筋强度设计值(N/mm^2)

种　类	f_y	f'_y
HPB300	270	270
HRB335、HRBF335	300	300
HRB400、HRBF400、RRB400	360	360
HRB500、HRBF500	435	435

表 2.10　预应力钢筋强度设计值(N/mm^2)

种　类	f_{ptk}	f_{py}	f'_{py}
中强度预应力钢丝	800	510	410
	970	650	
	1 270	810	
消除应力钢丝	1 470	1 040	410
	1 570	1 110	
	1 860	1 320	
钢绞线	1 570	1 110	390
	1 720	1 220	
	1 860	1 320	
	1 960	1 390	
预应力螺纹钢筋	980	650	435
	1 080	770	
	1 230	900	

(三)钢筋的冷作硬化

经过机械冷加工使钢筋产生塑性变形以后,钢筋的屈服极限和抗拉极限强度会提高,但塑性和弹性模量会降低,这种现象称为钢筋的冷作硬化(变形硬化或冷加工硬化)。

冷加工后的钢材随时间的延长而逐渐硬化的倾向,称为时效。一般情况下,时效是个缓慢的过程。但在人工加热的条件下,时效可以在很短的时间内完成。在常温下产生的时效称为自然时效,人工加热后出现的时效称为人工时效。

冷加工钢筋经人工时效后，不但强度可得到进一步提高，而且弹性模量也可以恢复到冷加工以前的数值。

掌握了钢筋冷作硬化和时效的规律以后，便可利用这些规律来提高钢材的强度，以达到节约钢材的目的。工程上常用的冷加工钢筋的方法主要有冷拉和冷拔两种：

(1)冷拉是将热轧钢筋张拉到强化阶段中的点 f，然后卸荷回到 O'，经过时效后，再加荷。此时由拉伸应力—应变曲线 $O'f'$ 中可明显看出钢筋的屈服点 f' 比原来的屈服点 b 有所提高，反映了钢筋新的硬化特征(图 2.16)。

(2)冷拔是使热轧钢筋强行通过小于原钢材直径的硬质合金拔丝模具(图 2.17)，钢筋在长度和直径两个方向都会产生塑性变形，被拔成长度增加直径变细的钢丝。因硬化的时效更加显著，故冷拔比冷拉提高的强度要大，但冷拔钢丝的塑性变形能力很差，作为纵向主筋时，往往具有脆性破坏的特征。

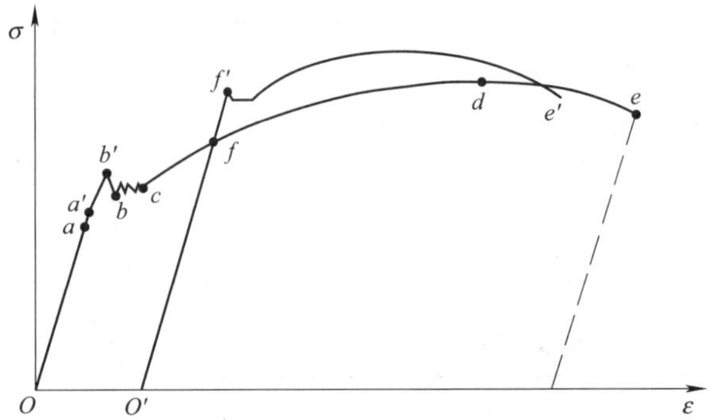

图 2.16 钢筋的应力—应变曲线

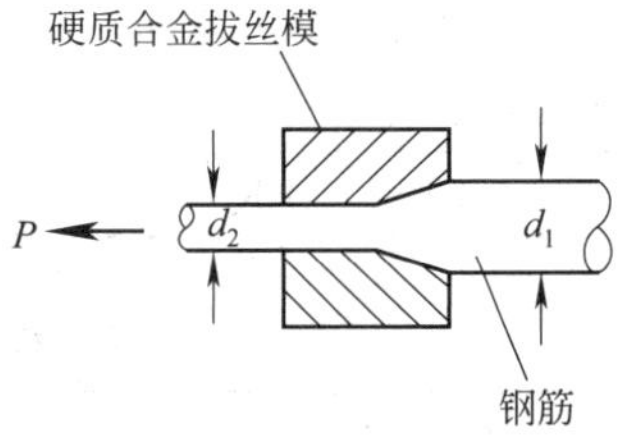

图 2.17 钢筋冷拔示意

(四)钢筋的蠕变和松弛

钢筋在高应力作用下，随时间增长其应变继续增加的现象称为蠕变。钢筋受力后，若保持长度不变，则其应力随时间增长而降低的现象称为松弛。

预应力混凝土结构中，预应力钢筋在张拉后长度基本保持不变，会产生松弛现象，从而引起预应力损失。为减少钢材由松弛引起的应力损失，可对预应力钢筋进行超载张拉。

蠕变和松弛随时间增长而增大，它与钢筋初始应力的大小、钢材品种和温度等因素有关。通常初始应力大，蠕变和松弛也大。冷拉热轧钢筋的松弛损失较冷拔低碳钢丝、碳素钢丝和钢绞线低。温度增加时，蠕变和松弛则增大。

(五)混凝土结构对钢筋性能的要求

1. 强度

钢筋应具有可靠的屈服强度和极限强度。钢筋的强屈比(为极限强度与屈服强度的比值，热轧钢筋通常在 1.4～1.6)代表了钢筋的强度储备，也在一定程度上代表了结构的强度储备。应考虑钢筋要有适当的强屈比。采用较高强度的钢筋可以节省钢材，获得较好的经济效益。

2. 塑性

钢筋塑性好，在断裂前有足够的变形，能给人以破坏的预兆。钢筋塑性愈好，破坏前的预兆也就愈明显。此外，钢筋的塑性性能愈好，钢筋加工成型也愈容易。因此应保证钢筋的伸长率和冷弯性能合格。

3. 可焊性

钢材的可焊性，是指在一定的工艺和结构条件下，钢材经过焊接后能够获得良好焊接接头的性能。可焊性分为施工上的可焊性和使用性能上的可焊性。施工上的可焊性是要求在一定的焊接工艺条件下，焊缝金属和近缝区的钢材不产生裂纹；使用性能上的可焊性要求焊接构件在施焊后的力学性能不低于母材的力学性能。

4. 与混凝土的黏结力

钢筋和混凝土这两种物理性能不同的材料之所以能结合在一起共同工作，主要是由于混凝土在结硬时，牢固地与钢筋黏结在一起，相互传递内力的缘故。

钢筋表面的形状对黏结力有重要影响，其中钢筋凹凸不平的表面与混凝土的机械咬合力是最主要因素。试验表明，变形钢筋与混凝土之间的黏结力比光圆钢筋提高 1.5～2 倍以上。

在寒冷地区，对钢筋的冷脆性能也有一定的要求。

5. 钢筋的耐火性

热轧钢筋的耐火性能最好，冷轧钢筋其次，预应力钢筋最差。结构设计时应注意混凝土保护层厚度要满足对构件耐火极限的要求。

三、相关案例——安民河特大桥钢筋施工图

东北东部铁路前阳至庄河 DT2 标段前阳至丹东段安民河特大桥现场钢筋施工如图 2.18、图 2.19 所示。

图 2.18　安民河特大桥钢筋骨架实景图

图 2.19　安民河特大桥现场及钢筋构件堆放图

学习项目三　混凝土与钢筋的黏结

一、引　　文

钢筋和混凝土这两种材料能够结合在一起共同工作,除了二者具有相近的线膨胀系数外,更主要的是由于混凝土硬化后,钢筋与混凝土之间能产生良好的黏结力。

二、相关理论知识

(一)钢筋与混凝土的黏结力

1. 黏结应力的定义及分类

黏结应力是指钢筋和混凝土接触面上沿钢筋纵向产生的剪应力。黏结应力按其在钢筋混凝土构件中的作用性质,有两种情况:弯曲黏结应力和局部黏结应力。

1)弯曲黏结应力

弯曲黏结应力的分布形式与弯矩有关,如图 2.20 所示。

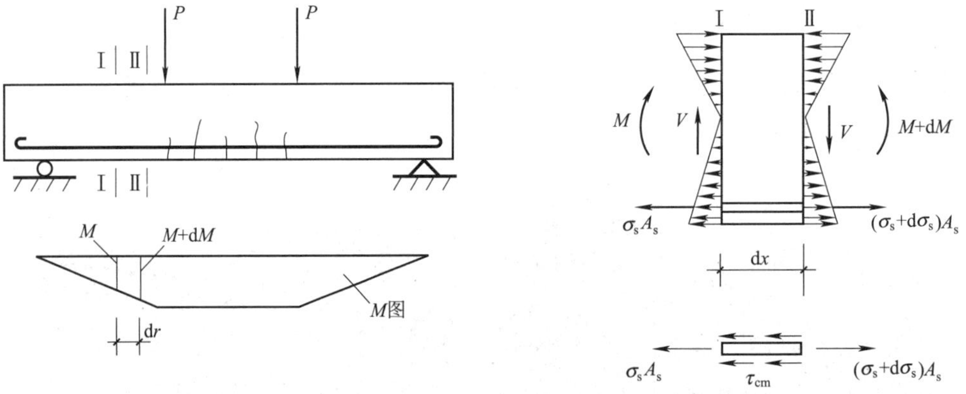

(a) 简支梁受力特点及弯矩图　　(b) 简支梁内部应力分布情况

图 2.20　弯曲黏结应力

2)局部黏结应力

(1)钢筋锚固端的黏结应力:钢筋伸入支座[图 2.21(a)]或支座负弯矩钢筋在跨间截断时[图 2.21(b)],必须有足够的锚固长度或延伸长度,使通过这段长度上黏结应力的积累,将钢筋锚固在混凝土中,而不致使钢筋在未充分发挥作用前就被拔出。

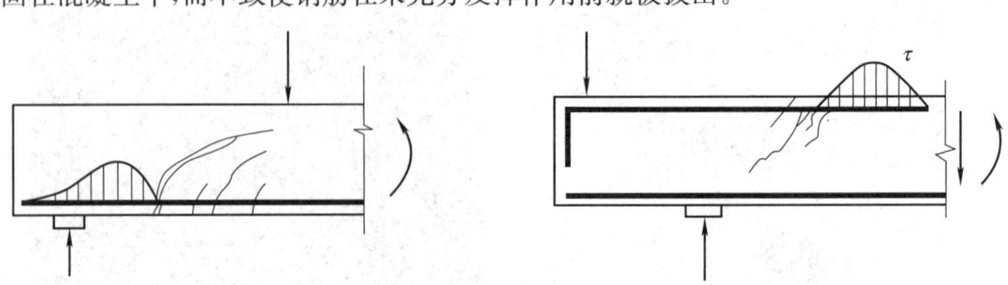

(a) 钢筋伸入支座　　(b) 钢筋在跨间切断

图 2.21　锚固黏结应力

（2）相邻缝隙间钢筋应力不均匀引起的局部黏结应力：即开裂构件裂缝两侧产生的黏结应力，如受弯构件跨间某截面开裂后，开裂截面的钢筋应力通过裂缝两侧的黏结应力部分地向混凝土传递（如图 2.22 所示）。该类黏结应力的大小，反映了混凝土参与受力的程度。

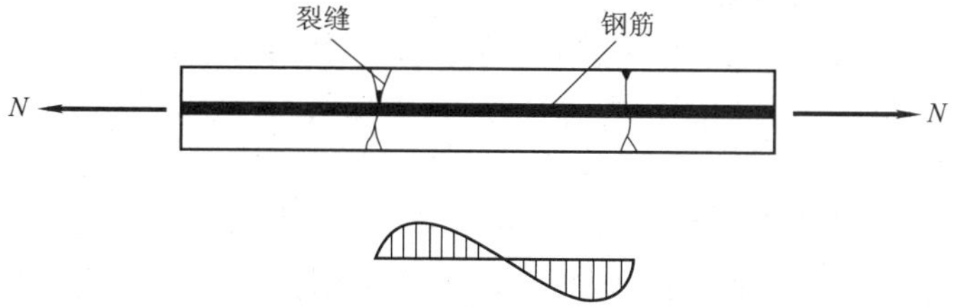

图 2.22　相邻缝隙间钢筋中黏结应力分布

2. 黏结力的分布及组成

测定沿钢筋纵向黏结应力的分布通常采用拔出试验测定，在加荷端拉拔钢筋，则各点的黏结应力可由相邻两点间钢筋的应力差值除以接触面积近似计算，如图 2.23(a)所示。拔出试验测得的钢筋应力及黏结应力分布情况，如图 2.23(b)所示。

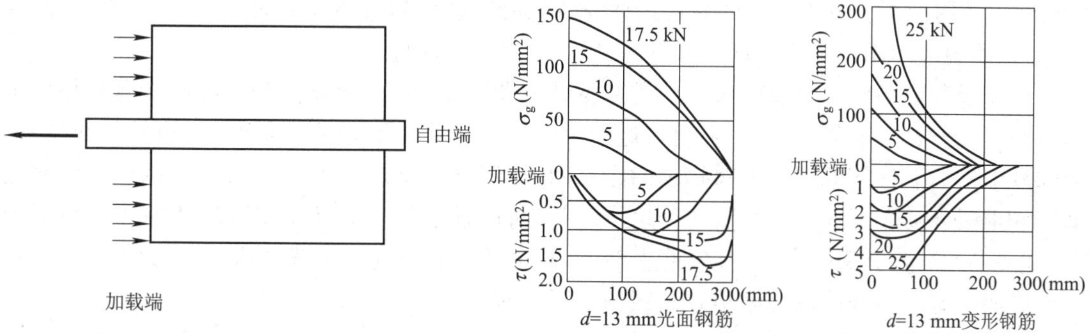

(a) 中心拔出试件　　(b) 钢筋应力及黏结应力分布

图 2.23　拔出试验

由此可见，光圆钢筋、变形钢筋的应力曲线为凸形和凹形，变形钢筋应力传递较快。随着拉拔力的增加，光圆钢筋的黏结应力图形峰值由加荷端不断内移，临近破坏时，移至自由端附近，而变形钢筋的峰值位置始终在加荷端附近，应力分布长度增加缓慢，应力峰值却显著增大，钢筋中的应力能够很快向四周混凝土传递。在接近破坏时，应力峰值的位置才有明显的内移。

钢筋与混凝土之间的黏结力，主要由以下三个部分组成：

（1）胶结力。混凝土中水泥胶体与钢筋之间产生胶结力，该力一般较小，当接触面发生相对滑移时，该力即行消失。

（2）摩阻力。混凝土收缩将钢筋紧紧握住，当二者出现滑移时，在接触面上产生摩擦阻力。二者之间挤压力越大、接触面越粗糙，则摩擦力越大。

（3）机械咬合力。钢筋表面凸凹不平与混凝土之间产生的机械咬合作用。变形钢筋比光面钢筋的机械咬合作用要大。

（二）保证黏结的构造措施

（1）对于不同等级混凝土和钢筋，要保证最小搭接长度和锚固长度。

（2）为了保证混凝土和钢筋之间有足够的黏结，必须满足钢筋最小间距和混凝土保护层厚度的要求。

(3)在钢筋的搭接接头范围内须加密箍筋。

(4)在受力的光面钢筋端部要设置弯钩。

(三)黏结力的主要影响因素

(1)混凝土强度:混凝土强度越高,钢筋与混凝土的黏结力也越高。

(2)保护层厚度:混凝土保护层较薄时,其黏结力降低,并在保护层最薄弱处容易出现劈裂裂缝,促使黏结力提早破坏。

(3)钢筋表面形状:带肋钢筋表面凹凸不平,与混凝土之间的机械咬合力较好,破坏时黏结强度大;光面钢筋的黏结强度则较小,所以要在钢筋端部做成弯钩,以增加其拔出力。

(4)横向压应力:如支座处的反力作用在钢筋锚固端,增大了摩阻力,有利于黏结锚固。

三、相关案例——内蒙古包头市物资回收公司拔管车间屋面板塌落案例

1990 年 3 月 25 日下午 6 时 40 分,该车间的四块预应力大型屋面板突然断裂塌落,将正在屋内施工的工人砸死 1 人,重伤 1 人。

该车间为钢筋混凝土排架结构,建筑面积为 1 163 m^2。采用 12 m 跨薄腹梁,1.5 m×6.0 m 大型屋面板。发生事故的是边跨休息室,为砖混结构,轴线尺寸为 6.0 m×6.0 m,砖墙承重,钢筋混凝土圈梁上支承四块 1.5 m×6.0 m 大型屋面板。

屋面板断裂的原因是屋面板出厂质量不合格和屋面超载造成的。发生事故的这批屋面板是冬季蒸气养护生产的,出坑时强度只达到 70%即置于严寒环境中,因而强度也即停止增长,直到发生事故。该板的混凝土对钢筋的黏结力也极差,预应力钢筋全部从锚固端抽脱,断裂后钢筋和混凝土彻底分离,毫无黏结。此外,事发时屋顶上的炉渣几乎全部堆积在休息室屋顶上。经事后测量,共有 17 m^3之多,重达 15 t,平均屋面上炉渣的荷载即达 400 kg/m^2,远远超出允许的范围。不合格的屋面板在超载情况下断裂。

学习项目四　钢筋混凝土结构的设计方法

一、引　　文

结构设计就是在一定的预定荷载及材料性能条件下,确定结构构件功能要求所需要的截面尺寸、配筋和构造措施。结构设计的基本目的是要科学地解决结构物的可靠与经济这对矛盾,力求以最经济的途径,使所建造的结构以适当的可靠度满足各项预定功能的要求。结构设计都采用共同的方法——概率极限状态设计法。因此,在讨论具体的构件和结构设计之前,先介绍概率极限状态设计法。

二、相关理论知识

(一)结构的功能要求

钢筋混凝土结构应满足以下三个功能要求。

1. 安全性

结构在预定的使用期限内,应能承受正常施工、正常使用时可能出现的各种荷载、外加变形(如超静定结构的支座不均匀沉降)、约束变形(如由于温度及收缩引起的构件变形受到约束时产生的变形)等的作用。在偶然荷载(如地震、强风)作用下或偶然事件发生时和发生后仍能

保持结构的稳定性，不发生倒塌和连续破坏。

2. 适用性

结构正常使用时，具有良好的工作性能，例如不出现过大变形和过宽裂缝（有的结构不允许出现裂缝），不妨碍正常使用。

3. 耐久性

结构在正常使用和正常维护下，在规定的时间内有足够的耐久性能。例如不发生由于保护层碳化或裂缝宽度过大导致的钢筋锈蚀，混凝土不发生严重风化、腐蚀、脱落破坏而影响结构的使用寿命。

安全性、适用性、耐久性是衡量结构可靠的标志，总称为结构的可靠性。结构的可靠性是指结构在规定时间内，规定的条件下（正常设计、正常施工、正常使用和正常维修）完成预定功能要求的能力。结构的设计使用年限是指设计规定的结构或结构构件不需进行大修即可按其预定目的使用的时期。根据《工程结构可靠度设计统一标准》(GB 50153—2008)的规定，设计使用年限分为4类，见表2.11。需要说明的是，当结构的实际使用年限达到并超过结构的设计使用年限后，并不意味结构不能继续使用或应该拆除重建，而是指它的可靠性水平下降，结构仍然可以继续使用。

表2.11　结构的设计使用年限分类及荷载调整系数 γ_L

类别	设计使用年限(年)	示　例	γ_L
1	5	临时性建筑结构	0.9
2	25	易于替换的结构构件	—
3	50	普通房屋和建筑物	1.0
4	100	标志性建筑和特别重要的建筑结构	1.1

设计基准期可参考结构设计使用年限的要求适当选定，但不能将设计基准期简单地理解为结构的使用寿命，两者是有联系的，然而又不完全等同。结构的使用年限超过设计基准期时，表明其失效概率可能会增大，不能保证其承载力极限状态的可靠指标，但不等于结构丧失所要求的功能甚至破坏。一般来说，使用寿命长，设计基准期可以长一些；使用寿命短，设计基准期可以短一些。通常设计基准期应该小于寿命期，而不应该大于寿命期。影响结构可靠度的设计基本变量，如荷载、温度等，都是随时间变化的，设计变量取值大小与时间长短有关，从而直接影响结构可靠度。因此，必须参照结构的预期寿命、维护能力和措施等，规定结构的设计基准期。计算结构可靠度时，必须确定结构的使用期，即设计基准期。我国对普通房屋和建筑物取用的设计基准期为50年。

若在结构设计中加大设计的余量，如提高设计荷载，加大截面尺寸及配筋，或提高对材料性能的要求等，总是能够增加或改善结构的可靠性，但这将使结构的造价提升，不符合经济的要求。良好的结构设计应保证结构既经济又可靠，是结构设计的基本原则。

(二)结构的极限状态

结构能满足功能要求而且能够良好地工作，称结构“可靠”或“有效”；否则，称结构“不可靠”或“失效”。极限状态是区分结构或构件是否可靠的标志，极限状态是指结构或其构件能够满足上述某一功能要求的临界状态。超过这一界限，结构或其构件就不能满足设计规定的该项功能要求，从而进入失效状态。以钢筋混凝土简支梁的安全性为例，当受弯承载力 $M<M_u$ 时，称为结构可靠；当受弯承载力 $M>M_u$ 时，称为结构失效；当 $M=M_u$ 时，称为极限状态。根据功能要求结构的极限状态可分为以下两类。

1. 承载能力极限状态

承载能力极限状态指结构或结构构件达到最大承载力、出现疲劳破坏或不适于继续承载的变形，或结构的连续倒塌的状态。当结构或其构件出现下列状态之一时，即认为超过了承载能力极限状态：

(1)整个结构或结构的一部分作为刚体失去平衡(如倾覆、滑移和漂浮)；

(2)结构构件或连接因材料强度破坏(包括疲劳强度破坏)，或因过度的塑性变形而不适于继续承受荷载；

(3)结构转变为机动体系；

(4)结构或构件丧失稳定(如压屈等)；

(5)地基丧失承载能力而破坏(如失稳等)。

承载能力极限状态可理解为结构构件发挥允许的最大承载功能的状态。结构或构件一旦出现承载能力极限状态，后果是十分严重的，会造成人身伤亡和重大经济损失。当结构构件由于塑性变形而使其几何形状发生显著改变，虽未达到最大承载功能的状态，但已彻底不能使用，也属于达到这种承载能力极限状态。疲劳破坏是在使用中由于荷载多次重复作用而达到的承载能力极限状态，因此，要严格控制出现这种状态，结构或构件都必须按承载能力极限状态进行计算，并保证具有足够的可靠度。

2. 正常使用极限状态

正常使用极限状态是指结构或其构件达到正常使用或耐久性能的某项规定限值时的状态。当结构或其构件出现下列状态之一时，即认为超过了正常使用极限状态：

(1)影响正常使用或外观的变形；

(2)影响正常使用或耐久性能的局部损坏(包括裂缝)；

(3)影响正常使用的振动；

(4)影响正常使用的其他特定状态。

正常使用极限状态可理解为结构或构件达到使用功能上允许的某个限值的状态。例如，某些构件必须控制变形、裂缝才能满足使用要求。过大的裂缝会影响结构的耐久性，过大的变形、裂缝也会造成用户心理上的不安全感。

虽然正常使用极限状态的后果一般不如超过承载能力极限状态严重，但也不可忽视。当然，由于正常使用极限状态出现后，其后果的严重程度比承载能力极限状态要轻一些，因而对其出现的概率的控制可放宽一些，通常按承载能力极限状态设计结构构件，按正常使用极限状态来验算构件。

(三) 结构可靠度

1. 作用、作用效应及结构抗力

作用是指使结构产生效应(力、变形等)的各种原因的总称。它包括直接作用(施加在结构上的集中力或分布力)和间接作用(引起结构外加变形或约束变形的原因)。由于使结构产生效应的原因多数可归结为直接作用在结构上的力(集中力和分布力)，因此习惯上都将结构上直接以力的方式施加的作用称为荷载。

作用按其随时间的变异性分为以下三类：

(1)永久作用

在设计基准期内量值不随时间变化，或其变化量与平均值相比可以忽略不计的作用。例如，结构自重，其量值在整个设计基准期内基本保持不变或单调而趋于限值，其随机性只是表现在空间位置的变异上。

(2)可变作用

在设计基准期内其量值随时间变化，且其变化量与平均值相比不可忽略的作用。例如火车和汽车荷载、风荷载、雪荷载等。

(3)偶然作用

在设计基准期内不一定出现，而一旦出现其量值很大且持续时间很短的作用。例如爆炸、撞击、地震等。

作用效应指作用引起的结构或构件的内力(如轴力、剪力、弯矩、扭矩等)和变形(如挠度、侧移、裂缝等)，以 S 表示。当作用为集中力或分布力时，作用效应又称为荷载效应。作用和效应一般近似呈线性关系，即

$$S=CQ \tag{2.2}$$

式中　S——作用(荷载)效应；

Q——某种作用(荷载)；

C——作用(荷载)效应系数。

例如，一承受集中荷载 P(距支座 a 和 b)作用的简支梁，计算跨径为 l，则 P 在作用截面处产生的弯矩 $M=Pab/l$ 就是集中荷载 P 在该处产生的荷载效应，其中 ab/l 相当于荷载效应系数。作用和作用效应为随机变量，一般具有不确定性。影响荷载效应的主要不确定因素有：荷载本身的变异性、内力计算假定与实际受力情况之间的差异等。

2. 结构抗力

结构或构件抵抗或承受作用效应的各种能力统称为结构抗力，如结构构件承载力(轴力、剪力、弯矩、扭矩)、抵抗变形的能力及抗裂能力等。与作用效应一样，结构抗力是一个随机变量，具有不确定性，用 R 表示，它是材料性能、截面几何特征及计算模式的函数。影响结构抗力的主要不确定因素有材料强度的变异性和施工制造过程中引起的偏差等。

3. 可靠度

结构的可靠度是指结构在规定时间内，在规定的条件下完成预定功能的概率。所谓规定的时间一般是指设计基准期；规定的条件是指正常设计、正常施工和正常使用和维护的条件，不包括非正常的损坏(例如人为的错误等)。结构的可靠性是以可靠概率来描述的。

在各种随机因素的影响下，结构完成预定功能的能力不能事先确定，只能用概率来描述。结构可靠度的这种概率定义是从统计数学观点出发的比较科学的定义，与其他从定值观点出发的定义(如认为结构的安全度是结构的安全储备)有本质的区别。结构的可靠性和经济性是对立的两个方面，科学的设计方法就是在结构的可靠与经济之间选择一种最佳的平衡，把二者统一起来，达到以比较经济合理的方法，保证结构设计要求的可靠性。

4. 可靠概率、失效概率和可靠指标

结构能够完成预定功能的概率称为“可靠概率”，以 P_s 表示，结构不能够完成预定功能的概率称为“失效概率”，以 P_f 表示。显然 P_s 和 P_f 两者的关系为 $P_s+P_f=1$。一般习惯于采用结构的失效概率 P_f 来度量结构的可靠性，只要失效概率 P_f 足够小，则结构的可靠性必然高。也可以利用可靠指标 β 本身代替结构失效概率 P_f 来度量结构的可靠性。可靠指标 β 与失效概率 P_f 的关系如表 2.12 所示。

表 2.12　可靠指标 β 与失效概率 P_f 的关系

β	1.0	1.5	2.0	2.5	2.7	3.2	3.7	4.2
P_f	1.59×10^{-1}	6.68×10^{-2}	2.28×10^{-2}	6.21×10^{-3}	3.5×10^{-3}	6.9×10^{-4}	1.1×10^{-4}	1.3×10^{-5}

5. 安全等级

结构设计时，应根据房屋建筑的重要性采用不同的可靠度。《工程结构可靠度设计统一标准》用结构的安全等级来表示房屋建筑的重要性程度，如表 2.13 所示。其中，大量的一般房屋列入中间等级，重要的房屋提高一级，次要的房屋降低一级。重要房屋与次要房屋的划分，应根据结构破坏可能产生的后果，即危及人的生命、造成经济损失、产生社会影响等的严重程度确定。

建筑物中各类结构构件的安全等级宜与整个结构的安全等级相同。但允许对部分结构构件根据其重要程度和综合经济效益进行适当调整。如提高某一结构构件的安全等级所需额外费用很少，而又能减轻整个结构的破坏，从而大大减少人员伤亡和财产损失时，则可将该结构构件的安全等级较整个结构的安全等级提高一级。相反，如某一结构构件的破坏并不影响整个结构或其他结构构件的安全性时，则可将其安全等级降低一级，但不得低于三级。

表 2.13　房屋建筑结构的安全等级

安全等级	破坏后果	示　例
一级	很严重：对人的生命、经济、社会或环境影响很大	大型的公共建筑等
二级	严重：对人的生命、经济、社会或环境影响很大	普通的住宅和办公楼等
三级	不严重：对人的生命、经济、社会或环境影响较小	小型的或临时性贮存建筑等

注：房屋建筑结构抗振设计中的甲类建筑和乙类建筑，其安全等级宜规定为一级；丙类建筑，其安全等级宜规定为二级；丁类建筑，其安全等级宜规定为三级。

结构功能函数的失效概率 P_f 小到某种可接受的程度或可靠指标大到某种可接受的程度，就认为该结构处于有效状态，即 $P_f\leqslant[P_f]$ 或 $\beta\geqslant[\beta]$。结构按承载能力极限状态设计时，要保证其完成预定功能的概率不低于某一允许的水平，应对不同情况下的目标可靠指标值作出规定。根据结构的安全等级，在对代表性的构件进行可靠度分析的基础上，规定了按承载能力极限状态设计时的目标可靠指标值。结构构件承载能力极限状态规定的可靠指标 β 值（表 2.14）不应小于其规定值（以建筑安全等级为二级时的延性破坏的 β 值 3.2 作为基准，其他情况相应增减 0.5）。

表 2.14　结构构件承载能力极限状态的可靠指标 β 值

破坏类型	安全等级		
	一级	二级	三级
延性破坏	3.7	3.2	2.7
脆性破坏	4.2	3.7	3.2

注：延性破坏是指结构构件在破坏前有明显变形或其他预兆；脆性破坏是指结构构件在破坏前无明显变形或其他预兆。

（四）荷载和荷载代表值

1. 荷载

结构所承受的荷载不是一个定值，而是在一定范围内变动。结构所用材料的实际强度也在一定范围内波动。因此，结构设计时所取用的荷载值和材料强度值应采用概率统计方法来确定。结构上的荷载按其随时间的变异性和出现的可能性不同，分为以下三类。

(1)永久荷载

指在结构设计使用期间，其作用值不随时间变化而变化，且其变化幅度与平均值相比可以忽略不计的荷载。永久荷载又称为恒荷载，例如结构自重、土压力、预应力荷载等。

(2)可变荷载

指在结构设计使用期间，其作用值随时间变化，且其变化幅度与平均值相比不可忽略的荷载。可变荷载又称活荷载，例如列车荷载、屋面活荷载、吊车荷载、风荷载、雪荷载等。

(3)偶然荷载

指在结构设计使用期间不一定出现，而一旦出现，其持续时间很短但量值很大的荷载。例如地震、爆炸、撞击力等。

2. 荷载代表值

荷载代表值是指设计中用以验算极限状态所采用的荷载量值，如标准值、组合值、频遇值和准永久值。任何一种荷载的大小都具有程度不同的变异性，对不同荷载应采用不同的代表值。永久荷载采用标准值作为代表值；可变荷载应根据设计要求采用标准值、组合值、频遇值或准永久值作为代表值；偶然荷载应按建筑结构使用的特点确定其代表值。

荷载标准值是指结构构件在使用期间可能出现的最大荷载值，是建筑结构按极限状态设计时采用的荷载基本代表值。由于最大荷载值是随机变量，因此，原则上应由设计基准期(50年)荷载最大值概率分布的某一分位数来确定(图 2.24)。但是，有些荷载并不具备充分的统计参数，只能根据已有的工程经验确定。故实际上荷载标准值取值的分位数并不统一。

例如，取荷载标准值为：

$$P_k = \mu_P - 1.645\sigma_P \tag{2.3}$$

式中　P_k——荷载标准值；

μ_P——荷载平均值；

σ_P——荷载标准差。

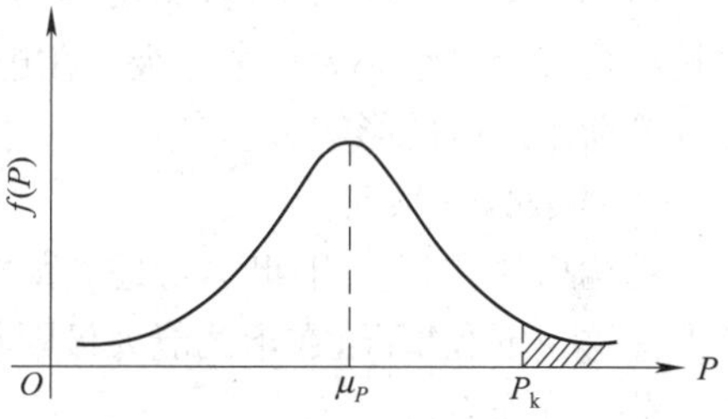

图 2.24　荷载标准值的概率含义

目前，由于对很多可变荷载未能取得充分的资料，难以给出符合实际的概率分布，若统一按 95%的保证率调整荷载标准值，会使结构设计与过去相比在经济指标方面引起较大的波动。因此，我国现行《建筑结构荷载规范》(GB 50009—2012)规定的荷载标准值，除了对个别不合理者作了适当调整外，大部分仍沿用或参照了传统习用的数值。

(1)永久荷载代表值

永久荷载代表值即为永久荷载(恒荷载)标准值 G_k，是按结构设计规定的尺寸、材料和构件的单位自重计算确定的，一般相当于永久荷载概率分布的平均值。对于自重变异性较大的材料，在设计中应根据荷载对结构不利或有利，分别取其自重的上限值或下限值。

(2)可变荷载代表值

①可变荷载标准值。是可变荷载的基本代表值。我国《建筑结构荷载规范》(GB 50009—2012)中，对于楼面和屋面活荷载、风荷载和雪荷载等可变荷载的标准值，规定了具体数值或计算方法，设计时可以查用。例如：办公楼和住宅楼面均布活荷载标准值均为 2.0 kN/m^2。

风荷载标准值是由建筑物所在地的基本风压乘以风压高度变化系数、风载体型系数确定的。其中，基本风压是以当地比较空旷平坦地面上离地 10 m 高处统计所得的 50 年一遇

10 min 平均最大风速 v_0(m/s)为标准，按 $v_0^2/1\ 600$ 确定的。雪荷载标准值是由建筑物所在地的基本雪压乘以屋面积雪分布系数确定的，而基本雪压是以当地一般空旷平坦地面上统计所得 50 年一遇最大雪压确定的。

②可变荷载组合值。结构上作用多种可变荷载时，各种可变荷载同时达到最大值的概率很小，为使结构在两种或两种以上可变荷载作用时的情况与仅有一种可变荷载作用时可靠指标大致相同，应对其进行折减。这种经调整后的可变荷载代表值，称为可变荷载组合值。我国《建筑结构荷载规范》(GB 50009—2012)规定，可变荷载组合值应用可变荷载的组合值系数与相应的可变荷载标准值的乘积来确定。

③可变荷载准永久值。可变荷载准永久值是按正常使用极限状态设计时，考虑可变荷载长期效应组合时采用的荷载代表值。可变荷载准永久值应为可变荷载标准值乘以荷载准永久值系数。例如：住宅楼面活荷载标准值(少见的)为 2.0 kN/m^2；准永久值(经常作用、次大)为 $0.4\times2.0=0.8\ kN/m^2$。

④可变荷载频遇值。可变荷载频遇值是在设计基准期内，其超越的总时间为规定的较小比率或超越频率为规定频率的荷载值(总的持续时间不低于 50 年)。可变荷载频遇值应为可变荷载标准值乘以荷载频遇值系数。例如：住宅楼面活荷载标准值(少见的)为 2.0 kN/m^2；频遇值(时而出现，较大)为 $0.5\times2.0=1\ kN/m^2$。

(五)分项系数

1. 结构重要性系数

对不同安全等级的结构，为使其具有规定的可靠度而采用的系数称为结构重要性系数。建筑结构安全等级分为三个等级。在进行承载能力极限状态设计时，应考虑结构重要性系数对计算荷载效应的影响。

2. 荷载分项系数

结构构件在其使用期间，考虑到荷载的离散性，实际荷载仍有可能超过预定的标准值。为了考虑这一不利情况，在承载能力极限状态设计表达式中还必须对荷载标准值乘以一个系数，称为荷载分项系数。

(1)永久荷载的分项系数：当其效应对结构不利时，对由可变荷载效应控制的组合，取 1.2；对由永久荷载效应控制的组合，取 1.35；当其效应对结构有利时，一般情况下应取 1.0；对结构的倾覆、滑移或漂浮验算时，取 0.9。

(2)可变荷载分项系数：一般情况取 1.4，对工业建筑楼面均布活荷载 $q>4\ kN/m^2$ 的情况，取 1.3。

(3)预应力作用分项系数：当预应力作用对结构不利(使结构内力增大)时，对由可变荷载效应控制的组合应取 1.2，对由永久荷载效应控制的组合应取 1.0。

3. 材料分项系数

为了充分考虑材料的离散性和在施工中不可避免的偏差带来的不利影响，可将材料强度标准值除以一个大于 1 的系数，即得材料强度设计值，相应的系数称为材料分项系数。一般情况时混凝土材料分项系数为 1.4；对 HPB300、HRB335、HRB400 钢筋，其材料分项系数为 1.1；对预应力钢筋、钢绞线和热处理钢筋，其材料分项系数为 1.2。强度标准值除以分项系数后成为强度设计值。为了应用方便，混凝土与钢筋的强度设计值已隐含了材料分项系数。

(六)极限状态方程

结构构件完成预定功能的工作状况可用 S 和 R 的关系式表示：

$$Z=g(R,S)=R-S \tag{2.4}$$

式中 Z 为结构极限状态功能函数。R 和 S 都是非确定的随机变量，故 Z 亦是随机变量函数。极限状态方程按 Z 值的大小不同，可以用来描述结构所处的三种不同工作状态，如图 2.25 所示。

(1)当 $Z>0$ 时，即 $R>S$，表示结构能够完成预定功能，结构处于可靠状态；

(2)当 $Z<0$ 时，即 $R<S$，表示结构不能够完成预定功能，结构处于失效状态；

(3)当 $Z=0$ 时，即 $R=S$，表示结构达到极限状态，即图 2.25 中的 45°直线。

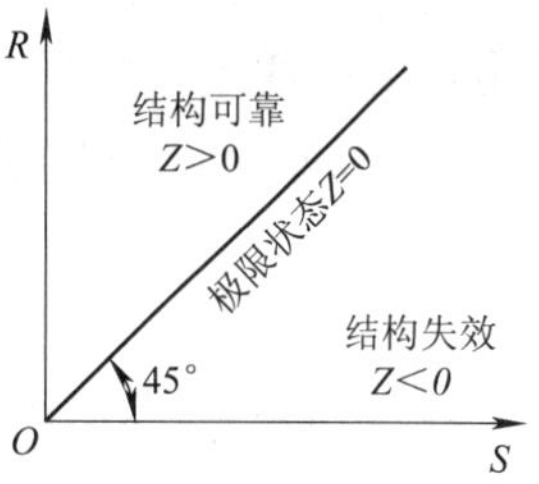

图 2.25 极限状态方程取值示意图

可见，结构要满足功能要求，就不应超过极限状态，即结构可靠工作的基本条件为：

$$Z\geqslant 0,\quad 即\quad S\leqslant R \tag{2.5}$$

(七)极限状态设计表达式

长期以来，人们已习惯采用基本变量的标准值(如荷载标准值、材料强度标准值等)和分项系数(如荷载分项系数、材料分项系数等)进行结构构件设计。考虑到这一习惯，并为了应用上的简便，规范在设计及验算时，将极限状态方程转化为以基本变量标准值和分项系数形式表达的极限状态设计表达式。这就意味着，设计表达式中的各分项系数是根据结构构件基本变量的统计特性，以结构可靠度的概率分析为基础经优选确定的，它们起着相当于设计可靠指标$[\beta]$的作用。

1. 承载能力极限状态设计表达式

$$\gamma_0 S\leqslant R \tag{2.6}$$

$$R=R(f_c,f_s,\alpha_k\cdots)/\gamma_{Rd} \tag{2.7}$$

式中 γ_0——结构重要性系数。在持久设计状况和短暂设计状况下，对安全等级为一级的结构构件不应小于 1.1；对安全等级为二级的结构构件不应小于 1.0；对安全等级为三级的结构构件不应小于 0.9；对地震设计状况下不应小于 1.0。

S——承载能力极限状态下作用组合的效应设计值。对持久设计状态和短暂设计状态应按作用的基本组合计算，对地震设计状态应按作用的地震组合计算。

R——结构构件抗力设计值。

$R(\cdot)$——构件的抗力函数。

γ_{Rd}——结构构件的抗力模型不定性系数。静力设计取 1.0，对不确定性较大的结构构件根据具体情况取大于 1.0 的数值；抗振设计时应用承载力抗振调整系数 γ_{RE} 代替 γ_{Rd}。

α_k——几何参数的标准值，当几何参数的变异性对结构性能有明显的不利影响时，应增减一个附加值。

f_c——混凝土的强度设计值。

f_s——钢筋的强度设计值。

当结构上同时作用有多重可变荷载时，要考虑荷载效应的组合问题。荷载效应组合是指在所有可能同时出现的各种荷载组合下，确定结构或构件内产生的总效应。其最不利组合是指所有可能产生的荷载组合中，对结构构件产生总效应最为不利的一组。荷载效应组合分为基本组合与偶然组合两种情况。

按承载能力极限状态设计时，应按荷载效应的基本组合进行计算，必要时应按荷载效应的偶然组合进行计算。《建筑结构荷载规范》规定，对于基本组合，荷载效应组合的设计值 S 应从由可变荷载效应控制的组合和由永久荷载效应控制的组合中选取最不利值确定。

(1)由可变荷载效应控制的组合

$$S = \gamma_G S_{Gk} + \gamma_{Q1} S_{Q1k} + \sum_{i=2}^{n} \gamma_{Qi} \psi_{ci} S_{Qik} \tag{2.8}$$

(2)由永久荷载效应控制的组合

$$S = \gamma_G S_{Gk} + \sum_{i=1}^{n} \gamma_{Qi} \psi_{ci} S_{Qik} \tag{2.9}$$

式中　γ_G——永久荷载的分项系数；

γ_{Q1}、γ_{Qi}——第一个和第 i 个可变荷载分项系数；

S_{Gk}——按永久荷载标准值 G_k 计算的荷载效应值；

S_{Qik}、S_{Q1k}——在基本组合中按其控制作用的一个可变荷载标准值 Q_{1k} 计算的荷载效应值及按第 i 个可变荷载标准值 Q_{ik} 计算的荷载效应值；

ψ_{ci}——第 i 个可变荷载的组合系数，其值不应大于 1。

2. 正常使用极限状态设计表达式

正常使用极限状态主要验算构件变形和裂缝宽度，以满足结构适用性和耐久性要求。正常使用极限状态比承载能力极限状态可靠指标低，故取荷载标准值计算，不考虑 γ_0 并按下列表达式进行设计：

$$S \leqslant C \tag{2.10}$$

式中　S——承载能力极限状态的荷载效应组合设计值；

C——结构或结构构件达到正常使用要求的规定限值（变形、裂缝、应力），可查有关规范规定。

(1)标准组合，荷载效应组合 S 的表达式为：

$$S = S_{Gk} + S_{Q1k} + \sum_{i=2}^{n} \psi_{ci} S_{Qik} \tag{2.11}$$

(2)频遇组合，荷载效应组合 S 的表达式为：

$$S = S_{Gk} + \varphi_{f1} S_{Q1k} + \sum_{i=2}^{n} \psi_{qi} S_{Qik} \tag{2.12}$$

式中　φ_{f1}——可变荷载的频遇系数；

ψ_{qi}——可变荷载标准值的准永久值系数。

(3)准永久组合，荷载效应组合 S 的表达式为：

$$S = S_{Gk} + \sum_{i=1}^{n} \psi_{qi} S_{Qik} \tag{2.13}$$

【例题 2-1】　一简支梁，计算跨度为 6 m，作用有均布荷载，恒荷载标准值 $g_k = 3$ kN/m，分项系数 $\gamma_G = 1.2(1.35)$，活荷载标准值 $q_k = 6$ kN/m，分布系数 $\gamma_Q = 1.4(1.0)$，分别计算梁跨中截面弯矩的基本组合、标准组合、频遇组合和准永久组合（活载频遇系数 0.6；准永久系数 0.4），安全等级为二级，求简支梁跨中截面荷载效应设计值 M。

解：基本效应组合（可变荷载控制）：

$$S(M) = \frac{1}{8}(\gamma_G g_k + \gamma_Q q_k) l^2 = \frac{1}{8}(1.2 \times 3 + 1.4 \times 6) \times 6^2 = 54(\text{kN} \cdot \text{m})$$

基本效应组合(永久荷载控制)：

$$S(M)=\frac{1}{8}(\gamma_G g_k+\gamma_Q q_k)l^2=\frac{1}{8}(1.35\times 3+1.0\times 6)\times 6^2=45.23(\text{kN}\cdot\text{m})$$

荷载标准组合：

$$S(M)=\frac{1}{8}(g_k+q_k)l^2=\frac{1}{8}(3+6)\times 6^2=40.5(\text{kN}\cdot\text{m})$$

荷载的频域组合：

$$S(M)=\frac{1}{8}(g_k+\Psi_{f1}q_k)l^2=\frac{1}{8}(3+0.6\times 6)\times 6^2=29.7(\text{kN}\cdot\text{m})$$

荷载的准永久组合：

$$S(M)=\frac{1}{8}(g_k+\psi_{qi}q_k)l^2=\frac{1}{8}(3+0.4\times 6)\times 6^2=24.3(\text{kN}\cdot\text{m})$$

3. 正常使用极限状态验算规定

(1)对结构构件进行抗裂验算时，应按荷载标准组合的效应设计表达式(2.11)进行计算，其计算值不应超过规范规定的相应限值。具体验算方法和规定见单元四。

(2)结构构件的裂缝宽度，对混凝土构件，按荷载准永久组合的效应设计表达式(2.13)并考虑长期作用影响进行计算；对预应力混凝土构件，按荷载标准组合的效应设计表达式(2.12)并考虑长期作用影响进行计算；构件的最大裂缝宽度不应超过规范规定的最大裂缝宽度限值。最大裂缝宽度限值应根据结构的环境类别、裂缝控制等级及结构类别确定，具体验算方法和规定见单元四。

(3)受弯构件的最大挠度，混凝土构件应按荷载准永久组合的效应设计表达式(2.13)，预应力混凝土构件应按荷载标准组合的效应设计表达式(2.11)，并均应考虑荷载长期作用的影响进行计算，其计算值不应超过规范规定的挠度限值。具体验算方法和规定见单元四。

三、相关案例——混凝土试块强度分析

某预制构件厂所做的一批试块，总数为 889 个。现对试块的实测强度数据进行分析，以横坐标为试块的实测强度，纵坐标为频数和频率，画出混凝土立方体抗压强度直方图，曲线代表了试块实测强度的理论分布曲线，如图 2.26 所示。

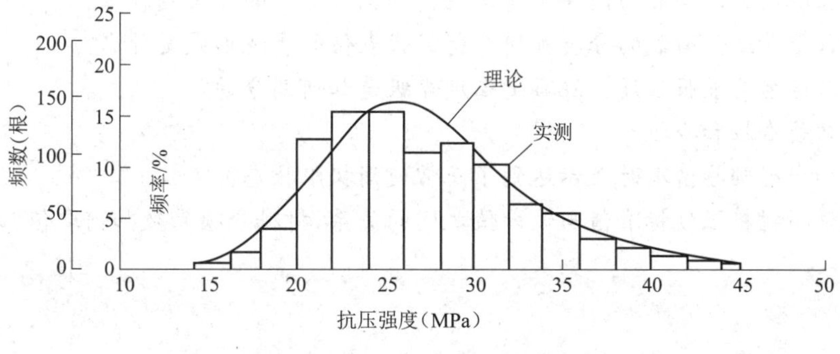

图 2.26　某预制构件厂对工程所作试块的统计资料

通过分析发现，混凝土强度分布基本符合正态分布，随着混凝土强度等级的增加，其强度对应的变异系数减小。材料强度的变异性，主要是指材质及工艺、加载、尺寸等因素引起的材料强度的不确定性。

知识拓展——玻璃钢钢筋

以高强玻璃纤维为增强材料，以合成树脂为基本材料，并掺入适量辅助剂复合而成的复合材料称为玻璃纤维增强塑料(英文缩写:FRP)，俗称玻璃钢钢筋。主要有玻璃纤维钢筋和玄武岩纤维钢筋(直径 3～32 mm)两种。

应用范围：

(1)可广泛应用于公路、桥梁、机场、车站、水利工程、地下工程等领域。

(2)适合应用于污水处理厂、化工厂、电解槽、窨井盖、海防工程等腐蚀环境。

(3)适合应用于军事工程、保密工程、特殊工程等需绝缘脱磁环境。

产品特点：

(1)抗拉强度高。抗拉强度优于普通钢材，高于同规格钢筋的 20%，而且抗疲劳性好。

(2)质量轻。仅为同体积钢筋的 1/4；密度在 1.5～1.9 g/cm^3。

(3)耐腐蚀性强。耐酸碱等化学物的腐蚀，可抵抗氯离子和低 pH 值溶液的侵蚀，尤其是抗碳化合物和氯化合物的腐蚀性更强。

(4)材料结合力强。热膨胀系数与钢材相比更接近水泥，因此 FRP 筋材与混凝土结合握裹力更强。

(5)可设计性强。弹性模量稳定。安全性能好，不导热、不导电、阻燃抗静电，通过配方改变可与金属碰撞不产生火花。

(6)透磁波性能强。FRP 筋材是一种非磁性材料，在非磁性或电磁性的混凝土构件中不用做脱磁处理。

(7)施工方便。可按用户要求生产各种不同截面和长度的标准及非标准件，现场绑扎可用非金属拉紧带，操作简单。

思考题

2-1　什么是结构的极限状态？如何分类？

2-2　钢筋混凝土结构的功能要求有哪些？结构可靠度的含义是什么？

2-3　什么是荷载？荷载的分类如何？荷载代表值的表现形式是什么？

2-4　什么是名义屈服强度？混凝土强度等级是如何划分的？

2-5　什么是冷拉和冷拔？

2-6　结构出现哪些情况时表示达到了正常使用极限状态？

2-7　试说明材料强度标准值与设计值之间的关系，材料分项系数如何取值？

单元三　钢筋混凝土受弯构件承载力计算

学习导读

受弯构件是指截面上以承受弯矩(M)和剪力(V)为主，而轴力(N)可以忽略不计的构件，它是土木工程中数量最多、使用最为广泛的一类构件。工程结构中的梁和板就是典型的受弯构件，它们存在着受弯破坏和受剪破坏两种可能性。其中由于弯矩引起的破坏往往发生在弯矩最大处且与梁板轴线垂直的正截面上，所以称之为正截面受弯破坏。当梁的正截面受弯承载力得到保证时，梁还可能由于斜截面的强度不足而发生沿斜截面的剪力破坏或沿斜截面的弯曲破坏。这种破坏往往带有脆性性质，缺乏明显的预兆。所以在设计时，必须进行斜截面的承载力计算。

本单元主要介绍受弯构件正截面的受力特点和破坏形态、承载力计算方法以及相应的构造措施；斜截面抗剪承载能力计算方法和保证斜截面抗弯承载能力的有关构造要求，能进行钢筋混凝土受弯构件的一般设计。

能力目标

1. 具备钢筋混凝土受弯构件设计的能力；
2. 具备钢筋混凝土受弯构件正截面和斜截面承载力计算的能力；
3. 具备计算公式应用的能力。

知识目标

1. 熟悉受弯构件正截面的构造要求；
2. 理解适筋受弯构件正截面的三个受力阶段；
3. 熟练掌握单筋矩形截面正截面承载力的计算方法；
4. 熟悉有腹筋梁计算公式及适用条件；
5. 掌握剪跨比的概念及腹筋对斜截面受剪破坏形态的影响；
6. 掌握矩形截面受弯构件斜截面受剪承载力的计算方法及限制条件；
7. 了解纵向受力钢筋的弯起、锚固等构造规定。

学习项目一　梁与板的构造

一、引　　文

受弯构件是指仅承受弯矩和剪力作用的构件，它是钢筋混凝土结构中用量最大的一种构件。钢筋混凝土受弯构件的主要形式是板和梁，它们是组成工程结构的基本构件，在工程中应用很广。如房屋中各种类型的梁、板；桥梁工程结构中的人行道板与各种主梁都属于受弯构件。受弯构件的一般设计除了进行承载能力极限状态计算外，还需按正常使用极限状态的要求进行变形和裂缝宽度验算，同时还必须进行一系列构造设计，方能保证受弯构件的各个部位都具有足够的抗力，并使构件具有必要的适用性和耐久性。梁和板的构造要求是构造设计的基本依据。

二、相关理论知识

（一）截面形式及尺寸

1. 截面形式

工程结构中梁、板是典型的受弯构件。梁和板的区别在于：梁的截面高度一般大于自身的宽度，而板的截面高度则远小于自身的宽度。

梁的截面形状常见的有矩形、T形、工字形、箱形、倒L形等，板的截面形状常见有矩形、槽形及空心形等，如图3.1所示。矩形截面常用于荷载小和跨度小的情况，T形、工字形、箱形截面常用于荷载大和跨度大的情况，箱形截面还具有抗扭刚度大的特点。

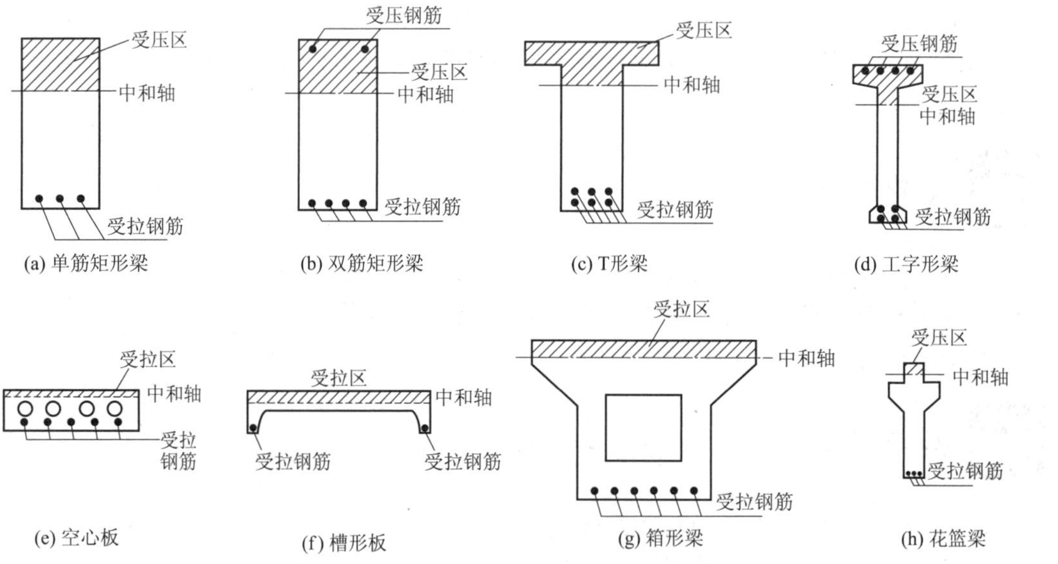

图3.1　受弯构件常用截面形式

2. 截面尺寸

受弯构件截面尺寸的确定，既要满足承载能力的要求，也要满足正常使用的要求，同时还要满足施工方便的要求。也就是说，梁、板的截面高度 h 与荷载的大小、梁的计算跨度（l_0）有关。一般根据刚度条件由设计经验确定。工程结构中梁的截面高度可参照表3.1选用。

表3.1　梁的一般最小截面高度

序号	构件种类		简支	两端连续	悬臂
1	整体肋形梁	次梁	$l_0/20$	$l_0/25$	$l_0/8$
		主梁	$l_0/12$	$l_0/15$	$l_0/6$
2	独立梁		$l_0/12$	$l_0/15$	$l_0/6$

说明：l_0 为梁的计算跨度；当 $l_0>9$ m时表中数值应乘以1.2的系数；悬臂梁的高度指其根部的高度。

同时，考虑便于施工和利于模板的定型化，构件截面尺寸宜统一规格，可按下述要求采用：

(1)矩形截面梁的高宽比 h/b 一般取 2.0～3.5；T 形截面梁的 h/b 一般取 2.5～4.0。矩形截面的宽度或 T 形截面的梁肋宽 b 一般取为 100 mm、120 mm、150 mm(180 mm)、200 mm(220 mm)、250 mm、300 mm、350 mm……300 mm 以上每级级差为 50 mm，括号中的数值仅用于木模板。常用梁宽为 150 mm、180 mm、200 mm。

(2)矩形截面梁和 T 形梁高度一般为 250 mm、300 mm、350 mm……750 mm、800 mm、900 mm……800 mm 以下每级级差为 50 mm，800 mm 以上每级级差为 100 mm。

(3)板的宽度一般比较大，设计计算时可取单位宽度(b=1 000 mm)进行计算。其厚度应满足(如已满足则可不进行变形验算)：

①单跨简支板的最小厚度不小于 $l_0/30$；

②多跨连续板的最小厚度不小于 $l_0/40$；

③悬臂板的最小厚度(指的是悬臂板的根部厚度)不小于 $l_0/12$。同时，应满足表 3.2 的规定。

表 3.2　现浇钢筋混凝土板的最小厚度

板的类别			厚度(mm)
单向板	屋面板	板跨度<1 500 mm	50
		板跨度≥1 500 mm	60
	民用建筑楼板		60
	工业建筑楼板		70
	行车道下的楼板		80
双向板	肋间距≤700 mm		40
	肋间距>700 mm		50
密肋板	板的悬臂长度≤500 mm		60
	板的悬臂长度>500 mm		80
悬臂板	无梁楼板		150

说明：悬臂板的厚度指悬臂根部的厚度，板厚度以 10 mm 为模数。

(二)梁的构造

受弯构件梁中一般配置有如下几种钢筋：纵向受力钢筋(也称主筋)、斜筋(也称弯起钢筋)、箍筋和架立钢筋，如图 3.2 所示。

1. 纵向受力钢筋

平行于梁的轴线布置，一般布置在梁的受拉区(称为纵向受拉钢筋，相应的梁称为单筋梁)，其主要作用是代替受拉区混凝土受拉(因为受拉区混凝土开裂后退出工作)，承受由外载所产生的拉力；当受压区混凝土强度不足时，有时也在受压区布置纵向受力钢筋(称为纵向受压钢筋，相应的梁称为双筋梁)，其主要作用是帮助受压区混凝土受压，和受压区混凝土一起承受由外载所产生的压力。纵向受拉钢筋的另一个作用是约束裂缝宽度的开展及长度的延伸。纵向受力钢筋的数量根据正截面的抗弯承载力经计算确定。梁中纵向受力钢筋的数量以其直径与根数来表示。

梁的纵向受力钢筋宜采用 HRB400 或 RRB400(Ⅲ级钢筋)、HRB335(Ⅱ级钢筋)，纵向受力钢筋的直径在建筑结构中一般为 10～28 mm，在桥梁结构中一般为 10～32 mm，其中常用

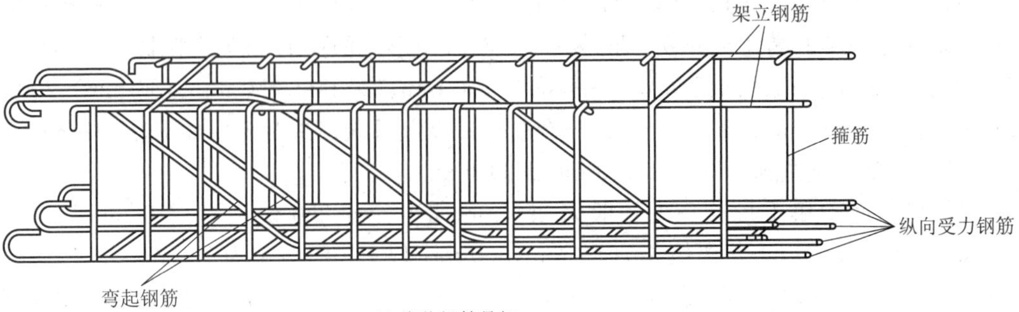

(a) 绑扎钢筋骨架

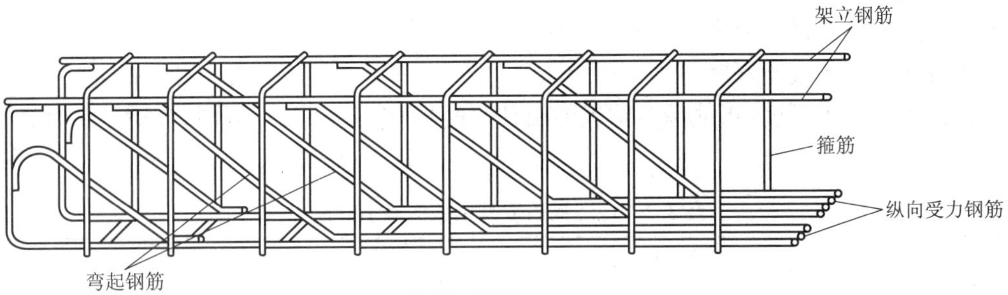

(b) 焊接钢筋骨架

图 3.2　梁的配筋形式

的是 12 mm、14 mm、16 mm、18 mm、20 mm、22 mm、25 mm，根数不少于两根。同一梁内宜采用相同直径的钢筋，以简化施工，有时为了节省钢筋，也可以采用两种直径的钢筋，但直径相差不小于 2 mm，以便施工识别，但相差也不宜超过 6 mm。

为使钢筋和混凝土之间有较好的黏结，并避免因钢筋布置过密而影响混凝土浇筑，梁内纵筋在水平和竖直方向都应满足净距要求，如图 3.3 所示。为满足上述要求，受拉纵筋数量较多，两层布置不下需布置成三层及以上时，从第三层起，纵筋的中距应比下面两层的中距增大一倍。纵向受力钢筋应上下对齐，不能错列。

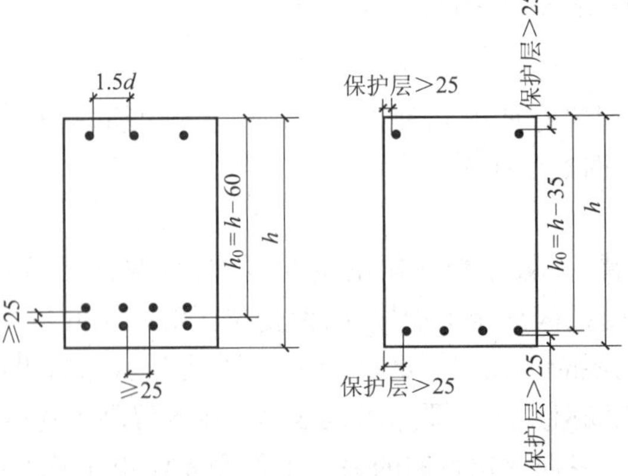

图 3.3　梁钢筋净距、保护层及有效高度(单位:mm)

截面的有效高度 h_0 指的是梁截面受压区的外边缘至受拉钢筋合力点的距离，$h_0=h-a_s$，a_s 为受拉钢筋合力点至受拉区边缘的距离。当纵筋为一排时，$a_s=c+d/2$；当纵筋为两排钢筋时，$a_s=c+d+e/2$，此处 c 为受拉钢筋的外表面到截面边缘的最小垂直距离，称之为混凝土保护层厚度，一般取为 25 mm，特殊情况依据规范选用。e 为上下两排钢筋的净距，在计算时，一般取 $e=25$ mm、$d=20$ mm，所以纵筋为单排时，近似取 $a_s=35$ mm；纵筋为两排时，近似取 $a_s=60$ mm。

2. 腹筋

腹筋是箍筋和斜筋（弯起钢筋）的统称。

箍筋垂直于梁轴线布置，其作用除要抵抗斜截面上的部分剪力外，还有固定纵筋位置以形成钢筋骨架，保证受拉区和受压区的良好联系及保证受压钢筋稳定性的作用。因此，无论计算上是否需要，梁内均应设置箍筋，箍筋的数量大多数是由斜截面的抗剪承载力经计算确定，当受弯构件按计算不需要设置箍筋时，应按构造要求布置箍筋。箍筋的净保护层不得小于 15 mm。

斜筋通常是在靠近梁的两端将受拉区中多余的纵向受力钢筋弯起而成的，用以抵抗斜截面上的剪力。斜筋的数量根据斜截面的抗剪承载力经计算确定。当多余纵向受力钢筋弯起不足以抵抗斜截面上的剪力时，也可以另外加设斜筋。斜筋与梁纵轴线一般宜成 45°或 60°。

箍筋和斜筋的另一个作用是约束斜裂缝宽度的开展和长度的延伸。

3. 架立钢筋

为了与其他钢筋一起形成钢筋骨架，按构造要求布置在梁的受压区且平行于梁轴线的钢筋，数量按构造要求确定，直径一般为 10～14 mm，随梁截面的大小而定。架立钢筋的直径还与梁的跨度 L 有关。当 $L>6$ m 时，架立钢筋的直径不宜小于 10 mm；当 $L=4\sim6$ m 时，不宜小于 8 mm；当 $L<4$ m 时，不宜小于 6 mm。简支梁架立钢筋一般伸至梁端；当考虑其受力时，架立钢筋两端在支座内应有足够的锚固长度。

4. 纵向构造钢筋

当梁的腹板高度 $h_w\geq450$ mm 时，在梁的两个侧面应沿高度配置纵向构造钢筋，每侧纵向构造钢筋间距不宜大于 200 mm，每侧纵向构造钢筋（不包括梁上、下部受力钢筋及架立钢筋）的截面面积不应小于腹板截面面积 bh_w 的 0.1%，其中 b 为腹板宽度，h_w 为腹板高度。腹板高度对矩形截面，取有效高度；对 T 形截面，取有效高度减去翼缘高度；对 I 形截面，取腹板净高。

纵向构造钢筋的主要作用是抵抗温度应力及混凝土收缩应力，同时与箍筋共同构成网格骨架以利于应力的扩散。

5. 混凝土保护层

混凝土保护层的作用：

(1)防止纵向钢筋锈蚀，保护钢筋不受空气的氧化和其他因素的作用；

(2)在火灾等情况下，使钢筋的温度上升缓慢；

(3)使纵向受力钢筋与混凝土有较好的黏结锚固。

混凝土保护层最小厚度与钢筋直径、构件种类、环境条件和混凝土强度等级等条件有关。受力钢筋混凝土保护层最小厚度应遵守各行业规定。在建筑结构中，混凝土保护层最小厚度除应符合表 3.3 的要求外，还应保证不小于钢筋的公称直径。

表 3.3　混凝土保护层最小厚度 c(mm)

环境等级	板墙壳	梁柱
一	15	20

续上表

环境等级	板墙壳	梁柱
二 a	20	25
二 b	25	35
三 a	30	40
三 b	40	50

注：(1)混凝土强度等级不大于 C25 时，表中保护层厚度数值应增加 5 mm；

(2)钢筋混凝土基础宜设置混凝土垫层，其受力钢筋的混凝土保护层厚度应从垫层顶面算起，且不应小于 40 mm；当无垫层时，直接在土壤上现浇底板中钢筋的混凝土保护层厚度不小于 70 mm。

(三)板的构造

板中一般布置有两种钢筋：受力钢筋和分布钢筋，如图 3.4 所示。

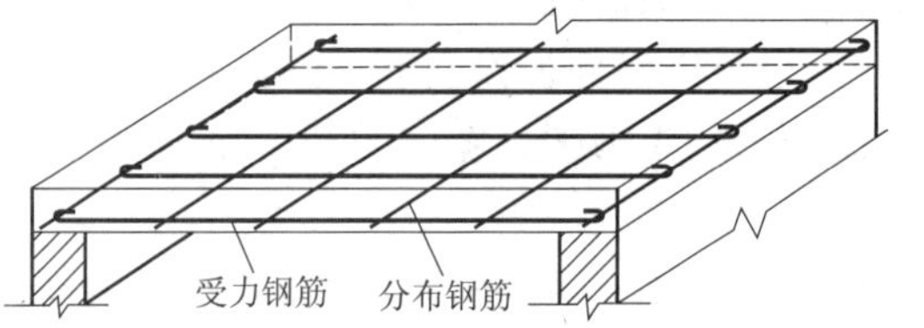

图 3.4　板的配筋形式

1. 受力钢筋

板的纵向受拉钢筋常采用 HPB300(Ⅰ级钢筋)、HRB335(Ⅱ级钢筋)级别钢筋，常用直径是 6 mm、8 mm、10 mm 和 12 mm。为了便于施工，设计时选用钢筋直径的种类愈少愈好。

受力钢筋沿板的跨度方向布置在受拉区，其主要作用同梁的纵向受拉钢筋一样，用以受外荷载所产生的拉力，数量由正截面抗弯承载力经计算确定。《混凝土结构设计规范》(GB 50010—2010)规定：板内受力钢筋的直径不宜小于 8 mm，当板厚 $h \leqslant 150$ mm 时，其间距不宜大于 200 mm；当板厚 $h > 150$ mm 时，其间距不宜大于 1.5 h，且不宜大于 250 mm；板内受力钢筋伸入支座数量每米不少于 3 根，并不少于跨中钢筋截面的 1/4。由于板较宽，且其荷载在板宽方向按均匀分布考虑，常取 1 m 宽的板带进行设计。钢筋的间距一般为 70～200 mm。板中受力钢筋的数量以其直径及间距表示。板的截面有效高度 $h_0 = h - a_s$，受力钢筋一般是一排钢筋。截面设计时，$a_s = c + d/2$，取 $d = 10$ mm、$c = 15$ mm，所以可近似取 $a_s = 20$ mm，如图 3.5所示。

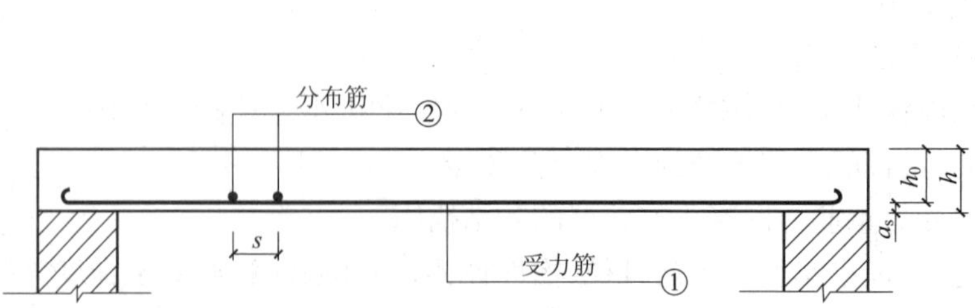

图 3.5　板的配筋

2. 分布钢筋

分布钢筋垂直于受力钢筋并布置在受力钢筋内侧，宜采用 HPB300(Ⅰ级钢筋)和 HRB335(Ⅱ级钢筋)级别的钢筋，其作用是与受力钢筋一起形成钢筋网，固定受力钢筋位置；将荷载分散传递给受力钢筋；承受因混凝土收缩和温度变化引起的应力。分布钢筋的数量按构造要求确定。板内分布钢筋常用直径是 6 mm 和 8 mm。截面面积不应小于受力钢筋面积的 15%，间距不宜大于 250 mm。当集中荷载较大或温度应力过大时，分布钢筋的截面面积应适当增加，其间距不宜大于 200 mm。

板的抗剪承载力足够，一般不进行抗剪承载力计算。

三、相关案例——钢筋配筋图

某一单跨简支梁钢筋的配筋图如图 3.6 所示。读出梁的尺寸，钢筋的位置、尺寸、品种、直径、数量，各钢筋间的相对位置及钢筋骨架在构件中的位置。

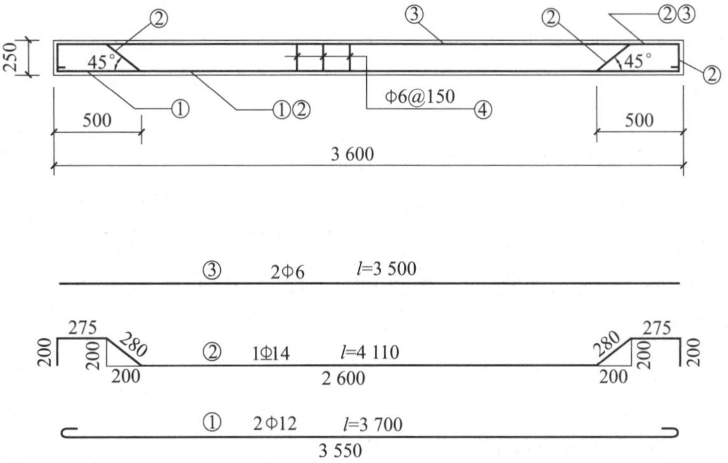

编号	规格	简　图	单根长度(mm)	根数	总长(m)	重量(kg)
①	Φ12		3 700	2	7.40	7.53
②	Φ14		4 110	1	4.11	4.96
③	Φ6		3 550	2	7.10	1.58
④	Φ6		700	24	16.80	3.75

图 3.6　某梁的配筋图

学习项目二　受弯构件正截面的受力特性

一、引　　文

受弯构件在荷载等因素的作用下，可能发生两种主要的破坏：一种是沿弯矩最大的截面破坏，另一种是沿剪力最大或弯矩和剪力都较大的截面破坏。当受弯构件沿弯矩最大的截面破坏时，破坏截面与构件的轴线垂直，称为正截面破坏，如图 3.7(a)所示；当受弯构件沿剪力最大或弯矩和剪力都较大的截面破坏时，破坏截面与构件的轴线斜交，称为斜截面破坏，如图 3.7(b)所示。

进行受弯构件设计时，既要保证构件不得沿正截面发生破坏，又要保证构件不得沿斜截面发生破坏，因此要进行正截面承载能力和斜截面承载能力计算。受弯构件正截面的受力特性分析为裂缝、变形及承载力的计算提供了依据。截面抗裂验算是建立在第 I_a 阶段的基础之

(a) 正截面破坏　　　　　　　　　　　　(b) 斜截面破坏

图 3.7　受弯构件破坏形式

上，构件使用阶段的变形和裂缝宽度验算是建立在第Ⅱ阶段的基础之上，而截面的承载力计算是建立在第Ⅲa 阶段的基础之上的。

二、相关理论知识

(一)配筋率对受弯构件破坏特征的影响

假设受弯构件的截面宽度为 b，截面高度为 h，纵向受力钢筋截面面积为 A_s，从受压边缘至纵向受力钢筋截面重心的距离为 h_0(称为截面有效高度)，截面宽度与截面有效高度的乘积 bh_0 为截面的有效面积，如图 3.8 所示。构件的实际截面配筋率是指纵向受力钢筋截面面积与截面有效面积之比，即

$$\rho=\frac{A_s}{bh_0} \tag{3.1}$$

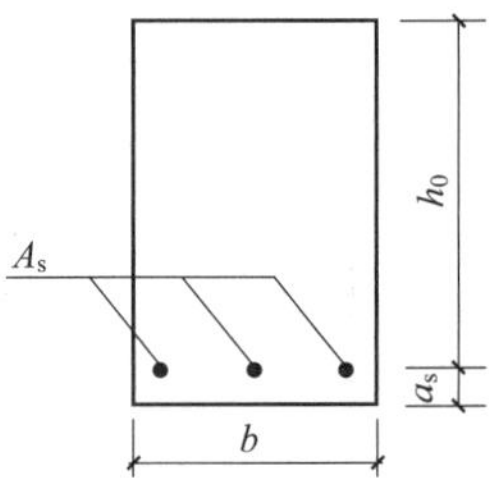

图 3.8　单筋截面示意图

式中　A_s——纵向受拉钢筋截面面积；

b——梁的截面宽度；

h_0——梁截面的有效计算高度，其值为纵向受拉钢筋截面重心至受压边缘的距离。当 $h_0=h$ 时，截面配筋率为最小截面配筋率。

构件的破坏特征取决于配筋率、混凝土的强度等级、截面形式等诸多因素，但是以配筋率对构件破坏特征的影响最为明显。试验表明，随着配筋率的改变，构件的破坏特征将发生质的变化。

现以承受两个对称集中荷载的矩形截面简支梁来说明配筋率对构件破坏特征的影响，如图 3.9 所示。

(1)当构件的配筋率不是太低也不是太高时，构件的破坏首先是由于受拉区纵向受力钢筋屈服，然后受压区混凝土被压碎，此时钢筋和混凝土的强度都得到充分利用。这种破坏称为适筋破坏。在构件破坏前有明显的塑性变形和裂缝预兆，破坏不是突然发生的，呈塑性性质，如图 3.9(a)所示。

(2)当构件的配筋率超过某一定值时，构件的破坏特征发生了质的变化。构件的破坏是由于受压区的混凝土被压碎而引起的，此时受拉区纵向受力钢筋不屈服，这种破坏称为超筋破坏。超筋破坏在破坏前虽然也有一定的变形和裂缝预兆，但不像适筋破坏那样明显，当混凝土压碎时，破坏突然发生，钢筋的强度得不到充分利用，破坏带有脆性性质，如图 3.9(b)所示。

(3)当构件的配筋率低于某一定值时，构件不但承载能力很低，而且只要其一开裂，裂缝便急速开展，裂缝截面处的拉力全部由钢筋承受，钢筋由于突然增大的应力而屈服，构件立即发

生破坏，如图 3.9(c)所示。这种破坏称为少筋破坏。

由此可见，受弯构件的破坏形式取决于受拉钢筋与受压区混凝土相互抗衡的结果。当受压区混凝土的抗压能力大于受拉钢筋的抗拉能力时，钢筋先屈服；反之，当受拉钢筋的抗拉能力大于受压区混凝土的抗压能力时，受压区混凝土先压碎。

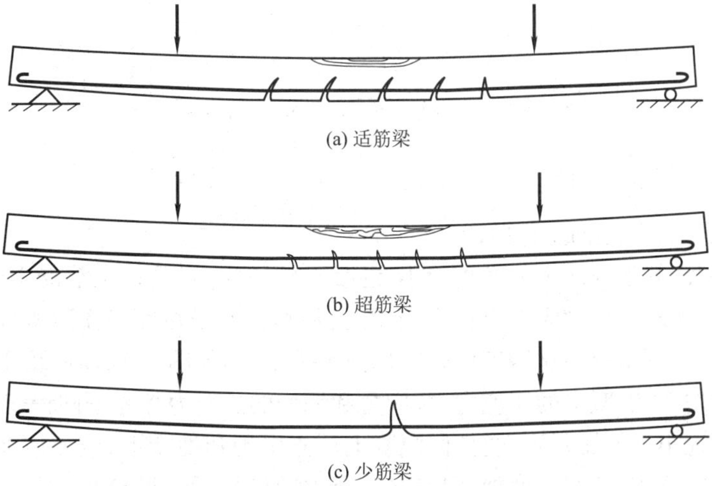

图 3.9　不同配筋率构件的破坏特征

少筋破坏和超筋破坏都具有脆性性质，破坏前无明显预兆，破坏将造成严重后果，材料的强度得不到充分利用。因此，应避免将受弯构件设计成少筋构件和超筋构件，只允许设计成适筋构件。构件设计是通过控制配筋量或控制相对受压区高度等措施使设计的构件成为适筋构件。

(二)适筋截面

下面以配筋适中的钢筋混凝土矩形截面简支梁试验为例进行分析，如图 3.10 所示。从开始加载到正截面完全破坏的过程，可测得梁的弯矩 M 与挠度 f 关系曲线，如图 3.11 所示。可见，曲线上两个明显的转折点把梁的受力和变形过程划分为三个阶段：第Ⅰ阶段、第Ⅱ阶段和第Ⅲ阶段。

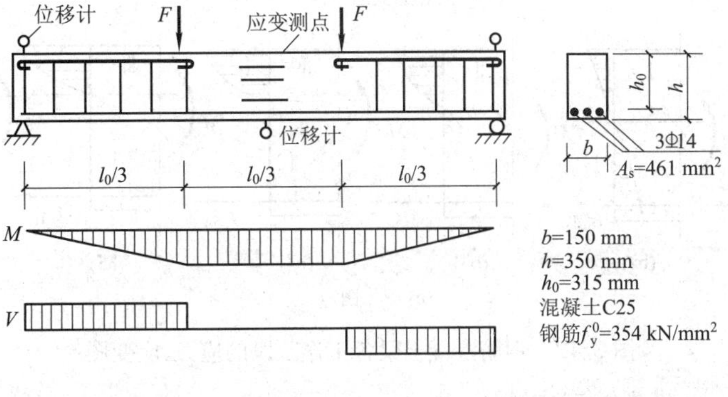

图 3.10　钢筋混凝土矩形截面简支试验梁

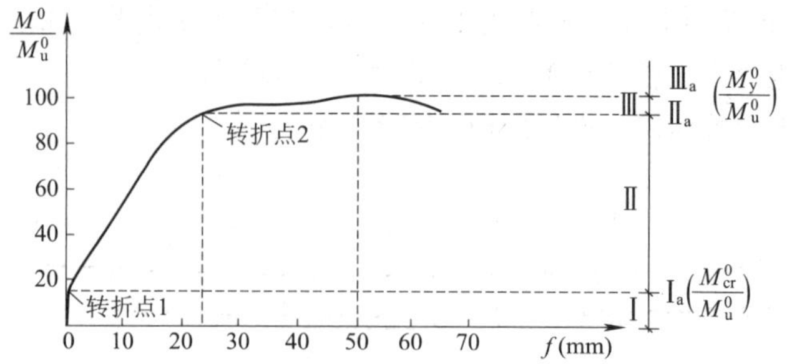

图 3.11　梁的弯矩 M 与挠度 f 关系曲线图

1. 第Ⅰ阶段——整截面工作阶段

开始加载不久，截面内产生的弯矩很小，混凝土的压应力、受拉区混凝土的拉应力和钢筋的拉应力都很小，此时产生的应变也很小，混凝土基本上处于弹性工作阶段，应力与应变成正比，应力分布图形为三角形。这种工作阶段称为第Ⅰ阶段，如图 3.12(a1)及(b1)所示。

随着荷载的增大，混凝土的压应力、拉应力和钢筋的拉应力都有不同程度的增大。由于混凝土的抗拉强度远小于抗压强度，受拉区混凝土首先出现塑性变形，应变增加较应力快，受拉区应力图形呈曲线分布，随弯矩增加渐趋均匀，应力图形接近矩形分布，而受压区应力图形仍为直线。当荷载增大到某一数值时，受拉边缘的混凝土达到其实际的抗拉强度 f_t 和抗拉极限应变 ε_{tu}，截面处于将裂未裂的临界状态，如图 3.12(a2)及(b2)所示，这种工作阶段称为第Ⅰa 阶段，相应的截面弯矩称为抗裂弯矩 M_{cr}。由于受拉区混凝土塑性的发展，Ⅰa 阶段的中和轴位置较Ⅰ阶段略有上升。第Ⅰa 阶段可作为受弯构件抗裂验算的依据。

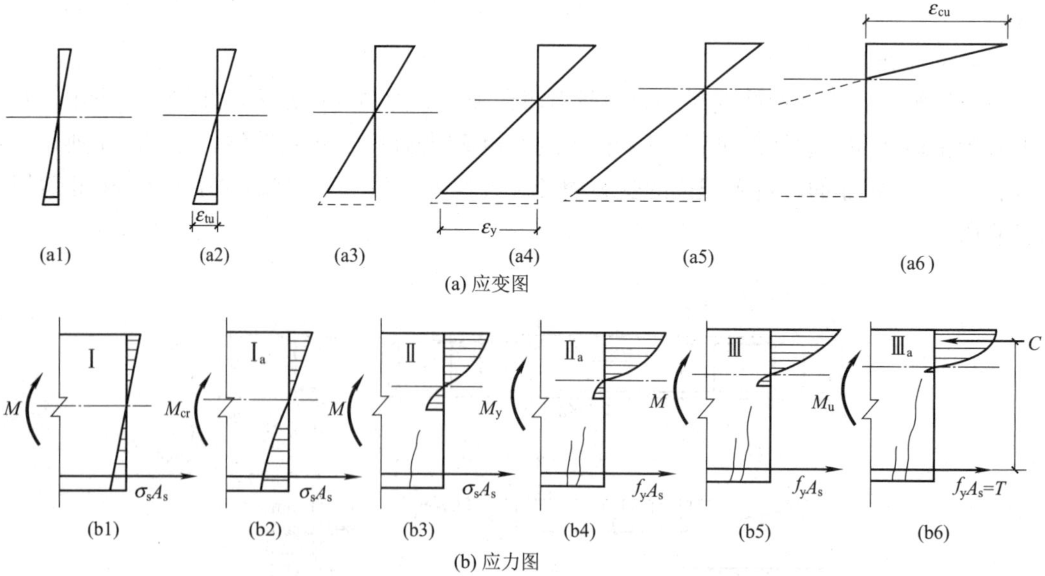

图 3.12　钢筋混凝土梁各工作阶段的应力、应变图

2. 第Ⅱ阶段——带裂缝工作阶段

截面受力达到Ⅰa 阶段后，荷载只要增加少许，截面便立即开裂，截面上应力发生重分布。由于受拉区混凝土开裂而退出工作，拉力几乎全部由纵向受拉钢筋承担，仅中和轴下面很少一

部分混凝土仍未开裂而承担很少一点拉力。所以裂缝出现后，钢筋的拉应力突然增大，钢筋的应变相应增大，这样裂缝一旦出现即具有一定的开展宽度，并将沿梁高延伸到一定的高度，从而使中和轴的位置上移。

当弯矩增加时，裂缝不断开裂，钢筋应力和应变不断增加，中和轴位置也随之上升。同时，受压区混凝土压应变不断增加，混凝土受压塑性变形特征表现得越来越明显，应变增加比应力快，受压区应力呈曲线分布，这种工作阶段称为第Ⅱ阶段，如图 3.12(a3)及(b3)所示。

第Ⅱ阶段代表受弯构件在使用时的受力状态，因此可作为构件在使用时变形和裂缝宽度的验算依据。

随着荷载继续增大，裂缝进一步开展，钢筋和混凝土的应力和应变不断增大。当荷载增大到某一数值时，受拉区纵向受力钢筋开始屈服，钢筋应力达到其屈服强度 f_y，这种特定的工作阶段称为Ⅱ$_a$ 阶段，如图 3.12(a4)及(b4)所示。

3. 第Ⅲ阶段——破坏阶段

截面受力达到Ⅱ$_a$ 状态之后，弯矩增加虽然不多(由于钢筋处于屈服状态，其拉应力不增加)，但应变却迅速增加，促使裂缝急剧开展，中和轴上移，混凝土受压区高度迅速减小，受压区混凝土应力迅速增加，塑性特征表现得越来越充分，受压区应力分布呈显著曲线形，这种工作阶段称为第Ⅲ阶段，如图 3.12(a5)及(b5)所示。

当弯矩增加到极限值时，混凝土压应力峰值达到实际抗压强度，且受压区边缘的应变达到极限压应变 ε_{cu}，受压区边缘附近将出现一些纵向裂缝，混凝土被压碎，截面发生破坏，这一特定工作阶段称为第Ⅲ$_a$ 阶段，如图 3.12(a6)及(b6)所示，此时，正截面所承担的弯矩就是极限弯矩 M_u。

第Ⅲ$_a$ 阶段为受弯构件的承载能力极限状态。按极限状态进行正截面承载能力计算以此为依据。

适筋截面破坏的特点是始于钢筋的屈服，弯矩稍许增加后(由 M 加大到 M_u)，混凝土的最大压应变才达到极限压应变 ε_{cu}。在这一阶段，由于钢筋屈服产生很大的塑性伸长，引起裂缝急剧开展和梁的挠度急剧增加，给人以明显的破坏预兆。钢筋混凝土受弯构件正截面的受弯承载力计算就是建立在适筋梁基础上的。

(三)超筋截面

当适筋截面的受拉钢筋配筋率增大到某种程度时，会出现下列情况：受拉钢筋屈服的瞬间，受压边缘混凝土的压应变同时达到极限压应变，即状态Ⅱ$_a$ 和Ⅲ$_a$ 同时发生，钢筋屈服的瞬间即为截面破坏的瞬间，这种破坏形式被称为界限破坏。

当截面配筋率过大，超过界限破坏的配筋率时，截面破坏特征发生本质变化。破坏始于混凝土先达到极限压应变，即混凝土先被压碎，而受拉钢筋此时并未屈服。由于破坏前钢筋不屈服，所以裂缝不宽、不深，梁的挠度也不大，破坏时无明显预兆，破坏比较突然。这种破坏形式被称为超筋破坏或受压破坏，属于脆性破坏。

(四)少筋截面

当适筋截面的受拉钢筋配筋率减少到某种程度时，会出现下列情况：受拉区混凝土开裂的瞬间，受拉钢筋应力猛增，直至钢筋屈服。这可视为状态Ⅰ$_a$ 和Ⅱ$_a$ 同时发生，是适筋截面破坏与少筋截面破坏的分界线，此时的配筋率称为最小配筋率。

如果受拉钢筋配筋率极小，小于上述最小配筋率时，其特点是一裂即坏。梁受拉区混凝土一开裂，裂缝截面原来由混凝土承担的拉力转由钢筋承担。因梁的配筋率太小，故钢筋应力立即达到屈服强度，有时可迅速经历整个流幅而进入强化阶段，甚至钢筋可能被拉断。裂缝往往只有一条，裂缝宽度很大且沿梁高延伸较高。梁的挠度也很大，即使受压区混凝土尚未压坏，也因裂缝过宽或挠度过大而不能使用，破坏前无明显预兆。这种破坏被称为少筋破坏。由于破坏是混凝土突然拉裂，钢筋突然屈服，所以也属于脆性破坏。

由于超筋受弯构件和少筋受弯构件的破坏均呈脆性性质，破坏前无明显预兆，一旦发生破坏将产生严重后果。因此，在实际工程中不允许设计成超筋构件和少筋构件，只允许设计成适筋构件。具体设计时是通过限制相对受压区高度和最小配筋率的措施来避免将受弯构件设计成超筋构件和少筋构件的。

知识拓展——钢筋混凝土受弯构件正截面破坏的试验方法

钢筋混凝土受弯构件正截面破坏试验不仅能测定受弯构件正截面的承载力大小、挠度变化及裂缝出现和发展过程，还能测定受弯构件正截面的开裂荷载和极限承载力。

1. 试验梁安装要求

(1)根据试验要求，试验梁的混凝土强度等级为 C20，纵向受力钢筋强度等级为Ⅰ级。

(2)梁的中间 500 mm 区段内无腹筋，其余区域配有直径 6 mm、间距 60 mm 的箍筋，以保证不发生斜截面破坏。

(3)梁的受压区域有两根架立筋，通过箍筋与受力筋绑扎在一起，形成骨架，保证受力钢筋处在正确的位置。

(4)试验梁尺寸及配筋图如图 3.13 所示(纵向受力钢筋的混凝土净保护层厚度为 15 mm)。

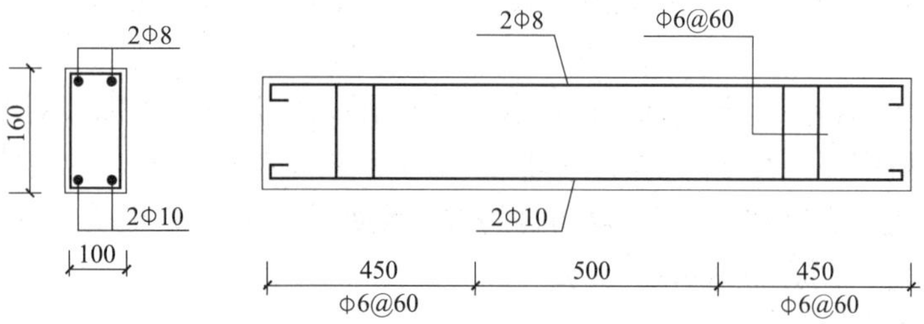

图 3.13　试验梁尺寸及配筋图(单位：mm)

2. 测点布置(见图 3.14)

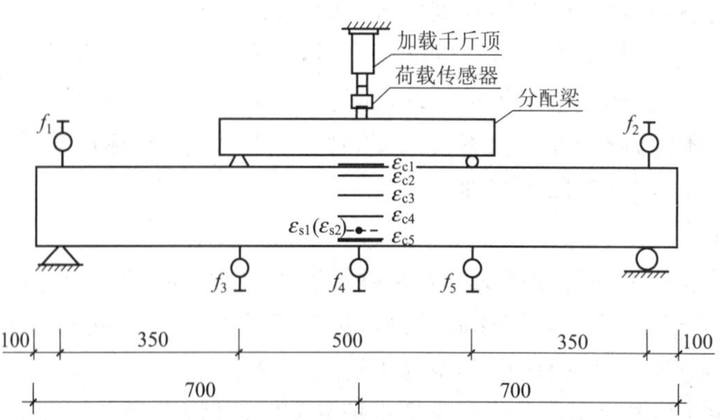

图 3.14　测点布置图(单位：mm)

(1)在纵向受力钢筋中部预埋电阻应变片,用导线引出,并做好防水处理,设 ε_{s1}、ε_{s2} 为跨中受拉主筋应变测点。

(2)纯弯区段内选一控制截面,在该截面处梁的受压区边缘布一应变测点 ε_{c1},侧面沿截面高度布置四个应变测点 ε_{c2}～ε_{c5},用来测量控制截面的应变分布。

(3)梁的跨中及两个对称加载点各布置一位移计 f_3～f_5,测量梁的整体变形,考虑在加载的过程中,两个支座受力下沉,支座上部分别布置位移测点 f_1 和 f_2,以消除由于支座下沉对挠度测试结果的影响。

3. 试验仪器和加载设备

(1)静力试验台座、反力架、支座及支墩。

(2)20 t 液压千斤顶及手动油泵。

(3)20 t 荷重传感器。

(4)YD-21 型动态电阻应变仪。

(5)*X-Y* 函数记录仪。

(6)DH3818 型静态电阻应变仪。

(7)读数显微镜及放大镜。

(8)位移计(百分表)及磁性表座。

(9)电阻应变片、导线等。

4. 加载方法

(1)采用分级加载,开裂前每级加载量取 5%～10%的破坏荷载,开裂后每级加载量增为15%的破坏荷载。

(2)试验准备就绪后,首先预加一级荷载,观察所有仪器是否工作正常。

(3)每次加载后持荷时间为不少于 10 min,使试件变形趋于稳定后,再仔细测读仪表读数,待校核无误,方可进行下一级加荷。加荷时间间隔控制为 15 min,直至加到破坏为止。

5. 测试内容

(1)试件就位后,按照试验装置要求安装好所有仪器仪表,正式试验之前,应变仪各测点依次调平衡,并记录位移计初值,然后进行正式加载。

(2)测定每级荷载下纯弯区段控制截面混凝土和受拉主筋的应变值 ε_c 和 ε_s,以及混凝土开裂时的极限拉应变 ε_{tu} 与破坏时的极限压应变 ε_{cu},将应变读数分别记录表格。

(3)测定每级荷载下试验梁的支座下沉挠度、跨中挠度及对称加载点的挠度,并记录入表中。

(4)用放大镜仔细观察裂缝的出现部位,并在裂缝旁边用铅笔绘出裂缝的延伸高度,在顶端划一水平线注明相应的荷载级别。用读数显微镜测试 1～3 条受拉主筋处的裂缝宽度,取其中最大值。试验破坏后,绘出裂缝分布图。

(5)测定简支梁开裂荷载、正截面极限承载力,详细记录试件的破坏特征。

(6)用 *X-Y* 函数记录仪绘出试验梁的 P-f 变形曲线。

6. 试验结果的整理、分析和试验报告

(1)认真填写试验记录表,整理试验记录数据。

(2)计算每级荷载跨中及对称加载点的实测挠度值。其中跨中挠度值等于跨中位移计测量值减去两支座位移计测量值的平均值。对称加载点的实测挠度应考虑支座沉降的影响且按测点距离的比例进行修正。根据计算结果,绘出简支梁的弹性曲线(整体变形曲线)。

(3)绘制 M/M_u-f、M/M_u-ε_s 曲线,分析受弯构件正截面受力与变形过程的三个工作阶段。
(4)绘制裂缝分布形态图。
(5)依据控制截面实测各点应变值,绘制正截面应变分布图。

学习项目三　受弯构件正截面承载力的计算

一、引　　文

受弯构件的破坏有两种可能,一是沿正截面破坏,二是沿斜截面破坏。本项目对正截面破坏的受弯构件承载力进行分析和计算,同时还介绍有关受弯构件的构造要求。受弯构件正截面承载力的计算公式是以适筋梁的第Ⅲ$_a$阶段的应力状态为依据,采用了 4 个基本假定,根据静力平衡条件建立的。在实际工程中,受弯构件应采用适筋截面。受弯构件正截面承载力的计算应用主要是截面设计和承载力校核。在应用基本公式时要随时注意检验其适用条件。

构造要求是钢筋混凝土结构的有机组成部分,是基本公式成立的前提。受弯构件的截面尺寸拟定,材料选择,钢筋直径、根数选配和布置等都应该符合构造要求,故在设计时应保证钢筋的混凝土保护层厚度、钢筋之间的净间距等。除受力钢筋外,尚需配置一定的构造钢筋如分布筋、架立筋等。

二、相关理论知识

(一)基本假定

受弯构件正截面承载力的计算以第Ⅲ$_a$阶段的应力状态为依据。根据《混凝土结构设计规范》(GB 50010—2010)规定,采用下述 4 个基本假定:
(1)截面应变保持平面;
(2)不考虑混凝土的抗拉强度;
(3)混凝土受压的应力与应变曲线采用曲线加直线段(即由一条抛物线和一条水平线所构成的曲线),如图 3.15 所示;

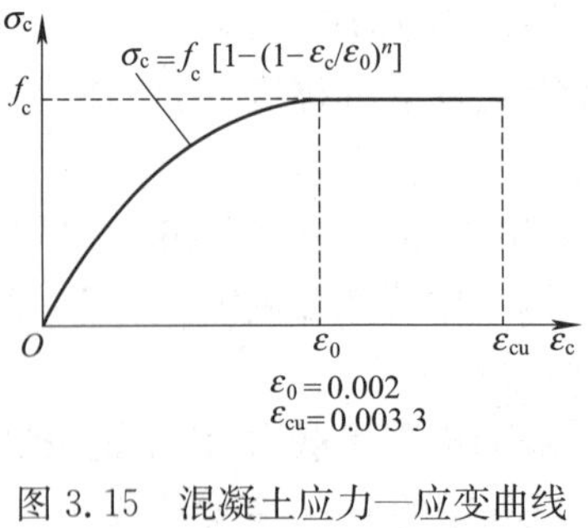

图 3.15　混凝土应力—应变曲线

$$当\ \varepsilon_c \leqslant \varepsilon_0\ 时\quad \sigma_c=f_c\left[1-\left(1-\frac{\varepsilon_c}{\varepsilon_0}\right)^n\right] \tag{3.2}$$

$$当\ \varepsilon_0 < \varepsilon_c \leqslant \varepsilon_{cu}时\quad \sigma_c=f_c \tag{3.3}$$

上式中参数 n、ε_0、ε_{cu}的取值如下:

$$n=2-\frac{1}{60}(f_{\mathrm{cu,k}}-50) \tag{3.4}$$

$$\varepsilon_0=0.002+0.5(f_{\mathrm{cu,k}}-50)\times10^{-5} \tag{3.5}$$

$$\varepsilon_{\mathrm{cu}}=0.0033-(f_{\mathrm{cu,k}}-50)\times10^{-5} \tag{3.6}$$

式中　σ_c——对应于混凝土应变为 ε_c 时的混凝土压应力；

ε_0——对应于混凝土压应力刚达到 f_c 时的混凝土压应变，当计算的 ε_0 值小于 0.002 时，应取 0.002；

$\varepsilon_{\mathrm{cu}}$——正截面处于非均匀受压时的混凝土极限压应变，当计算的 $\varepsilon_{\mathrm{cu}}$ 值大于 0.0033 时，取为 0.0033；

$f_{\mathrm{cu,k}}$——混凝土立方体抗压强度标准值；

f_c——混凝土轴心抗压强度设计值；

n——系数，当计算的 n 大于 2.0 时，应取为 2.0。n、ε_0、$\varepsilon_{\mathrm{cu}}$ 的取值见表 3.4。

表 3.4　n、ε_0、$\varepsilon_{\mathrm{cu}}$ 的取值

系数	强度等级						
	≤C50	C55	C60	C65	C70	C75	C80
n	2	1.917	1.833	1.750	1.667	1.583	1.500
ε_0	0.002 000	0.002 025	0.002 050	0.002 075	0.002 100	0.002 125	0.002 150
$\varepsilon_{\mathrm{cu}}$	0.003 30	0.003 25	0.003 20	0.003 10	0.003 10	0.003 05	0.003 00

(4)纵向钢筋的应力取钢筋应变与其弹性模量的乘积，但其绝对值不应大于其相应的强度设计值。纵向受拉钢筋的极限拉应变取为 0.01，但其值应符合下列要求：

$$-f'_y\leqslant\sigma_{si}\leqslant f_y \tag{3.7}$$

(二)等效应力图

根据上述 4 点基本假定，受弯构件正截面的等效应力图如图 3.16 所示。

图中 x_c 为根据假定 1 所确定的混凝土实际受压区高度，x 为计算受压区高度。受压区混凝土的压应力图形是根据假定 2 和 3 确定的。压应力图形虽然比较符合实际情况，但具体计算起来还是比较麻烦。计算中，只需要知道受压区混凝土的压应力合力大小及作用位置，不需要知道压应力实际分布图形。因此，为了进一步简化计算，采用等效矩形应力图形来代替理论应力图形，如图 3.16(d)所示。

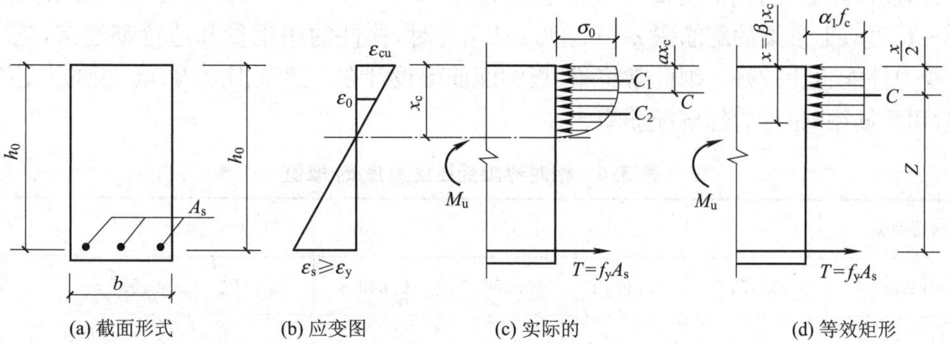

图 3.16　截面受力状态与等效矩形应力图形

为了保证矩形应力图形和理论应力图形等效，即保证二者的抗弯承载能力相等，应满足如下两个条件：

(1)等效后混凝土受压区合力大小相等；

(2)等效后混凝土受压区合力作用点的位置不变。

$$x=\beta_1 x_c,\sigma_0=\alpha_1 f_c$$

式中 α_1、β_1 的取值见表 3.5。

表 3.5　混凝土受压区等效矩形应力图系数

系数	强度等级						
	≤C50	C55	C60	C65	C70	C75	C80
α_1	1.00	0.99	0.98	0.97	0.96	0.95	0.94
β_1	0.80	0.79	0.78	0.77	0.76	0.75	0.74

可见，当混凝土的强度等级小于等于 C50 时 α_1 和 β_1 为定值。当混凝土的强度等级大于 C50 时，α_1 和 β_1 的值随混凝土强度等级的提高而减小。

(三)适筋截面的条件

(1)为了防止将截面设计成少筋截面，要求构件截面的配筋率 ρ 不得小于最小配筋率 $\rho_{\min}$，即

$$\rho \geqslant \rho_{\min}$$

《混凝土结构设计规范》规定：对受弯构件，$\rho_{\min}$ 取 0.2%和 $0.45\frac{f_t}{f_y}$(%)中的较大值。

(2)为了防止将截面设计成超筋截面，要求构件截面的相对受压高度 ξ 不得超过其相对界限受压区高度 ξ_b，即

$$\xi \leqslant \xi_b$$

相对界限受压区高度是构件发生界限破坏时的计算受压区高度 x_b 与截面有效高度 h_0 的比值，即：$\xi_b=\frac{x_b}{h_0}$，受弯构件采用有屈服点钢筋配筋时的 ξ_b 取值见表 3.6。相对界限受压区高度 ξ_b 是适筋截面和超筋截面相对受压区高度的界限值。

所谓界限破坏是指受拉钢筋达到屈服($\varepsilon_s=\varepsilon_y$)，同时受压区混凝土达到极限压应变($\varepsilon_s=\varepsilon_{cu}$)而被压碎的一种特定的破坏形式。

根据设计经验，当钢筋混凝土实心板的配筋率 ρ=0.4%～1.0%；矩形梁的配筋率 ρ=0.6%～1.5%；T 形梁的配筋率 ρ=0.9%～1.8%时，构件的用钢量和造价都经济，施工比较方便，受力性能也比较好。因此常将梁、板的配筋率设计在上述范围之内，梁、板的上述配筋率称为常用配筋率，也称为经济配筋率。

表 3.6　相对界限受压区高度 ξ_b 取值

钢筋种类	≤C50	C55	C60	C65	C70	C75	C80
HPB300	0.575 7	0.566 1	0.556 4	0.546 8	0.537 2	0.527 6	0.518 0
HRB335 HRBF335	0.550	0.540 5	0.531 1	0.521 6	0.512 2	0.502 7	0.493 3

续上表

钢筋种类	≤C50	C55	C60	C65	C70	C75	C80
HRB400 HRBF400 RRB400	0.517 6	0.508 4	0.499 2	0.490 0	0.480 8	0.471 6	0.462 5
HRB500 HRBF500	0.482 2	0.473 3	0.464 4	0.455 5	0.446 6	0.437 8	0.429 0

(四)单筋矩形截面正截面承载力计算

矩形截面通常分为单筋矩形截面和双筋矩形截面两种形式。只在截面的受拉区配有纵向受力钢筋的矩形截面,称为单筋矩形截面,如图 3.17 所示。不但在截面的受拉区,而且在截面的受压区同时配有纵向受力钢筋的矩形截面,称为双筋矩形截面。需要说明的是,由于构造上的要求(例如为了形成钢筋骨架),梁的受压区通常也需要配置纵向钢筋,这种纵向钢筋称为架立钢筋。架立钢筋与受力钢筋的区别是:架立钢筋根据构造要求设置,通常直径较细、根数较少;而受力钢筋则是根据受力要求按计算设置,通常直径较粗、根数较多。受压区配有架立钢筋的截面,不属于双筋截面。

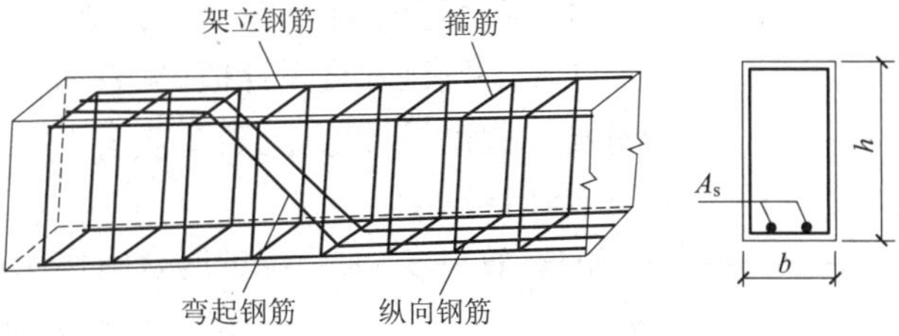

图 3.17　单筋矩形截面梁配筋

根据承载能力极限状态设计原则,为保证受弯构件正截面承载能力足够,必须满足下列条件:

$$\gamma_0 M \leqslant M_u \tag{3.8}$$

式中　γ_0——结构重要性系数;

M——荷载在计算截面上产生的弯矩设计值;

M_u——计算截面上所能承担的极限弯矩,即计算截面上的正截面抗弯承载能力。

1. 基本计算公式

根据上述 4 个基本假定和等效应力图,单筋矩形截面受弯构件正截面承载能力极限状态下的计算应力图形如图 3.18 所示。由静力平衡条件,可建立两个静力平衡方程,一个是所有各力在水平轴方向上的合力为零,即

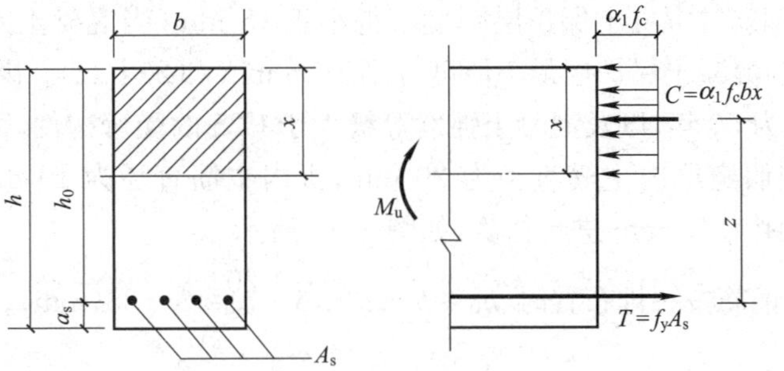

图 3.18　单筋矩形截面受弯构件正截面承载力计算简图

$$\sum X=0,\quad \alpha_1 f_c bx=f_y A_s \tag{3.9}$$

式中　A_s——受拉区纵向受力钢筋的截面面积；

b——截面宽度。

另一个是所有各力对截面上任何一点的合力矩为零。当对受拉区纵向受力钢筋的合力作用点取矩时，有

$$\sum M_s=0,\quad M\leqslant M_u=\alpha_1 f_c bx\left(h_0-\frac{x}{2}\right) \tag{3.10}$$

或

$$M\leqslant M_u=f_y A_s\left(h_0-\frac{x}{2}\right) \tag{3.11}$$

式中　M_u——计算截面所能承担的极限弯矩；

M——荷载在该截面上产生的弯矩设计值；

f_c——混凝土轴心抗压强度设计值(见表2.3)；

f_y——钢筋抗拉强度设计值(见表2.9)；

x——截面受压区高度；

h_0——截面的有效高度，取受拉钢筋合力作用点至截面受压边缘之间的距离，即

$$h_0=h-a_s$$

其中　h——截面高度，

a_s——受拉钢筋合力作用点至截面受拉边缘的距离。

a_s 可按实尺寸计算，也可近似按下列原则确定：对于在室内正常环境中的梁，当受拉钢筋为一排时，$a_s=35$ mm；当受拉钢筋为二排时，$a_s=60$ mm；在板内，$a_s=20$ mm。

将 $\xi=\dfrac{x}{h_0}$ 代入上述三式，则式(3.9)～式(3.11)可写成

$$\alpha_1 f_c b\xi h_0=f_y A_s \tag{3.9a}$$

$$M_u=\alpha_1 f_c bh_0^2\xi(1-0.5\xi) \tag{3.10a}$$

$$M_u=f_y A_s h_0(1-0.5\xi) \tag{3.11a}$$

式中　ξ——相对受压区高度。

式(3.9)表示受拉区钢筋抗力与受压区混凝土抗力之间的平衡，二者之间为等号。式(3.10)和式(3.11)表示作用效应 M 与结构抗力之间的平衡，二者之间为小于等于号。式(3.10)和式(3.11)是式(2.6)在单筋矩形截面受弯构件正截面承载力计算时的具体表达式，M 相当于式(2.6)的 $\gamma_0 S$，右边项相当于式中的 R。

按构造要求，对于处于一类环境类别和设计使用年限为50年的梁和板，当混凝土的强度等级大于C25时，梁内钢筋的混凝土保护层最小厚度(指从构件边缘至钢筋边缘的距离)不得小于20 mm，板内钢筋的混凝土保护层厚度不得小于15 mm(当混凝土的强度等级小于和等于C25时，梁和板的混凝土保护层最小厚度分别为25 mm和20 mm)。因此，对于一类环境类别和设计使用年限为50年，以及混凝土强度等级大于C25的受弯构件，截面的有效高度在构件设计时一般可按假定梁内主筋直径为20 mm，板内主筋直径为10 mm，梁内箍筋直径为6 mm，梁内主筋间距为25 mm进行估算，如图3.19所示。

梁的纵向受力钢筋按一排布置时，$h_0=h-20-6-\dfrac{20}{2}\approx h-35$(mm)。

梁的纵向受力钢筋按两排布置时，$h_0=h-20-6-20-\dfrac{25}{2}\approx h-60$(mm)。

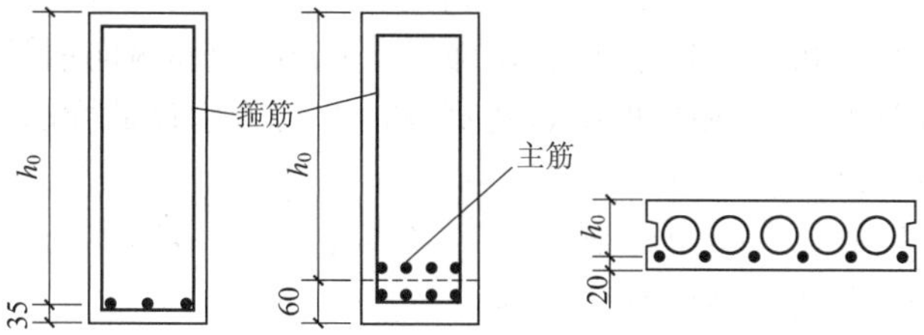

图 3.19　梁、板有效高度的确定方法(单位:mm)

板的截面有效高度:$h_0=h-15-\frac{10}{2}\approx h-20$(mm)。

当梁、板最终配筋直径与假定直径相差不是特别大时,可不进行重算。

式(3.9)～式(3.11)是单筋矩形截面受弯构件正截面承载力的基本计算公式。但是应该注意,图 3.18 的受力情况只能列两个独立方程,式(3.10)和式(3.11)不是相互独立的,只能任意选用其中一个与式(3.9)一起进行计算。

2. 基本计算公式的适用条件

式(3.9)～式(3.11)仅适用于适筋截面。为避免设计成超筋截面和少筋截面,由适筋截面的条件可知,式(3.9)～式(3.11)必须满足下列两个条件:

(1)为了防止将构件设计成少筋构件,要求构件的配筋率不得低于其最小配筋率。最小配筋率是少筋构件与适筋构件的界限配筋率,它是根据受弯构件的破坏弯矩等于其开裂弯矩确定的(ρ_{min}的值见表 3.7),即

$$\rho\geqslant\rho_{min} \tag{3.12}$$

或要求构件纵向受力钢筋的截面面积满足

$$A_s\geqslant\rho_{min}bh_0 \tag{3.12a}$$

表 3.7　受弯构件最小配筋百分率 ρ_{min} 值

钢筋种类	C20	C25	C30	C35	C40	C45	C50	C55	C60	C65	C70	C75	C80
HPB300	0.200	0.212	0.238	0.262	0.285	0.300	0.315	0.327	0.340	0.348	0.357	0.363	0.370
HRB335 HRBF335	0.200	0.200	0.215	0.236	0.257	0.270	0.284	0.294	0.306	0.314	0.321	0.327	0.333
HRB400 HRBF400 RRB400	0.200	0.200	0.200	0.200	0.214	0.225	0.236	0.245	0.255	0.261	0.268	0.273	0.278
HRB500 HRBF500	0.200	0.200	0.200	0.200	0.200	0.200	0.200	0.203	0.211	0.216	0.221	0.226	0.230

(2)为了防止将构件设计成超筋构件,要求构件截面的相对受压区高度 ξ 不得超过其相对界限受压区高度 ξ_b,相对界限受压区高度 ξ_b 是适筋构件与超筋构件相对受压区高度的界限值,它需要根据截面平面变形等假定求出,(ξ_b 的值见表 3.6)即

$$\xi\leqslant\xi_b \quad 或 \quad x\leqslant\xi_b h_0 \tag{3.13}$$

3. 计算方法

受弯构件正截面承载力的计算一般分为两类问题,即截面校核和截面设计。

1)截面校核

截面校核也称截面承载能力验算,即在截面尺寸 b、$h(h_0)$ 和纵向钢筋截面面积 A_s 及材料强度 f_c、f_y 已知的情况下,求此截面的抵抗弯矩 M_u,并与要求该截面所承受的设计弯矩进行比较,判断该截面是否安全。

求解该问题所依据的是式(3.9)～式(3.11)及其适应条件,基本公式中只有两个未知数,即受压区高度 x 和 M_u,故可以得到唯一的解。

当 $\gamma_0 M$ 大于 M_u 时,不安全;

当 $\gamma_0 M$ 小于且接近 M_u 时,安全且经济;

当 $\gamma_0 M$ 小于 M_u 时,安全。

计算截面的抵抗矩时,先由公式(3.9)和式(3.1)计算出受压区高度 x 和配筋率 ρ,然后根据 x 和 ρ 值的不同情况,分别按下列公式计算截面的抵抗矩。

当 $\rho<\rho_{min}$ 时,受拉钢筋配量过少,梁处于少筋状态,可直接判为不安全;

当 $x>\xi_b h_0$ 时,截面受拉钢筋配量过多,梁处于超筋状态,将 $x=\xi_b h_0$ 代入式(3.10)中计算截面所能承担的极限弯矩 M_u;

当 $x\leqslant\xi_b h_0$ 且 $\rho\geqslant\rho_{min}$ 时,梁处于适筋状态,将 x 代入式(3.10)或式(3.11)中,计算截面所能承担的极限弯矩 M_u。

具体计算步骤如下。

(1)计算 x 和 ρ 或 ξ:

$$x=\frac{A_s f_y}{\alpha_1 f_c b},\quad \rho=\frac{A_s}{bh_0},\quad \xi=\frac{A_s f_y}{\alpha_1 f_c b h_0}$$

(2)判定适用条件并计算 M_u:

$$x<\xi_b h_0,\quad \rho>\rho_{min},\quad M_u=\alpha_1 f_c bx\left(h_0-\frac{x}{2}\right),\quad M_u=\alpha_1 f_c b h_0^2\xi(1-0.5\xi)$$

(3)判断梁的正截面抗弯承载能力是否安全:

满足 $M\leqslant M_u$ 安全,否则不安全。

【例题 3-1】 某钢筋混凝土梁截面尺寸为 $b\times h=250$ mm×500 mm,如图 3.20 所示,混凝土强度等级 C20,受拉区配有 4 根直径为 18 mm 的 HRB335 级钢筋,即 4Φ18($A_s=1\ 017$ mm²),要求承受的弯矩为 $M=110$ kN·m,构件的安全等级为二级,试验算该梁的正截面抗弯承载能力。

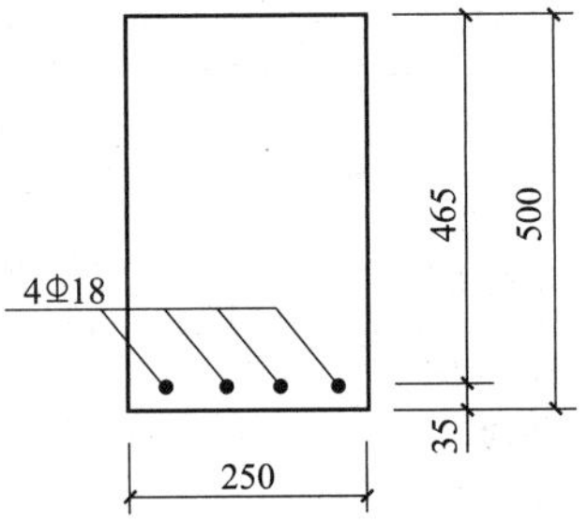

图 3.20　梁截面尺寸及布筋图(单位:mm)

解:因混凝土为 C20,查表 2.3 和表 2.4 可知,$f_c=9.6$ N/mm²,$f_t=1.10$ N/mm²,查表 3.5 可知,$\alpha_1=1.0$;因钢筋为 HRB335 级受拉钢筋,查表 2.9 可知,$f_y=300$ N/mm²,查表 3.6可知,$\xi_b=0.550$,梁为受弯构件,根据《混凝土结构设计规范》(GB 50010—2010)规定有

$$\rho_{min}=\begin{Bmatrix}0.002\\ 0.45\dfrac{f_t}{f_y}=0.001\ 65\end{Bmatrix}_{max}=0.2\%$$

构件的安全等级为二级,$\gamma_0=1.0$。

(1)计算 x 和 ρ

计算梁的有效高度 h_0:$h_0=h-a_s=500-35=465$(mm)。

计算受压区高度 x:根据公式(3.9)有

$$x=\frac{A_s f_y}{\alpha_1 f_c b}=\frac{1\ 017\times300}{1.0\times9.6\times250}=127\ (\mathrm{mm})$$

计算配筋率 ρ：根据公式(3.1)有

$$\rho=\frac{A_s}{bh_0}=\frac{1\ 017}{250\times465}=0.87\%$$

(2)判定适用条件并计算 M_u

根据公式(3.12a)、公式(3.13)判定，得

$$A_s=1\ 017\ \mathrm{mm}^2>\rho_{\min}bh_0=0.2\%\times250\times465\approx233(\mathrm{mm}^2)$$

$$x=127\ \mathrm{mm}<\xi_b h_0=0.55\times465=255.75(\mathrm{mm})$$

判定该梁为适筋截面。

根据公式(3.10)有

$$M_u=\alpha_1 f_c bx\left(h_0-\frac{x}{2}\right)=1.0\times9.6\times250\times127\times\left(465-\frac{127}{2}\right)=122.38(\mathrm{kN\cdot m})$$

(3)判断梁的正截面抗弯承载能力是否足够

根据公式(3.8)有

$$M_u=122.38\ \mathrm{kN\cdot m}>\gamma_0 M=1.0\times110=110(\mathrm{kN\cdot m})$$

所以，梁的正截面抗弯承载能力足够，该梁安全。

【例题 3-2】 某钢筋混凝土单筋矩形梁截面尺寸为 $b\times h=250\ \mathrm{mm}\times600\ \mathrm{mm}$，计算跨长 $l_0=6$ m，环境类别为二 a 级，构件的安全等级为二级。混凝土强度等级为 C70，受拉区配有 4 根直径为 22 mm 的 HRB335 级受拉钢筋，即 4Φ22($A_s=1\ 520\ \mathrm{mm}^2$)。根据梁的正截面抗弯承载能力确定该梁所能承受的最大均布荷载设计值($g+q$)。

解：因混凝土为 C70，查表 2.3 和表 2.4 可知，$f_c=31.8\ \mathrm{N/mm^2}$，$f_t=2.14\ \mathrm{N/mm^2}$；查表 3.5可知，$\alpha_1=0.96$；因钢筋为 HRB335，查表 2.9 可知，$f_y=300\ \mathrm{N/mm^2}$；查表 3.6 可知，$\xi_b=0.512\ 2$；梁为受弯构件，根据《混凝土结构设计规范》(GB 50010—2010)：

$$\rho_{\min}=\left\{\begin{matrix}0.002\\ 0.45\dfrac{f_t}{f_y}=0.003\ 21\end{matrix}\right\}_{\max}=0.321\%$$

构件的安全等级为二级，$\gamma_0=1.0$。

因环境类别为二 a 级，查表 3.3 可知，梁的混凝土保护层厚度 c 为 25 mm，则 $a_s=25+(22/2)=36(\mathrm{mm})$。

(1)计算 ξ 和 ρ

梁的有效高度 h_0

$$h_0=h-a_s=600-36=564(\mathrm{mm})$$

计算受压区高度 ξ。根据公式(3.9a)有

$$\alpha_1 f_c b\xi h_0=f_y A_s$$

$$\xi=\frac{A_s f_y}{\alpha_1 f_c bh_0}=\frac{1\ 520\times300}{0.96\times31.8\times250\times564}=0.105\ 9$$

计算最小配筋率 ρ 并判定是否是适筋截面：

$$\rho=\frac{A_s}{bh_0}=\frac{1\ 520}{250\times564}=1.1\%$$

根据公式(3.12)、公式(3.13)判定有

$$\rho=1.1\%>\rho_{\min}=0.321\%$$
$$\xi=0.1059<\xi_b=0.5122$$

故该梁为适筋截面。

(2)计算 M_u

根据公式(3.10a)有

$$M_u=\alpha_1 f_c bh_0^2\xi\left(1-\frac{\xi}{2}\right)=0.96\times31.8\times250\times564^2\times0.1059\times\left(1-\frac{0.1059}{2}\right)$$
$$=243.48(\mathrm{kN\cdot m})$$

(3)计算 $g+q$

简支梁在均布荷载作用下的跨中最大弯矩 $M_{\max}=\frac{1}{8}(g+q)l_0^2$。令 $M_{\max}\leqslant M_u$，即

$$\frac{1}{8}(g+q)\times6^2\leqslant243.48$$

则
$$g+q\leqslant54.11(\mathrm{kN/m})$$

即该梁所能承受的最大均布荷载设计值为 54.11 kN/m。

2)截面设计

截面设计是钢筋混凝土结构设计中最常见的设计内容，此时已知作用在构件截面中的弯矩设计值 M，要求选择材料(混凝土强度等级和钢筋级别)、确定构件的截面尺寸(b,h,h_0)及钢筋面积(A_s)以及钢筋的直径、根数和布置。

设计时，为了安全，应满足 $\gamma_0 M\leqslant M_u$；为了经济，一般按 $\gamma_0 M=M_u$ 进行设计。由基本公式(3.9)及式(3.10)可知，未知数有 f_c、f_y、b、h_0、A_s 和 x。而基本公式只有两个，只能由计算确定其中的两个未知数。设计时通常有两种做法。

(1)第一种做法

①材料的选用

根据经验，先选取钢筋级别和混凝土强度等级，这样 f_y 和 f_c 就确定了。一般现浇梁、板常用的钢筋为 HPB300、HRB335 级，对抗弯承载力起决定作用的是钢筋强度。为了节约钢材，在有条件的情况下，跨度较大的梁可采用 HRB400 级或 RRB400 级钢筋。现浇梁、板常用的混凝土等级的选用须注意与钢筋的匹配。当采用钢筋 HRB335 级时，为了保证必要的黏结力，混凝土强度不宜低于 C20；当采用 HRB400 级或 RRB400 级钢筋以及承受重复荷载的构件时，混凝土强度不应低于 C20。

②截面尺寸的确定

一种计算方法是根据其高跨比来确定其截面尺寸。对于梁可根据其高跨比 h/l_0，按表 3.1确定其截面高度 h，再根据高宽比 h/b 来确定截面宽度 b。对于板可根据其高跨比 h/l_0 按表 3.2 确定其最小厚度 h，对于现浇板，通常取 1m 宽度板带计算，即 $b=1$m。

另一种计算方法是先假定 $\rho=1\%$，则根据公式(3.9a)和公式(3.1)可知：

$$\xi=\rho\frac{f_y}{\alpha_1 f_c}\tag{3.14}$$

由公式(3.10a)可知：
$$bh_0^2=\frac{M_u}{\alpha_1 f_c\xi(1-0.5\xi)}\tag{3.15}$$

根据截面的高宽比的要求，最终确定满足模数要求的截面尺寸(b、h)。

③求截面受压区高度 x 和受拉钢筋面积 A_s

已知钢筋强度(f_y)、混凝土强度(f_c)和截面尺寸(b、h)，可通过基本公式(3.9)和(3.10)

直接计算出 x 和 A_s。

④验算基本公式适用条件

计算出 x 和 A_s 后，通过验算基本公式两个适用条件：即 $\xi \leqslant \xi_b$ 或 $x \leqslant \xi_b h_0$ 及 $\rho \geqslant \rho_{min}$ 来判断所求的解是否满足要求。

a. 当 $\rho < \rho_{min}$ 时，说明所选截面尺寸过大，减小截面尺寸后，重复步骤③和④重新计算；当确因其他原因不能减小截面尺寸时，则应按 ρ_{min} 求 A_s。

b. 当 $x > \xi_b h_0$ 时，说明所选截面尺寸过小，加大截面尺寸后，重复步骤③和④重新计算。

c. 当 $x \leqslant \xi_b h_0$ 且 $\rho \geqslant \rho_{min}$ 时，说明所选截面尺寸合适，所求的解满足要求。

⑤选择钢筋直径和根数

受拉钢筋面积 A_s 确定后，需结合钢筋间距和直径的有关规定，选择钢筋直径和根数。选择钢筋时，应使其实际的截面面积与计算值接近。

⑥绘制截面配筋图

截面配筋图是截面设计成果的集中体现，一般在图中应注明材料强度等级、截面尺寸、钢筋直径和根数并标有图名。

(2)第二种做法

①计算 α_s

$$\alpha_s = \frac{M}{\alpha_1 f_c b h_0^2} \tag{3.16}$$

②计算 ξ 或 γ_s(也可根据 α_s 查表得出)

$$\xi = 1 - \sqrt{1 - 2\alpha_s} \tag{3.17}$$

$$\gamma_s = 0.5(1 + \sqrt{1 - 2\alpha_s}) \tag{3.18}$$

式中　α_s——截面抵抗矩系数；

　　　γ_s——截面内力臂系数。

③求纵向钢筋面积 A_s

$$A_s = \xi b h_0 \frac{\alpha_1 f_c}{f_y} \tag{3.19}$$

或

$$A_s = \frac{M}{f_y \gamma_s h_0} \tag{3.19a}$$

若 $\xi > \xi_b$，则为超筋梁，应重新计算。

④验算最小配筋率

$$A_s \geqslant \rho_{min} b h_0$$

【例题 3-3】 一钢筋混凝土简支矩形梁受均布荷载，如图 3.21 所示。已知计算跨长 $l_0 = 5.2$ m。梁上作用均布永久荷载(包括自重)标准值 $g_k = 5$ kN/m，均布可变荷载标准值 $p_k = 10$ kN/m，永久荷载、可变分项系数为 1.2 及 1.4，安全等级为二级。环境为室内正常环境。试按正截面受弯承载能力要求设计此梁截面并确定其配筋。

解法一：(1)内力计算

荷载设计值：

$$q = 1.2g_k + 1.4p_k = 1.2 \times 5 + 1.4 \times 10 = 20(\text{kN/m})$$

跨中最大弯矩设计值：

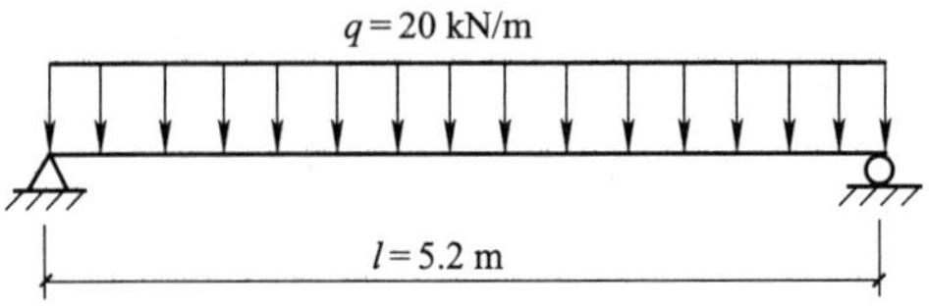

图 3.21　梁体受力图

$$M=\frac{1}{8}ql_0^2=\frac{1}{8}\times 20\times 5.2^2=67.6(\text{kN}\cdot\text{m})$$

(2)选用材料

选用混凝土强度等级为 C20,查表 2.3 可知,$f_c=9.6\ \text{N/mm}^2$;查表 3.5 可知,$\alpha_1=1.0$;选用钢筋为 HRB335 级,查表 2.9 可知,$f_y=300\ \text{N/mm}^2$;查表 3.6 可知,$\xi_b=0.550$;构件为受弯构件,查表 3.7 可知,$\rho_{\min}=0.2\%$。

(3)确定梁的截面尺寸

根据表 3.1 有,$h=\frac{l_0}{12}=\frac{5\ 200}{12}=433(\text{mm})$,取 $h=450$ mm,先假定按一排配筋计算。梁的有效高度 $h_0=h-a_s=450-35=415(\text{mm})$,按 $h/b=2.0\sim3.5$,取 $b=200$ mm。

(4)计算 x 和 A_s

计算 x:根据公式(3.8)$\gamma_0 M\leqslant M_u$ 和公式(3.10)$M_u=\alpha_1 f_c bx\left(h_0-\frac{x}{2}\right)$可有

$$\gamma_0 M=\alpha_1 f_c bx\left(h_0-\frac{x}{2}\right)$$

$$1.0\times 67.6\times 10^6=1.0\times 9.6\times 200\times x\times\left(415-\frac{x}{2}\right)$$

$$x=96(\text{mm})$$

计算 A_s:根据公式(3.9)可有

$$A_s=\frac{\alpha_1 f_c bx}{f_y}=\frac{1.0\times 9.6\times 200\times 96}{300}=614(\text{mm}^2)$$

(5)验算基本公式适用条件

根据公式(3.12)、公式(3.13)判定有

$$\rho=\frac{A_s}{bh_0}=\frac{614}{200\times 415}=0.74\%>\rho_{\min}=0.2\%$$

$$x_b=\xi_b h_0=0.55\times 415=228(\text{mm})>x=96\ \text{mm}$$

说明所选截面满足公式适用条件。

(6)选择钢筋直径和根数并绘制截面配筋图

查附表 1,并结合构造要求,选用 2Φ16+1Φ18,$A_s=656.5\ \text{mm}^2$。

钢筋净间距 $S_n=\frac{200-2\times 16-18-2\times 25}{2}=50(\text{mm})>25$ mm,且大于直径,合理。根据上述计算成果绘制截面配筋图,如图 3.22 所示。

解法二:计算系数法(查表法)

(1)计算 α_s:同上求出 M、α_1、b、f_c 和 h_0,根据公式(3.16)可有

$$\alpha_s=\frac{M}{\alpha_1 f_c b h_0^2}=\frac{67.6\times10^6}{1\times9.6\times200\times415^2}=0.2044$$

(2)计算 ξ:根据公式(3.17)可有

$$\xi=1-\sqrt{1-2\alpha_s}=1-\sqrt{1-2\times0.2044}=0.2311<\xi_b=0.55$$

(3)求纵向钢筋面积 A_s。根据公式(3.19)可有

$$A_s=\xi b h_0\frac{\alpha_1 f_c}{f_y}=0.2311\times200\times415\times\frac{1.0\times9.6}{300}=613.802(\text{mm}^2)$$

选用 2Φ16+1Φ18(A_s=656.5mm^2)。

(4)验算适用条件。根据公式(3.12a)、公式(3.13)判定有

$$A_s=656.5\text{mm}^2>\rho_{min}bh_0=0.2\%\times200\times415=166(\text{mm}^2)$$

$$\xi=0.2315<\xi_b=0.55$$

满足公式适用条件,绘制截面配筋图,如图 3.22 所示。

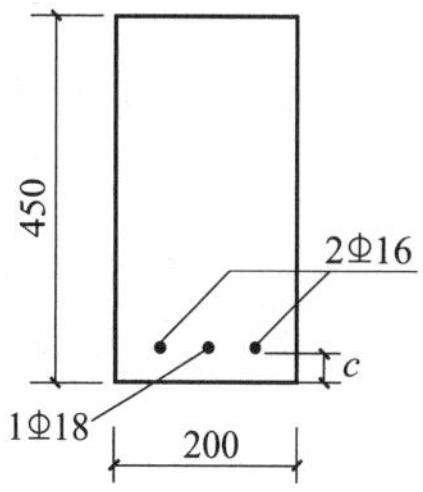

图 3.22　截面配筋图
(单位:mm)

【例题 3-4】　某现浇钢筋混凝土简支梁楼板。计算跨度 l_0=2.37 m,永久荷载(包括自重)标准值 g_k=2 kN/m,可变荷载标准值 p_k=2 kN/m,荷载分项系数为 1.2 和 1.4,安全等级为二级,环境类别为一级。试确定板厚度和受拉钢筋截面面积。

解:(1)确定跨中截面的最大弯矩设计值

沿垂直于板跨度方向取宽度为 1 m 的板带作为计算单元。因此,梁上的荷载设计值为

$$q=1\times(1.2g_k+1.4p_k)=1\times(1.2\times2+1.4\times2)=5.2(\text{kN/m})$$

$$M=\frac{1}{8}ql_0^2=\frac{1}{8}\times5.2\times2.37^2=3.65(\text{kN}\cdot\text{m})$$

(2)选用材料及确定截面尺寸

选用混凝土强度等级为 C20,查表 2.3 可知,f_c=9.6 N/mm^2;查表 3.5 可知,α_1=1.0;选用钢筋为 HPB300 级,查表 2.9 可知,f_y=270 N/mm^2;查表 3.6 可知,ξ_b=0.5757;构件为受弯构件,查表 3.7 可知,ρ_{min}=0.2%。

根据环境类别为一类,一般取 a_s=20 mm;构件安全等级为二级,γ_0=1.0。$h=l_0/30$=2 370/30=79(mm),取板厚 h=80 mm。

板的有效高度:$h_0=h-a_s$=80−20=60(mm)。

(3)求截面受压区高度 x 和受拉钢筋面积 A_s

计算 x:根据公式(3.8)和公式(3.10)可有

$$\gamma_0 M=\alpha_1 f_c bx\left(h_0-\frac{x}{2}\right)$$

$$1.0\times3.65\times10^6=1.0\times9.6\times1000\times x\times\left(60-\frac{x}{2}\right)$$

$$x=6.7\ \text{mm}$$

计算 A_s:根据公式(3.9)可有

$$\alpha_1 f_c bx=f_y A_s$$

$$A_s=\frac{\alpha_1 f_c bx}{f_y}=\frac{1.0\times9.6\times1000\times6.7}{270}=238.22(\text{mm}^2)$$

(4)验算基本公式适用条件

根据公式(3.12)、公式(3.13)判定有

$$\rho=\frac{A_s}{bh_0}=\frac{238.22}{1\,000\times 60}=0.4\%>\rho_{min}=0.2\%$$

$$x=6.7\ \text{mm}<\xi_b h_0=0.575\ 7\times 60=34.54(\text{mm})$$

所以,所选截面符合要求。

(5)选择钢筋直径和根数并绘制截面配筋图

查附表 2 并结合构造要求,选用Φ8@160,$A_s=314\ \text{mm}^2$,根据上述计算结果绘制截面配筋图,如图 3.23 所示。

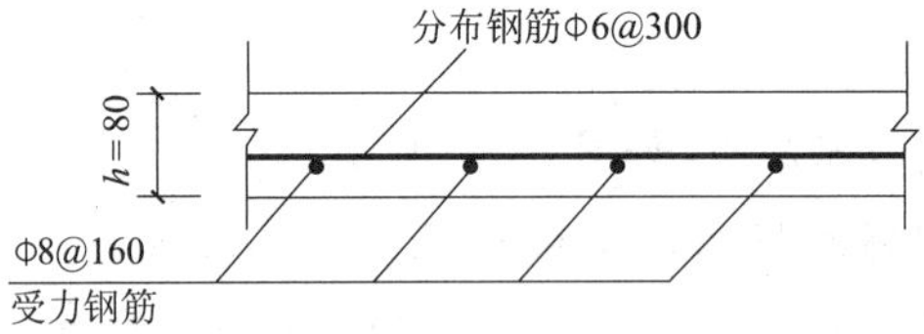

图 3.23　截面配筋图(单位:mm)

(五)双筋矩形截面正截面承载力计算

在受弯构件中,如纵向受力钢筋配置于受拉区,这种截面称为单筋截面,如图 3.24(a)、图 3.24(b)所示;如在受拉区和受压区都配置纵向受力钢筋,这种截面称为双筋截面,如图 3.24(c)所示。

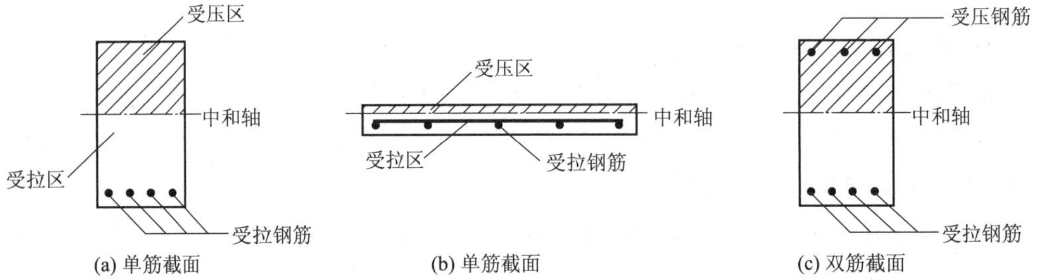

图 3.24　梁、板的横截面

双筋矩形截面适用于下面几种情况:

(1)结构或构件承受某种交变的作用(如地震),使截面上的弯矩改变方向;

(2)截面承受的弯矩设计值大于单筋截面所能承受的最大弯矩设计值,而截面尺寸和材料品种等由于某些原因又不能改变;

(3)结构或构件的截面由于某种原因,在截面的受压区预先已经布置了一定数量的受力钢筋(如连续梁的某些支座截面)。

一般说来,双筋矩形截面受弯构件可以提高截面的承载能力和延性,并可减小受弯构件在荷载作用下的变形,但采用受压钢筋协助混凝土承受压力其耗钢量较大,是不经济的,因此为了节约钢材,应尽量不要将截面设计成双筋截面。

1. 基本计算公式

双筋截面破坏时的受力特点与单筋截面相似。当受拉钢筋不是配筋过多时,双筋矩形截

面也是受拉钢筋应力先达到其设计强度,然后受压区混凝土边缘才被压碎。双筋矩形截面受弯构件正截面承载力计算中,除了引入单筋矩形截面受弯构件承载力计算中的各项假定以外,由于受压纵筋一般都可以充分利用,因此还假定当 $x \geqslant 2a_s'$ 时受压钢筋的应力等于其抗压强度设计值 f_y'。双筋截面承载能力计算时的应力图形,如图 3.25 所示。

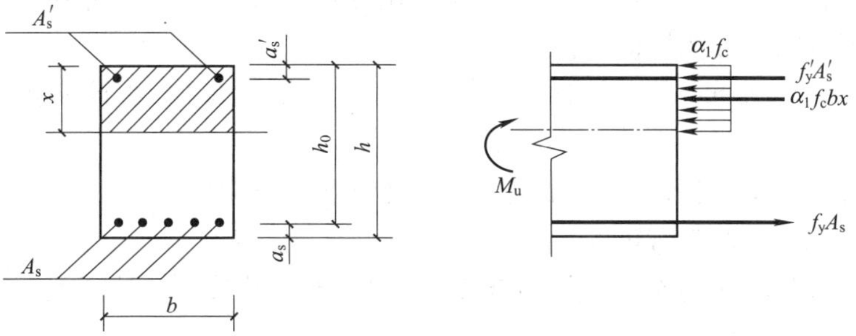

图 3.25　双筋矩形截面计算应力图

可以像单筋矩形截面一样列出下面两个静力平衡方程式:

$$\sum X=0,\quad \alpha_1 f_c bx+f_y'A_s'-f_yA_s=0 \tag{3.20}$$

$$\sum M=0,\quad M_u=\alpha_1 f_c bx\left(h_0-\frac{x}{2}\right)+f_y'A_s'(h_0-a_s') \tag{3.21}$$

式中　f_y'——钢筋的抗压强度设计值;

A_s'——受压区纵向受力钢筋的截面面积;

a_s'——从受压区边缘到受压区纵向受力钢筋合力作用点之间的距离。当混凝土的强度等级大于 C25 时,对于梁,钢筋按一排布置时,可取 $a_s'=35$ mm;当受压钢筋按两排布置时,可取 $a_s'=60$ mm;对于板,可取 $a_s'=20$ mm。

2. 基本计算公式的适用条件

1)受拉钢筋屈服条件

为了防止截面发生脆性破坏,保证受拉钢筋在受压区混凝土被压碎之前屈服,受压区高度 x 必须满足:

$$\xi \leqslant \xi_b \quad 或 \quad x \leqslant \xi_b h_0$$

2)受压钢筋屈服条件

为了保证受压区混凝土边缘被压碎时,受压钢筋能达到其抗压设计强度,受压区高度 x 应满足:

$$x \geqslant 2a_s' \tag{3.22}$$

对于双筋截面,其最小配筋率一般都能满足要求,不必验算。适用条件可按下式判断:

$$2a_s' \leqslant x \leqslant \xi_b h_0 \tag{3.23}$$

当 $x<2a_s'$ 时,受压钢筋的位置将离中性轴太近,截面破坏时,其应力可能达不到其抗压设计强度。这时可近似地取 $x=2a_s'$,对受压钢筋合力作用点取矩得:

$$M_u=f_yA_s(h_0-a_s') \tag{3.24}$$

3. 计算方法

1)截面校核

已知截面尺寸 b、$h(h_0)$,纵向钢筋截面面积 A_s、A_s' 及材料强度 f_c、f_y 和 f_y',要求确定此截

面的抵抗弯矩 M_u，并与要求该截面所承受的设计弯矩进行比较，判断该截面是否安全。

求解该问题所依据的是基本公式(3.20)和式(3.21)及其适应条件，基本公式中只有两个未知数，即受压区高度 x 和 M_u，故可以得到唯一的解。

当 $\gamma_0 M > M_u$ 时，不安全；当 $\gamma_0 M \leqslant M_u$ 时，安全。

计算截面的抵抗矩时，先由公式(3.20)计算出受压区高度 x，然后根据 x 值的不同情况，分别按下列情况计算截面的抵抗矩：

① 当 $2a_s' \leqslant x \leqslant \xi_b h_0$ 时，梁处于适筋状态，将 x 代入公式(3.21)中计算截面所能承担的极限弯矩 M_u。

② 当 $x > \xi_b h_0$ 时，截面受拉钢筋配量过多，梁处于超筋状态，将 $x = \xi_b h_0$ 代入公式(3.21)中计算截面所能承担的极限弯矩 M_u。

③ 当 $x < 2a_s'$时，受压钢筋未屈服，没有充分利用，按公式(3.24)计算截面所能承担的极限弯矩 M_u。

截面校核具体计算步骤：

(1)计算 x[由公式(3.20)计算 x]

$$\alpha_1 f_c bx + f_y' A_s' - f_y A_s = 0$$

(2)判断公式适用条件[由公式(3.23)判断]

$$2a_s' \leqslant x \leqslant \xi_b h_0$$

(3)求 M_u(分三种情况)

当 $2a_s' \leqslant x \leqslant \xi_b h_0$ 时，$M_u = \alpha_1 f_c bx\left(h_0 - \dfrac{x}{2}\right) + f_y' A_s'(h_0 - a_s')$。

当 $x > \xi_b h_0$ 时，取 $x = \xi_b h_0$ 代入 $M_u = \alpha_1 f_c bx\left(h_0 - \dfrac{x}{2}\right) + f_y' A_s'(h_0 - a_s')$。

当 $x < 2a_s'$时，取 $x = 2a_s'$，$M_u = f_y A_s(h_0 - a_s')$。

(4)与 M 比较，判断是否安全

满足 $\gamma_0 M \leqslant M_u$ 时安全，不满足为不安全。

【例题 3-5】 某一钢筋混凝土双筋梁的截面尺寸及配筋图如图 3.26 所示，混凝土强度等级 C30，钢筋级别 HRB335，承受的弯矩 M=165 kN·m，构件的安全等级为一级，环境类别为二 a 级，试验算该梁的正截面抗弯承载力是否足够。

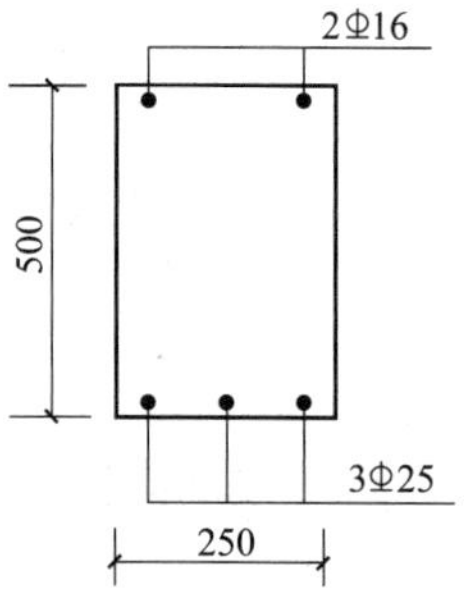

图 3.26　截面尺寸及配筋图(单位:mm)

解：因混凝土为 C30；查表 2.3 可知，$f_c = 14.3\ \text{N/mm}^2$；查表 3.5 可知，$\alpha_1 = 1.0$；因钢筋为 HRB335 级，查表 2.9 可知，$f_y' = f_y = 300\ \text{N/mm}^2$；查表 3.6 可知，$\xi_b = 0.550$；构件的安全等级为一级，$\gamma_0 = 1.1$。

因受拉钢筋为 3Φ25，受压钢筋为 2Φ16，查附表 1 得 $A_s = 1\,473\ \text{mm}^2$，$A_s' = 402\ \text{mm}^2$

因环境类别为二 a 级，查表 3.3 可知，梁的混凝土保护层厚度 c 为 25 mm，则 $a_s = 25 + \dfrac{25}{2} = 37.5 \approx 40(\text{mm})$，$a_s' = 25 + \dfrac{16}{2} = 33 \approx 35(\text{mm})$。

(1)计算 x

计算梁的有效高度：$h_0 = h - a_s = 500 - 40 = 460(\text{mm})$。

计算受压区高度 x：根据公式(3.20)有

$$x=\frac{A_s f_y - A_s' f_y'}{\alpha_1 f_c b}=\frac{1\,473\times300-402\times300}{1.0\times14.3\times250}=89.9(\text{mm})$$

(2)验算适用条件

根据公式(3.23)有

$$2a_s'=2\times35=70\ \text{mm}<x<\xi_b h_0=0.550\times460=253(\text{mm})$$

梁处于适筋状态。

(3)计算 M_u

根据公式(3.21)有

$$M_u=\alpha_1 f_c bx\left(h_0-\frac{x}{2}\right)+f_y'A_s'(h_0-a_s')$$

$$M_u=1\times14.3\times250\times89.9\times\left(460-\frac{89.9}{2}\right)+300\times402\times(460-40)=184(\text{kN}\cdot\text{m})$$

(4)判断

根据公式(3.8)判断有 $M_u=184\ \text{kN}\cdot\text{m}>\gamma_0 M=1.1\times165=181.5(\text{kN}\cdot\text{m})$，所以该梁安全。

【例题 3-6】 某一钢筋混凝土双筋梁的截面配筋图如图 3.27所示。截面尺寸 $b\times h=200\ \text{mm}\times550\ \text{mm}$，混凝土强度等级 C20，钢筋级别 HRB335，承受的弯矩 $M=165\ \text{kN}\cdot\text{m}$，构件的安全等级为一级，环境为室内正常环境，$a_s=60\ \text{mm}$，$a_s'=35\ \text{mm}$，试验算该梁的正截面抗弯承载力是否足够。

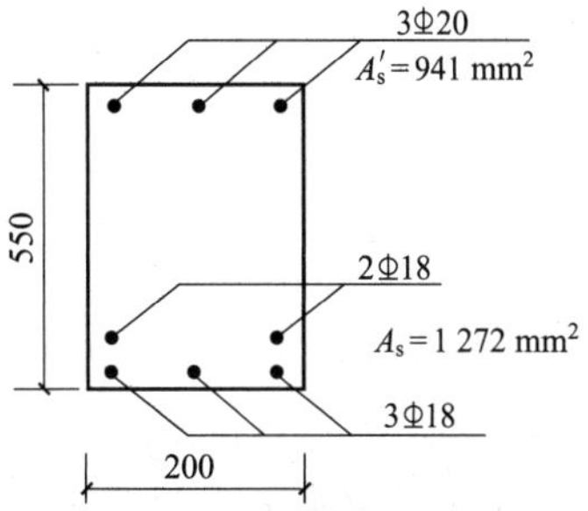

图 3.27　截面尺寸及配筋图(单位：mm)

解：因混凝土为 C20，查表 2.3 可知，$f_c=9.6\ \text{N/mm}^2$；查表 3.5 可知，$\alpha_1=1.0$；因钢筋为 HRB335 级，查表 2.9 可知，$f_y'=f_y=300\ \text{N/mm}^2$；查表 3.6 可知，$\xi_b=0.550$；构件的安全等级为一级，$\gamma_0=1.1$。因受拉钢筋为 5Φ18、受压钢筋为 3Φ20，查附表 1 得 $A_s=1\,272\ \text{mm}^2$，$A_s'=941\ \text{mm}^2$。

(1)计算 x

计算梁的有效高度：$h_0=h-a_s=550-60=490(\text{mm})$。

计算受压区高度 x：根据公式(3.20)有

$$x=\frac{A_s f_y - A_s' f_y'}{\alpha_1 f_c b}=\frac{1\,272\times300-941\times300}{1.0\times9.6\times200}=52(\text{mm})$$

(2)验算适用条件

$$x<2a_s'=2\times35=70(\text{mm})$$

受压钢筋不屈服。

(3)计算 M_u

根据公式(3.24)有

$$M_u=300\times1\,272\times(490-35)=173.6(\text{kN}\cdot\text{m})$$

(4)判断

根据公式(3.8)判断有

$$M_u=173.6\text{kN}\cdot\text{m}<\gamma_0 M=1.1\times165=181.5(\text{kN}\cdot\text{m})$$

所以该梁不安全。

2)单筋矩形截面设计与双筋矩形截面设计的判断

矩形截面受弯构件进行截面设计时,可能会遇到下列情况:

已知截面的弯矩设计值 M、截面尺寸 $b\times h$、材料强度 f_y、f'_y和 α_1、f_c,要求配筋。判断是否需采用双筋截面,令 $\xi=\xi_b$,代入公式(3.10a)中,得

$$M_{ub}=\alpha_1 f_c b h_0^2\xi_b(1-0.5\xi_b) \tag{3.25}$$

求出 M_{ub}。若 $M_{ub}\geqslant\gamma_0 M$,则按单筋截面设计;若 $M_{ub}<\gamma_0 M$,则按双筋截面设计。

3)双筋截面设计

双筋矩形截面设计时,一般会遇到下列两类问题:

(1)已知截面的弯矩设计值 M、截面尺寸 $b\times h$、材料强度 f_y、f'_y和 α_1、f_c,要求确定受拉钢筋面积 A_s 和受压钢筋面积 A'_s。

双筋矩形截面的计算公式只有两个,现在有 3 个未知数 A_s、A'_s和 x,因此必须补充一个方程式才能求解。为了节约钢材,充分发挥混凝土的抗压强度,可以假定受压区高度等于界限受压区高度,即:$x=\xi_b h_0$,将其代入公式(3.21)和式(3.20),由此可得

$$A'_s=\frac{\gamma_0 M-\alpha_1 f_c b h_0^2\xi_b(1-0.5\xi_b)}{f'_y(h_0-a'_s)} \tag{3.26}$$

$$A_s=\frac{f'_y A'_s+\alpha_1 f_c b\xi_b h_0}{f_y} \tag{3.27}$$

(2)已知截面的弯矩设计值 M、截面尺寸 $b\times h$、材料强度 f_y、f'_y和 α_1、f_c 以及受压钢筋面积 A'_s,要求确定受拉钢筋面积 A_s。

由于是两个方程两个未知数,可以直接求解。

由公式(3.21)可直接求出 x 值,按其适应条件进行比较判别并计算 A_s。

①当 $x>\xi_b h_0$ 时,说明已知的 A'_s太小,仍为超筋截面,需加大 A'_s。此时,A'_s也为未知,可按上述第一类问题求解。

②当 $x<2a'_s$时,说明受压钢筋配置过多,没有充分利用,可按公式(3.24)得受拉钢筋面积:

$$A_s=\frac{\gamma_0 M}{f_y(h_0-a'_s)} \tag{3.28}$$

③当 $2a'_s\leqslant x\leqslant\xi_b h_0$ 时,梁处于适筋状态,将 x 代入公式(3.20),得受拉钢筋面积:

$$A_s=\frac{f'_y A'_s+\alpha_1 f_c b x}{f_y} \tag{3.29}$$

双筋截面设计的具体计算步骤如下:

(1)判别是否为双筋截面。

根据公式(3.25)求出 M_{ub},若 $M_{ub}\geqslant\gamma_0 M$,按单筋截面设计,否则按双筋截面设计。

(2)求 A_s 和 A'_s。

根据公式(3.26)和式(3.27)计算

$$A_s'=\frac{\gamma_0 M-\alpha_1 f_c b h_0^2 \xi_b(1-0.5\xi_b)}{f_y'(h_0-a_s')}$$

$$A_s=\frac{f_y'A_s'+\alpha_1 f_c b\xi_b h_0}{f_y}$$

(3)选配钢筋。

【例题 3-7】 已知某钢筋混凝土梁截面尺寸 $b\times h=250$ mm×600 mm,选用 C20 混凝土及 HRB335 钢筋,截面承受弯矩设计值 $M=380$ kN·m,环境类别为一类,构件安全等级为二级。当上述基本条件不能改变时,求截面所需受力钢筋截面面积。

解:因混凝土为 C20,查表 2.3 可知,$f_c=9.6$ N/mm²;查表 3.5 可知,$\alpha_1=1.0$;因钢筋为 HRB335 级,查表 2.9 可知,$f_y'=f_y=300$ N/mm²;查表 3.6 可知,$\xi_b=0.550$;构件的安全等级为二级,$\gamma_0=1.0$。

假定受拉钢筋为两排:$a_s=65$ mm,$h_0=600-65=535$(mm)。

(1)判别是否需采用双筋截面

根据公式(3.25)可得单筋截面所能承担的最大弯矩设计值 M_{ub}:

$$\begin{aligned}M_{ub}&=\alpha_1 f_c b h_0^2\xi_b(1-0.5\xi_b)\\&=1.0\times9.6\times250\times535^2\times0.550\times(1-0.5\times0.550)\\&=273.92(\text{kN}\cdot\text{m})\end{aligned}$$

$M_{ub}=273.92$ kN·m$<\gamma_0 M=380$ kN·m,所以,必须设计成双筋截面。

(2)求 A_s 和 A_s'

假定受压钢筋为一排,$a_s'=35$ mm。根据公式(3.26)有

$$\begin{aligned}A_s'&=\frac{\gamma_0 M-\alpha_1 f_c b h_0^2\xi_b(1-0.5\xi_b)}{f_y'(h_0-a_s')}\\&=\frac{(380-273.92)\times10^6}{300(535-35)}\\&=707.2(\text{mm}^2)\end{aligned}$$

由公式(3.27)有

$$\begin{aligned}A_s&=\frac{f_y'A_s'+\alpha_1 f_c b\xi_b h_0}{f_y}\\&=\frac{300\times707.2+1.0\times9.6\times250\times0.550\times535}{300}\\&=3\ 061.2(\text{mm}^2)\end{aligned}$$

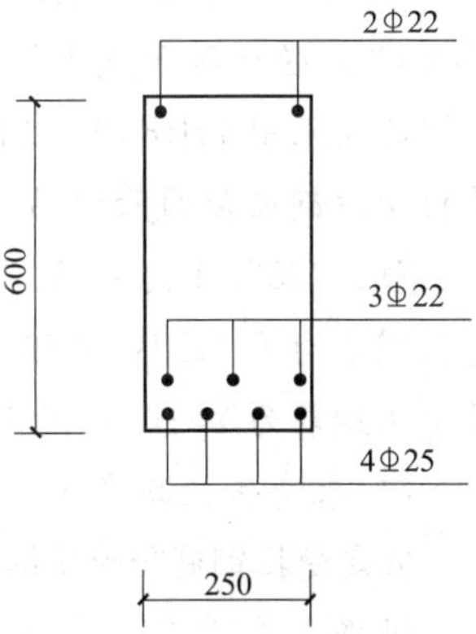

图 3.28 配筋图(单位:mm)

(3)选配钢筋

查附表 1,并结合构造要求,选用受拉钢筋 4Φ25+3Φ22,$A_s=3\ 104$ mm²;选用受压钢筋 2Φ22,$A_s'=760$ mm²,画配筋图如图 3.28 所示。

【例题 3-8】 某梁截面尺寸 $b\times h=250$ mm×500 mm,$M=200$ kN·m,设计使用年限为 50 年,环境类别为一类,受压区预先已经配好 HRB335 级钢筋 2Φ20。若受拉钢筋也采用 HRB335 级,混凝土的强度等级为 C30,试求截面所需配置的受拉钢筋截面面积 A_s。

解:因混凝土为 C30,查表 2.3 可知,$f_c=14.3$ N/mm²;查表 3.5 可知,$\alpha_1=1.0$;因钢筋为 HRB335 级受拉钢筋,查表 2.9 可知,$f_y'=f_y=300$ N/mm²;查表 3.6 可知,$\xi_b=0.550$;因受压钢筋为 2Φ20,查附表 1 得 $A_s'=628$ mm²。

(1)求受压区高度 x

假定受拉和受压钢筋均按一排布置，则 $a_s=a_s'=35\ \text{mm}$，$h_0=h-a_s=500-35=465(\text{mm})$。

根据公式(3.21) 受压区的高度：

$$x=h_0-\sqrt{h_0^2-2\left[\frac{M-f_y'A_s'(h_0-a_s')}{\alpha_1 f_c b}\right]}$$

$$=465-\sqrt{465^2-2\times\left[\frac{200\times10^6-300\times628\times(465-35)}{1.0\times14.3\times250}\right]}$$

$$=465-386.9=78.1(\text{mm})$$

$$<\xi_b h_0=0.550\times465=255.75(\text{mm})$$

$$2a_s=2\times35=70(\text{mm})<x=78.1\text{mm}<\xi_b h_0=0.550\times465=255.75(\text{mm})$$

(2)计算截面需配置的受拉钢筋截面面积 A_s

根据式(3.29)有

$$A_s=\frac{f_y'A_s'+\alpha_1 f_c bx}{f_y}=\frac{300\times628+1.0\times14.3\times250\times78.1}{300}$$

$$=1\ 559(\text{mm}^2)$$

查附表 1，选用 3Φ28(实配 $A_s=1\ 847\ \text{mm}^2$)，画截面配筋图如图 3.29 所示。

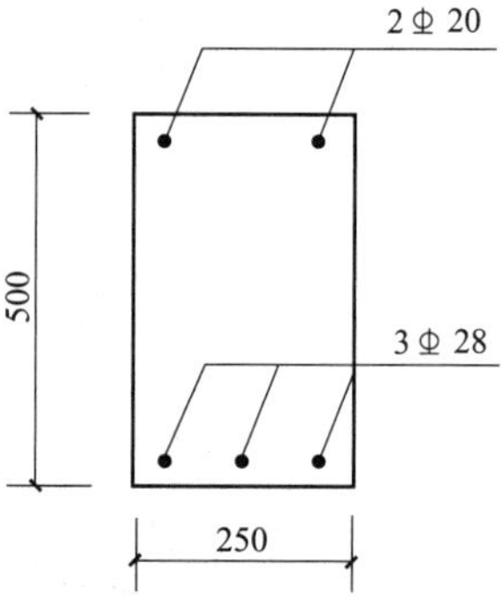

图 3.29 配筋图(单位:mm)

【例题 3-9】 已知某钢筋混凝土梁截面尺寸 $b\times h=200\ \text{mm}\times500\ \text{mm}$，$M=88\ \text{kN}\cdot\text{m}$，构件安全等级为一级，混凝土的强度等级为 C25，受压区预先已经配好 HRB400 级受压钢筋 2Φ14。若受拉钢筋也采用 HRB400 级钢筋配筋，$a_s=35\ \text{mm}$，试求截面所需配置的受拉钢筋截面面积 A_s。

解:因混凝土为 C25，查表 2.3 可知，$f_c=11.9\ \text{N/mm}^2$；查表 3.5 可知，$\alpha_1=1.0$；因受拉、受压钢筋均为 HRB400 级，查表 2.9 可知，$f_y'=f_y=360\ \text{N/mm}^2$；查表 3.6 可知，$\xi_b=0.5176$；因受压钢筋为 2Φ14，查附表 1 得 $A_s'=308\ \text{mm}^2$。

(1)求受压区高度 x

假定受拉钢筋和受压钢筋按一排布置，则 $a_s=a_s'=35\ \text{mm}$，$h_0=h-a_s=500-35=465(\text{mm})$。

根据公式(3.21) 受压区的高度：

$$x=h_0-\sqrt{h_0^2-2\left[\frac{M-f_y'A_s'(h_0-a_s')}{\alpha_1 f_c b}\right]}$$

$$=465-\sqrt{465^2-2\times\left[\frac{88\times10^6-360\times308\times(465-35)}{1.0\times11.9\times200}\right]}$$

$$=38.0(\text{mm})$$

$$x=38.0\text{mm}<\xi_b h_0=0.5176\times465=240.7(\text{mm})$$

但 $x<2a_s'=2\times35(\text{mm})=70\ \text{mm}$。不满足受压钢筋屈服条件。说明受压钢筋配置过多，未屈服，没有充分利用。

(2)求受拉钢筋截面面积 A_s

根据公式(3.28)有

$$A_s=\frac{\gamma_0 M}{f_y(h_0-a_s')}=\frac{1.1\times 88\times 10^6}{360\times(460-35)}=633\ (\text{mm}^2)$$

查附表 1,选用 2Φ18＋1Φ14(实配 $A_s=662.9\ \text{mm}^2$)。

(六)T 形截面正截面承载力

当矩形截面受弯构件出现裂缝后,在裂缝截面处,中和轴以下的混凝土将不再承担拉力。因此,在矩形截面中,可将受拉区的混凝土挖取一部分形成由梁肋与翼缘组成的 T 形截面,如图 3.30 所示。只要将原矩形截面的纵向受拉钢筋集中布置在梁的肋部承担拉力,翼缘承受压力,梁肋联系受拉区和受压区,这时 T 形截面与原矩形截面相比,承载能力不仅不会降低,而且还能节省混凝土,减轻构件自重。

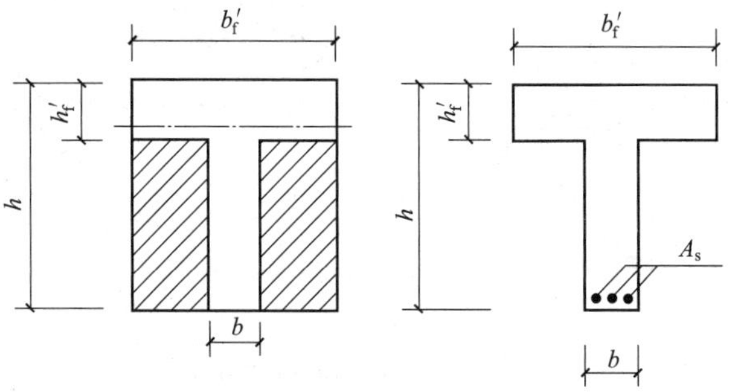

图 3.30　T 形截面示意图

在实际工程中,T 形截面受弯构件应用的例子是很多的。在现浇梁板结构中,梁与板整浇在一起,自然形成 T 形截面,如图 3.31(a)所示;槽形板的肋与板联结在一起,形成了可按 T 形截面计算的倒 L 形截面,如图 3.31(b)所示;人们将许多预制构件有意识的作成 T 形截面,如图 3.31(c)所示,空心板,如图 3.31(d)所示,也可折算成按 T 形截面计算的工字形截面,如图 3.31(e)所示。

T 形截面伸出部分称为翼缘,中间部分称为肋或梁腹,肋的宽度为 b,受压区的翼缘宽度为 b_f',高度为 h_f',截面全高为 h,如图 3.30 所示。工字形截面的受拉区翼缘不参与受力,因此也按 T 形截面计算。显然,T 形截面的受压翼缘宽度越大,截面的抗弯承载能力也越大。因为 b_f'增大,可使受压区高度 x 减小,内力臂 $Z=\gamma_s h_0$ 增大,因而可减小受拉钢筋截面面积 。

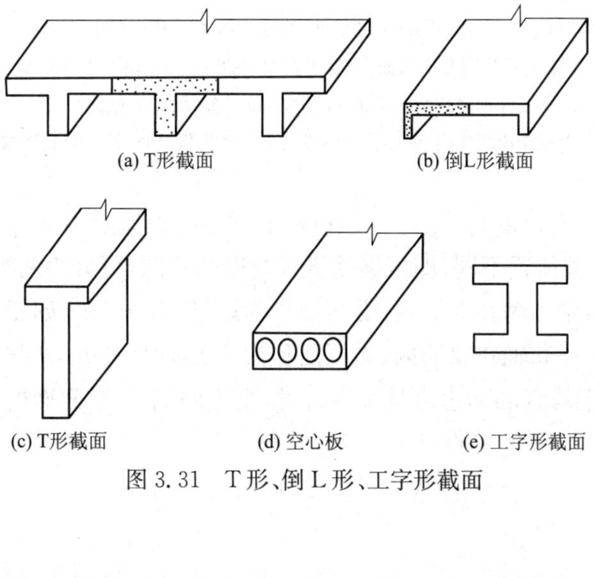

图 3.31　T 形、倒 L 形、工字形截面

试验研究表明，翼缘内压应力的分布是不均匀的，与肋部共同工作的翼缘宽度是有限的。离肋部越远压应力越小，如图 3.32(a)所示。为了简化计算，假定距肋部一定范围内的翼缘全部参与工作，而在这个范围以外的部分，则不考虑它参与受力。这个范围称为翼缘计算宽度 b_f'。翼缘计算宽度 b_f'与影响翼缘传递剪力能力的翼缘厚度、梁的计算跨度和受力情况等很多因素有关。因此《混凝土结构设计规范》(GB 50010—2010)对翼缘计算宽度 b_f'作出了规定(具体见表 3.8)。翼缘计算宽度 b_f'按表中有关规定的最小值取用。在规定范围内的翼缘，可认为 T 形截面压应力均匀分布，如图 3.32(b)所示。

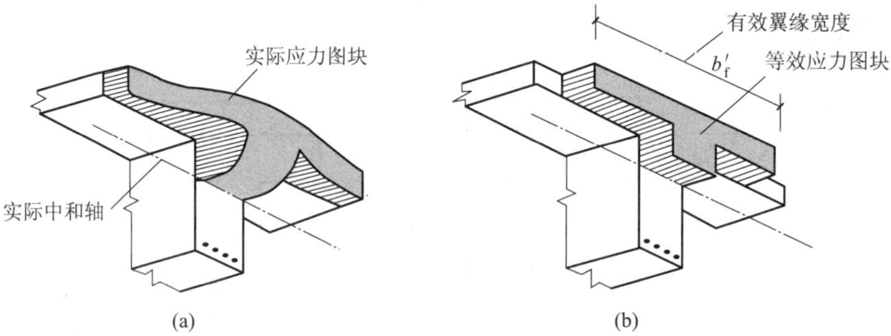

图 3.32　T 形截面的应力分布图

表 3.8　T 形及倒 L 形截面受弯构件翼缘计算宽度 b_f'

项数	考虑的情况		T 形截面		倒 L 形截面
			肋形梁(板)	独立梁	肋形梁(板)
1	按跨度 l_0 考虑		$\frac{1}{3}l_0$	$\frac{1}{3}l_0$	$\frac{1}{6}l_0$
2	按梁(肋)净距 S_n 考虑		$b+S_n$	—	$b+\frac{1}{2}S_n$
3	按翼缘高度 h_f' 考虑	当$\frac{h_f'}{h_0}\geqslant 0.1$	—	$b+12h_f'$	—
		当 $0.1>\frac{h_f'}{h_0}\geqslant 0.05$	$b+12h_f'$	$b+6h_f'$	$b+5h_f'$
		当$\frac{h_f'}{h_0}<0.05$	$b+12h_f'$	b	$b+5h_f'$

注：(1)表中 b 为梁(肋)的宽度；

(2)如肋形梁在梁跨内设有间距小于纵肋间距的横肋时，则可不遵守表中项次 3 的规定；

(3)对有加腋的 T 形、工形截面及倒 L 形截面，当受压区加腋的高度 $h_h\geqslant h_f'$且加腋的宽度 $b_h\leqslant 3h_h$ 时，其翼缘计算宽度可按表中项次 3 的规定分别增加 $2b_h$(T 形、工形截面)和 b_h(倒 L 形截面)；

(4)独立梁受压区的翼缘板在荷载作用下，经验算沿纵肋方向产生裂缝时，其计算宽度取用肋宽 b。

1. T 形截面的分类

弯矩的大小及纵向受拉钢筋的多少，决定了 T 形截面破坏时中和轴位置的高低。T 形截面受弯构件，根据中和轴位置不同，即根据受压区高度的不同，可分为两类。

第一类 T 形截面：中和轴在翼缘内，受压面积为矩形，即 $x\leqslant h_f'$，如图 3.33(a)所示。

第二类 T 形截面：中和轴在梁肋内，受压面积为 T 形，即 $x>h_f'$，如图 3.33(b)所示。

当中和轴刚好位于翼缘的下边缘时，$x=h_f'$时，则为两类 T 形截面的分界情况，如图 3.33(c)所示。此时根据平衡条件，可得

$$\sum X=0,\quad \alpha_1 f_c b_f' h_f' = f_y A_s \tag{3.30}$$

$$\sum M=0,\quad M_u=\alpha_1 f_c b_f' h_f'(h_0-\frac{h_f'}{2}) \tag{3.31}$$

上述两式可以作为判别 T 形截面类别的依据。

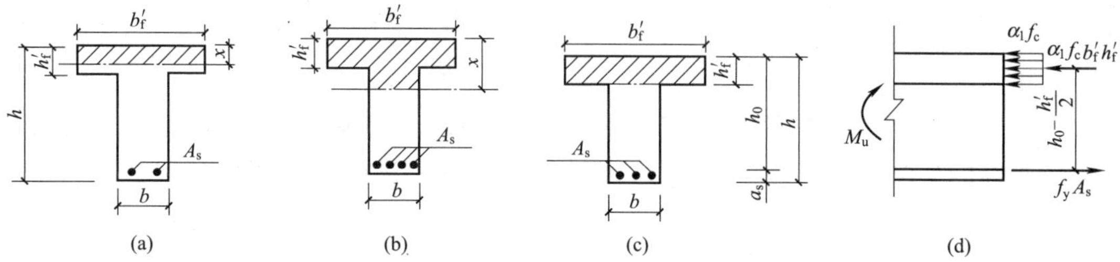

图 3.33　各类 T 形截面中性轴的位置

在进行截面设计时：

当 $M\leqslant\alpha_1 f_c b_f' h_f'(h_0-\frac{h_f'}{2})$时，为第一类 T 形截面

当 $M>\alpha_1 f_c b_f' h_f'(h_0-\frac{h_f'}{2})$时，为第二类 T 形截面

在进行承载力校核时：

当 $f_y A_s\leqslant\alpha_1 f_c b_f' h_f'$时，为第一类 T 形截面

当 $f_y A_s>\alpha_1 f_c b_f' h_f'$时，为第二类 T 形截面

2. 基本计算公式及适用条件

1)第一类 T 形截面的计算公式及适用条件

第一类 T 形截面的计算简图如图 3.34 所示。在计算正截面承载力时，由于不考虑受拉区混凝土参加受力，因此实质上相当于 $b=b_f'$的矩形截面，可用 b_f'代替 b 按矩形截面的公式计算。

$$\alpha_1 f_c b_f' x=f_y A_s \tag{3.32}$$

$$M\leqslant M_u=\alpha_1 f_c b_f' x(h_0-\frac{x}{2}) \tag{3.33}$$

适用条件：

(1)$A_s\geqslant A_{s,\min}=\rho_{\min}bh$，其中 b 为 T 形截面梁肋宽度。

(2)$x\leqslant\xi_b h_0$，由于第一类 T 形截面的 $x\leqslant h_f'$，所以一般均能满足，可不验算此项。

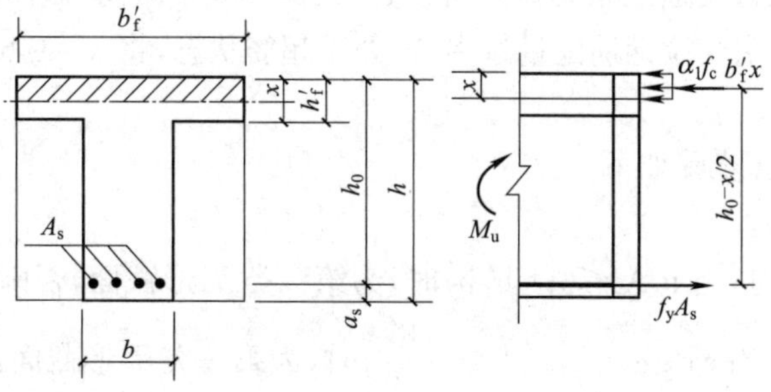

图 3.34　第一类 T 形截面

2)第二类 T 形截面的计算公式及适用条件

第二类 T 形截面的计算简图如图 3.35 所示。利用平衡条件可得计算公式如下：

$$\alpha_1 f_c bx+\alpha_1 f_c(b_f'-b)h_f'=f_y A_s \tag{3.34}$$

$$M\leqslant M_u=\alpha_1 f_c bx\left(h_0-\frac{x}{2}\right)+\alpha_1 f_c(b_f'-b)h_f'\left(h_0-\frac{h_f'}{2}\right) \tag{3.35}$$

适用条件：

(1)$A_s\geqslant A_{s,\min}=\rho_{\min}bh$,其中 b 为 T 形截面梁肋宽度。由于第二类 T 形截面中,因受压区面积大,所需的受拉钢筋 A_s 较多,所以,一般均能满足,可不进行此项验算。

(2)$x\leqslant\xi_b h_0$。

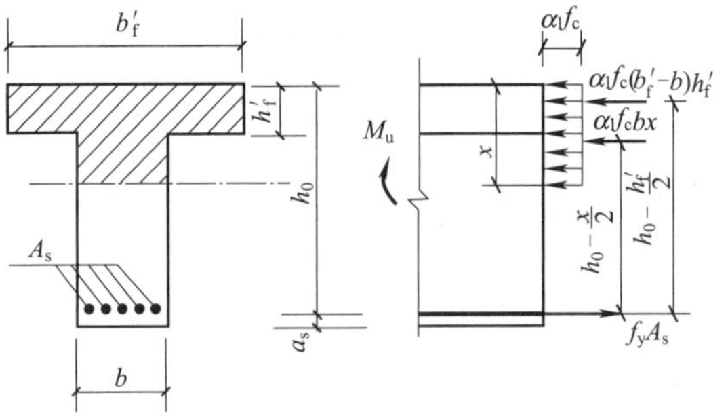

图 3.35　第二类 T 形截面

3. 计算方法

1)截面校核

与单筋矩形截面复核截面类似,即在截面尺寸 b_f'、h_f'、b 和 $h(h_0)$,纵向钢筋截面面积 A_s 及材料强度 f_c、f_y 均为给定的情况下,要求确定此截面的抵抗弯矩 M_u,并与要求该截面所承受的设计弯矩进行比较,判断该截面是否安全。

求解该问题所依据的是第一类 T 形截面的基本公式(3.32)和式(3.33)或第二类 T 形截面的基本公式(3.34)和式(3.35)及其适应条件,每一类 T 形截面基本公式中只有两个未知数,即受压区高度 x 和 M_u,故可以得到唯一的解。

计算截面的抵抗矩时,首先判别 T 形截面的类别,然后利用相应的公式进行计算,并注意验算其适用条件。

当 $f_yA_s\leqslant\alpha_1 f_c b_f'h_f'$时,为第一类 T 形截面,按宽度为 b_f'的矩形截面计算截面抵抗矩。

当 $f_yA_s>\alpha_1 f_c b_f'h_f'$时,为第二类 T 形截面,按公式(3.34) 计算出受压区高度 x。

当 $x\leqslant\xi_b h_0$ 时,梁处于适筋状态,将 x 代入公式(3.35)中,计算截面抵抗矩 M_u。

当 $x>\xi_b h_0$ 时,说明受拉钢筋配量过多,梁处于超筋状态,将 $x=\xi_b h_0$ 代入公式(3.35)中,计算截面抵抗矩 M_u。

截面校核具体计算步骤如下。

(1)判别截面类型：

进行承载力校核时,当 $f_yA_s\leqslant\alpha_1 f_c b_f'h_f'$时,为第一类 T 形截面,否则为第二类 T 形截面。

进行截面设计时,当 $M\leqslant\alpha_1 f_c b_f'h_f'\left(h_0-\frac{h_f'}{2}\right)$时,为第一类 T 形截面,否则为第二类 T 形截面。

(2)对应截面类型求出 x 值：

第一类 T 形截面：$\alpha_1 f_c b'_f x = f_y A_s$。

第二类 T 形截面：$\alpha_1 f_c bx + \alpha_1 f_c (b'_f - b) h'_f = f_y A_s$。

(3)判定适用条件并求 M_u 值：

第一类 T 形截面：$A_s \geqslant A_{s,min} = \rho_{min} bh_0$，$M_u = \alpha_1 f_c b'_f x\left(h_0 - \dfrac{x}{2}\right)$。

第二类 T 形截面：$x \leqslant \xi_b h_0$，$M_u = \alpha_1 f_c bx\left(h_0 - \dfrac{x}{2}\right) + \alpha_1 f_c (b'_f - b) h'_f\left(h_0 - \dfrac{h'_f}{2}\right)$。

(4)判断是否安全。

满足 $\gamma_0 M \leqslant M_u$ 时安全，不满足为不安全。

【例题 3-10】 T 形截面梁的截面尺寸配筋图如图 3.36 所示，$A_s = 2\ 281\ mm^2$。该梁所用材料：混凝土为 C20，钢筋为 HRB335 级，截面设计弯矩 $M = 460\ kN \cdot m$，构件安全等级为二级。试验算正截面是否满足承载能力的要求。

解：因混凝土为 C20，查表 2.3 可知，$f_c = 9.6\ N/mm^2$；查表 3.5 可知，$\alpha_1 = 1.0$；因钢筋为 HRB335 级受拉钢筋，查表 2.9 可知，$f_y = 300\ N/mm^2$；受拉钢筋为 6Φ22，查附表 1 可知，$A_s = 2\ 281\ mm^2$；查表 3.6 可知，$\xi_b = 0.550$；查表 3.7 可知，$\rho_{min} = 0.2\%$。构件的安全等级为二级，$\gamma_0 = 1.0$。

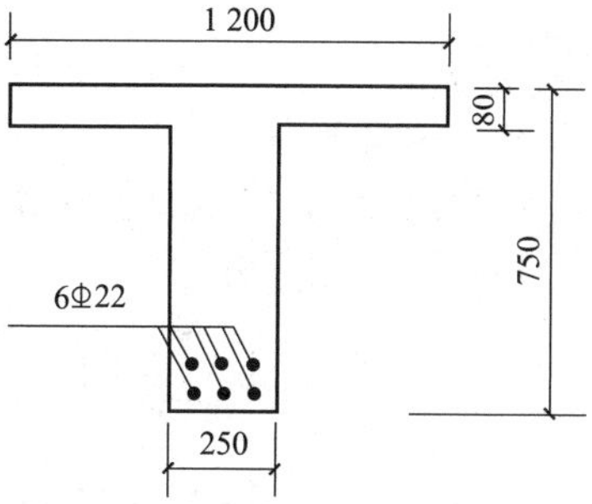

图 3.36　配筋图(单位：mm)

(1)判别截面类别

假定 $a_s = 60\ mm$，计算梁的有效高度 $h_0 = 750 - 60 = 690(mm)$。

$f_y A_s = 300 \times 2\ 281 = 684\ 300(N) < \alpha_1 f_c b'_f h'_f = 1.0 \times 9.6 \times 1\ 200 \times 80 = 921\ 600\ (N)$

所以，属于第一类 T 形截面。

(2)按第一类 T 形截面计算受压区高度 x

根据公式(3.32)有

$$x = \frac{A_s f_y}{\alpha_1 f_c b'_f} = \frac{2\ 281 \times 300}{1.0 \times 9.6 \times 1\ 200} = 59.4(mm) < \xi_b h_0 = 0.550 \times 690 = 379.5(mm)$$

根据公式(3.12)有

$$\rho = \frac{A_s}{bh_0} = \frac{2\ 281}{250 \times 690} = 1.32\% \geqslant \rho_{min} = 0.2\%$$

所以，梁处于适筋状态。

(3) 按第一类 T 形截面计算截面抵抗矩 M_u

根据公式(3.33)得 $M_u = \alpha_1 f_c b'_f x\left(h_0 - \dfrac{x}{2}\right) = 1.0 \times 9.6 \times 1\ 200 \times 59.4 \times \left(690 - \dfrac{59.4}{2}\right)$

$$= 451.8(kN \cdot m)$$

(4)判断

根据公式(3.8)有

$$M_u = 451.8\ kN \cdot m < \gamma_0 M = 1.0 \times 460 = 460(kN \cdot m)$$

所以，该梁不安全。

【例题 3-11】 已知 T 形截面梁的截面尺寸钢筋图如图 3.37 所示($A_s=2\ 663\ mm^2$)。该梁所用材料:混凝土为 C20,钢筋为 HRB335 级,截面设计弯矩 $M=355\ kN\cdot m$,构件安全等级为二级。试验算正截面是否满足承载能力的要求。

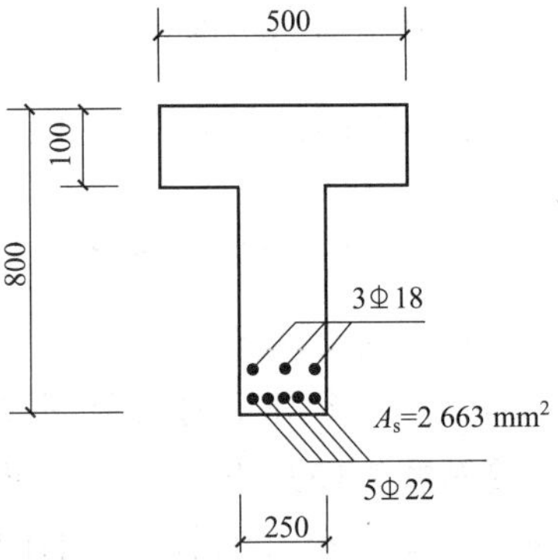

图 3.37 配筋图(单位:mm)

解:因混凝土为 C20,查表 2.3 可知,$f_c=9.6\ N/mm^2$;查表 3.5 可知,$\alpha_1=1.0$;因钢筋为 HRB335 级,查表 2.9 可知,$f_y=300\ N/mm^2$;查表 3.6 可知,$\xi_b=0.550$;查表 3.7 可知,$\rho_{min}=0.2\%$。构件的安全等级为二级,$\gamma_0=1.0$。

(1)判别截面类别

假定 $a_s=60$ mm,计算梁的有效高度 $h_0=800-60=740$(mm)。

$$f_yA_s=300\times2\ 663=798\ 900\ N>\alpha_1 f_c b_f' h_f'$$
$$=1.0\times9.6\times500\times100=480\ 000(N)$$

所以,属于第二类 T 形截面。

(2)按第二类 T 形截面计算受压区高度 x

根据公式(3.34)有

$$x=\frac{A_sf_y-\alpha_1 f_c(b_f'-b)h_f'}{\alpha_1 f_c b}=\frac{2\ 663\times300-1.0\times9.6\times(500-250)\times100}{1.0\times9.6\times250}=233(mm)$$

$$x=233\ mm<\xi_b h_0=0.550\times740=407(mm)$$

该梁处于适筋状态。

(3)按第二类 T 形截面计算截面抵抗矩 M_u

根据公式(3.35)有

$$M_u=\alpha_1 f_c bx\left(h_0-\frac{x}{2}\right)+\alpha_1 f_c(b_f'-b)h_f'\left(h_0-\frac{h_f'}{2}\right)$$

$$=1.0\times9.6\times250\times233\times(740-\frac{233}{2})+1.0\times9.6\times(500-250)\times100\times\left(740-\frac{100}{2}\right)$$

$$=514(kN\cdot m)$$

(4)判断

由于 $M_u=514\ kN\cdot m>\gamma_0 M=1.0\times355=355(kN\cdot m)$,所以,该梁安全。

2)截面设计

在截面尺寸 b_f'、h_f'、b 和 $h(h_0)$,混凝土强度等级及承载弯矩 M 均为给定的情况下,要求确定所需的受拉钢筋截面面积 A_s。

与单筋矩形截面、双筋矩形截面类似,为了保证所设计的截面在给定弯矩作用下不发生破坏,要求截面的承载力不低于其所承受的弯矩,即:$M_u\geqslant\gamma_0 M$。因此,应按以下步骤进行计算。

(1)首先判别截面类型

当 $M\leqslant\alpha_1 f_c b_f' h_f'\left(h_0-\frac{h_f'}{2}\right)$时,即 $x\leqslant h_f'$,属于第一类 T 形截面(假 T 形);

当 $M>\alpha_1 f_c b_f' h_f'\left(h_0-\frac{h_f'}{2}\right)$时,即 $x>h_f'$,属于第二类 T 形截面(真 T 形)。

(2)求 A_s 值

第一类 T 形可按 $b_f'\times h$ 的矩形截面计算,步骤如下所示:

$$\alpha_s=\frac{M}{\alpha_1 f_c b h_0^2}\longrightarrow \gamma_s=0.5(1+\sqrt{1-2\alpha_s})\longrightarrow A_s=\frac{M}{f_y\gamma_s h_0}$$

第二类T形由公式(3.35),结合系数法,可得

$$\alpha_s=\frac{M-\alpha_1 f_c(b_f'-b)h_f'\left(h_0-\frac{h_f'}{2}\right)}{\alpha_1 f_c b h_0^2}$$

$$\xi=1-\sqrt{1-2\alpha_s}$$

$$x=\xi h_0$$

$$A_s=\frac{\alpha_1 f_c b x+\alpha_1 f_c(b_f'-b)h_f'}{f_y}$$

(3)验算适用条件

第一类T形满足：　$A_s\geqslant A_{s,\min}=\rho_{\min}bh$

第二类T形满足：　$x\leqslant\xi_b h_0$

【例题3-12】 一肋形楼盖的次梁，弯矩设计值$M=450$ kN·m，梁的截面尺寸$b\times h=200$ mm×600 mm,$b_f'=1\ 000$ mm,$h_f'=90$ mm,混凝土等级为C20;钢筋采用HRB335,环境类别为一类,$a_s=65$ mm,求受拉钢筋截面面积A_s。

解： 因混凝土为C20,查表2.3可知,$f_c=9.6\ \text{N/mm}^2$;查表3.5可知,$\alpha_1=1.0$;因钢筋为HRB335级受拉钢筋,查表2.9可知,$f_y=300\ \text{N/mm}^2$;查表3.6可知,$\xi_b=0.550$。

(1)判断截面类型

$a_s=65$ mm,梁的有效高度$h_0=600-65=535$(mm)。

$$\alpha_1 f_c b_f' h_f'\left(h_0-\frac{h_f'}{2}\right)=1.0\times9.6\times1\ 000\times90\times\left(535-\frac{90}{2}\right)$$
$$=423.4(\text{kN}\cdot\text{m})<M=450\ \text{kN}\cdot\text{m}$$

属于第二种类型的T形截面。

(2)求A_s值

$$\alpha_s=\frac{M-\alpha_1 f_c(b_f'-b)h_f'\left(h_0-\frac{h_f'}{2}\right)}{\alpha_1 f_c b h_0^2}$$

$$=\frac{450\times10^6-1.0\times9.6\times(1\ 000-200)\times90\times\left(535-\frac{90}{2}\right)}{1.0\times9.6\times200\times535^2}=0.203$$

$$\xi=1-\sqrt{1-2\alpha_s}=0.229$$

$$x=\xi h_0=0.229\times535=122.52(\text{mm})$$

$$A_s=\frac{\alpha_1 f_c b x+\alpha_1 f_c(b_f'-b)h_f'}{f_y}$$

$$=\frac{1.0\times9.6\times200\times122.52+1.0\times9.6\times(1\ 000-20)\times90}{300}=3\ 606.53(\text{mm}^2)$$

(3)受拉钢筋截面面积A_s

根据钢筋面积和构造要求,选用3Φ28+3Φ25($A_s=3\ 320\ \text{mm}^2$)。

三、相关案例——某简支梁桥矩形截面及纵向受拉钢筋设计

某一桥梁中的钢筋混凝土矩形截面简支梁的计算跨度 $l_0=5.7$ m，承受均布荷载，其中永久荷载标准值为 10 kN/m(不包括梁自重)，可变荷载标准值为 9.5 kN/m，梁的自重荷载标准值为 2.5kN/m，结构的安全等级为二级，环境类别为一类，试确定梁的截面尺寸和纵向受拉钢筋数量。

解：桥梁为简支梁，查表 3.1 得主梁的最小截面高度$\dfrac{l_0}{12}=\dfrac{5\ 700}{12}=475$，取 $h=500$ mm。

根据构造要求取 $b=\dfrac{1}{3}h=\dfrac{500}{3}$，取 $b-200$ mm，$g=1.2\ g_k=12$ kN/m ，$q=1.4\ q_k=13.3$ kN/m，自重 $g'=1.2g'_k=1.2\times2.5=3$(kN/m)。

荷载设计值：　　$g+q+g'=12+13.3+3=28.3$(kN/m)

跨中弯矩设计值：　　$M=\dfrac{1}{8}(g+q+g')l_0^2\approx115$(kN · m)

假设采用 C25 混凝土，查表 2.3 和表 2.4 得 $f_c=11.9$ MPa，$f_t=1.27$ MPa。假设采用 HRB400 钢筋，查表 2.9 得 $f_y=360$ MPa。

假定纵筋排一排，$h_0=h-35=465$(mm)，根据公式(3.16)有

$$\alpha_s=\frac{M}{\alpha_1 f_c bh_0^2}=\frac{115\times10^6}{1\times11.9\times200\times465^2}\approx0.223$$

根据公式(3.17)有

$$\xi=1-\sqrt{1-2\alpha_s}\approx0.256<\xi_b=0.550\text{(满足最大配筋要求)}$$

根据公式(3.19)有

$$A_s=\frac{\alpha_1 f_c b\xi h_0}{f_y}=\frac{1\times11.9\times200\times0.256\times465}{360}=786.99(\text{mm})^2>\rho_{\min}bh_0$$
$$=0.002\times200\times465=186(\text{mm}^2)$$

满足最小配筋率要求，故选用 4Φ16($A_s=804$ mm^2)。

学习项目四　受弯构件斜截面承载力的性能

一、引　　文

构件在轴向力 N 或弯矩 M 作用下所发生的破坏是正截面破坏。正截面破坏只考虑在单一的作用效应(N 或 M)下构件截面处于承载能力极限状态时的受力特征及计算问题。在实际工程结构中，大多数钢筋混凝土构件还承受剪力 V，受弯构件在弯矩和剪力共同作用的区段常常产生斜裂缝，并可能沿斜截面发生破坏。斜截面破坏带有脆性破坏性质，应当避免。斜截面破坏包括斜截面受剪破坏和斜截面受弯破坏。为防止斜截面受剪破坏，一般需要对构件配置与杆件轴线相垂直的箍筋，有时还需要把纵筋弯起，使其与构件轴线成一定角度，另外还要通过构造或计算来避免斜截面受弯破坏。在工程设计时必须进行受弯构件斜截面承载力的计算。

现有的斜截面承载力计算公式是综合大量试验结果得出的。本项目学习中应熟悉无腹筋梁斜裂缝出现前后的应力状态;掌握剪跨比的概念、无腹筋梁斜截面受剪的3种破坏形态以及腹筋对斜截面受剪破坏形态的影响;熟练掌握矩形、T形和I字形等截面受弯构件斜截面受剪承载力的计算方法及限制条件;熟悉受弯构件钢筋的布置、梁内纵筋的弯起、截断及锚固等构造要求。

二、相关理论知识

(一)斜截面的受力分析

矩形截面简支梁,在对称集中荷载作用下(图3.38),当忽略梁的自重时,在区段CD内仅有弯矩作用,称为纯弯区段;在支座附近的AC和DB区段内有弯矩和剪力的共同作用,称为剪弯区段。构件在跨中正截面抗弯承载力有保证的情况下,有可能在剪力和弯矩的联合作用下,在支座附近的剪弯区段发生沿斜截面的破坏。

为了初步探讨截面破坏的原因,现按材料力学的方法绘出该梁在荷载作用下的主应力迹线,如图3.39(a)所示,其中实线为主拉应力迹线,虚线为主压应力迹线。从截面1-1的中和轴、受压区和受拉区分别取出一个微元体,如图3.39(b)所示,对于匀质弹性体的梁来说,当主拉应力或主压应力达到材料的抗拉或抗压强度时,将引起构件截面的开裂和破坏。对于钢筋混凝土梁,由于混凝土的抗拉强度很低,因此随着荷载的增加,当主拉应力值超过混凝土抗拉强度时,将首先在达到该强度的部位产生裂缝,其裂缝走向与主拉应力的方向垂直,故是斜裂缝。在通常情况下,斜裂缝往往是由梁底的弯曲裂缝发展而成的,称为弯剪型斜裂缝,如图3.39(c)所示;当梁的腹板很薄或集中荷载至支座距离很小时,斜裂缝可能首先在梁腹部出现,称为腹剪型斜裂缝,如图3.39(d)所示。斜裂缝的出现和发展使梁内应力的分布和数值发生变化,最终导致在剪力较大的近支座区段内不同部位的混凝土被压碎或拉坏而丧失承载能力,即发生斜截面破坏。斜截面破坏往往带有脆性性质,即破坏来得突然,缺乏明显的预兆。因此,在实际工程中应当避免。

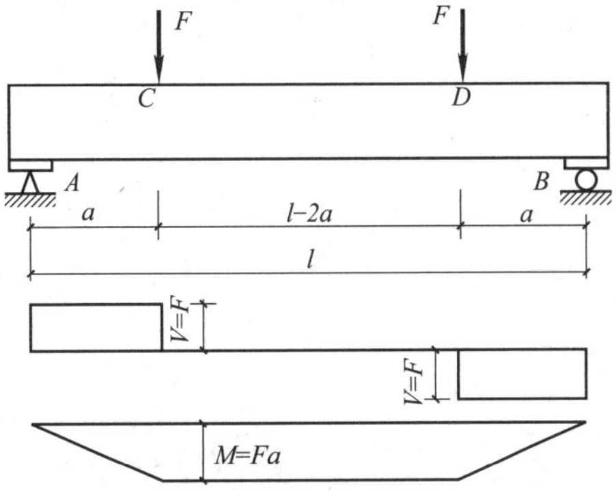

图3.38　对称加载简支梁

为了防止斜截面破坏,梁中需设置与梁轴垂直的箍筋,必要时还可以采用由纵筋弯起而成的弯起钢筋。弯起钢筋的弯起角度一般为45°,箍筋和弯起钢筋统称为腹筋。纵筋、箍筋、弯起钢筋以及绑扎箍筋所需的架立钢筋,构成受弯构件的钢筋骨架,如图3.40所示。

有箍筋、弯筋和纵筋的梁称为有腹筋的梁。无箍筋、弯筋,仅设置纵筋的梁称为无腹筋的梁。实际工作中,除了截面高度很小的梁以外,一般均设计成有腹筋的梁。

在截面高度沿梁长方向没有突变的构件中,为了避免出现斜截面的弯曲破坏,一般不需要进行专门的计算,而只需在确定纵向受拉钢筋沿梁长的布置方式及伸入支座的锚固长度时满足若干构造规定就可以了。只有截面高度在剪弯区段内有突变的构件中,才需要对有突变的最不利斜截面进行抗弯承载力计算。

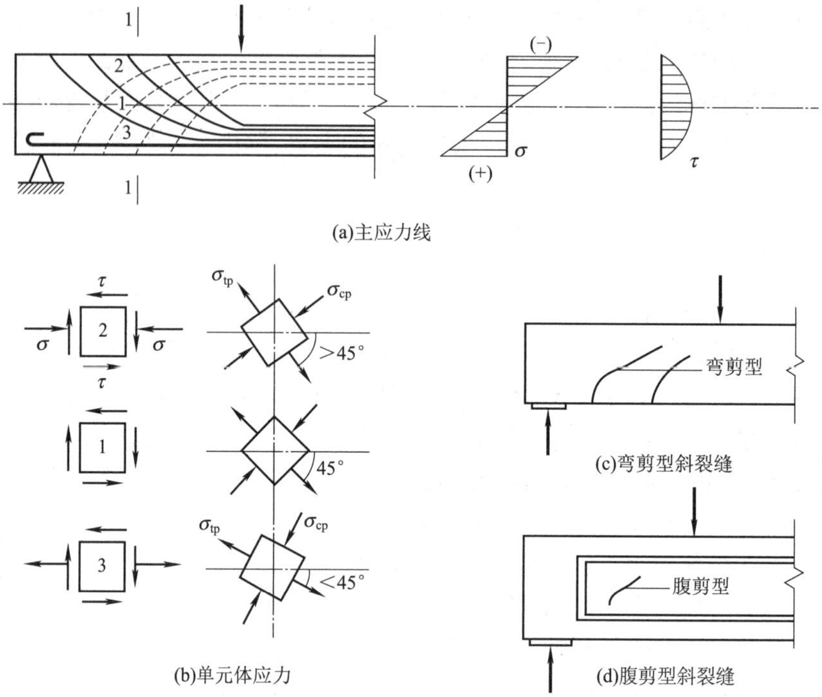

(a)主应力线

(b)单元体应力

(c)弯剪型斜裂缝

(d)腹剪型斜裂缝

图 3.39 梁的应力状态和斜裂缝形态

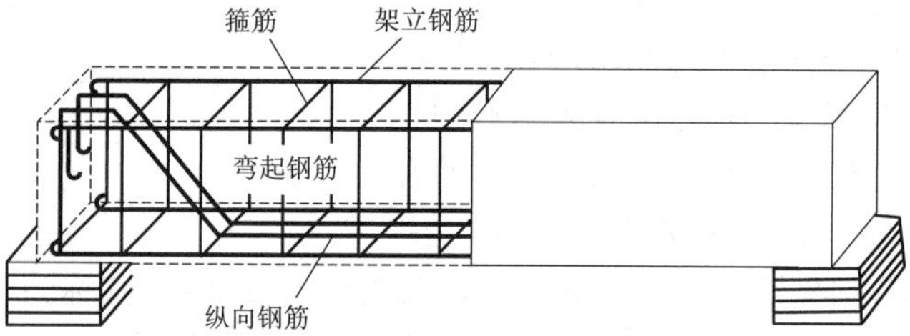

图 3.40 箍筋和弯起钢筋

(二)斜截面的破坏形态

大量试验研究表明,梁沿斜截面破坏的形态有多种。根据梁剪弯区段开裂后的受力情况和破坏特征,其中主要有斜拉破坏、剪压破坏和斜压破坏等三种破坏形态。这三种破坏形态主要与剪跨比和腹筋含量关系最为密切。大量的试验研究表明,受弯构件的抗剪承载能力与构件中的弯矩和剪力组合情况有关。剪跨比(λ)是个无量纲参数,有广义和狭义之分。

广义的剪跨比:该截面所承受的弯矩 M 和剪力 V 的相对比值。

$$\lambda=\frac{M}{Vh_0} \tag{3.36}$$

式中 λ——剪跨比;

M、V——梁中计算截面的弯矩和剪力设计值;

h_0——截面的有效高度。

狭义的剪跨比:集中荷载作用点处至邻近支座的距离与截面有效高度 h_0 的比值。

$$\lambda=\frac{a}{h_0} \tag{3.37}$$

式中 a——集中荷载作用点至邻近支座的距离,称为剪跨,如图 3.41 所示。

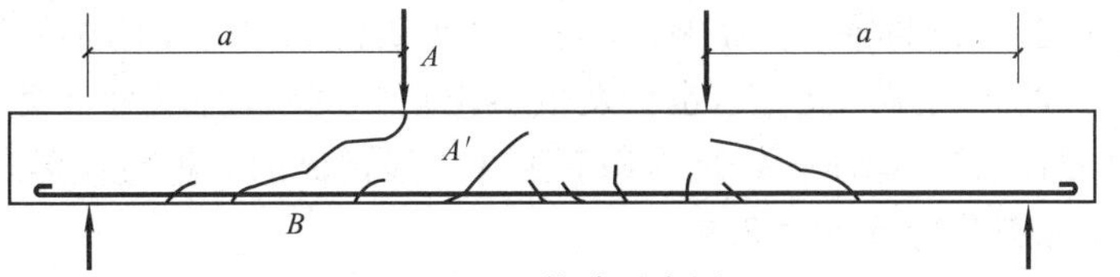

图 3.41　剪跨示意图

1. 无腹筋梁斜截面破坏的主要形态

试验表明，无腹筋梁斜截面破坏的形态取决于剪跨比 λ 的大小，破坏形态大致有如下三种：

(1)斜拉破坏，如图 3.42(a)所示：发生于剪跨比 $\lambda>3$ 时，斜裂缝一出现后，就迅速延伸到集中荷载作用点处，使梁沿斜向拉裂成两部分而突然破坏。斜拉破坏主要是由于主拉应力产生的拉应变超过混凝土的极限拉应变而发生的，破坏面整齐无压碎痕迹。这时的斜截面受剪承载力主要取决于混凝土的抗拉强度，故受剪承载力较低。

斜拉破坏时的破坏荷载一般只稍高于斜裂缝出现时的荷载。

(2)剪压破坏，如图 3.42(b)所示：发生于 $1\leqslant\lambda\leqslant3$ 时，弯剪斜裂缝可能不止一条，当荷载增大到某一值时，在几条弯剪裂缝中将形成一条主要的斜裂缝，称为临界斜裂缝。临界斜裂缝出现后，梁还能继续增加荷载。最后，剩余截面缩小，上端混凝土被压碎而造成破坏。破坏处可看到很多平行的短裂缝和混凝土碎渣。

剪压破坏主要是由于剩余截面上混凝土在剪应力、水平方向的压应力以及由集中荷载加载点处的竖向局部压应力等共同作用下而破坏的。与斜拉破坏相比，剪压破坏时梁的承载力较高。

(3)斜压破坏，如图 3.42(c)所示：发生于 $\lambda<1$ 时。由于受到支座反力和荷载引起的单向直接压力的影响，在梁腹部出现若干条大体相平行的斜裂缝，随着荷载的增加，梁腹部被这些斜裂缝分割成几个倾斜的受压柱体，最后它们沿斜向受压破坏。破坏时，斜裂缝多而密，在梁腹部发生类似于斜向短柱压坏的现象，故称为斜压破坏。

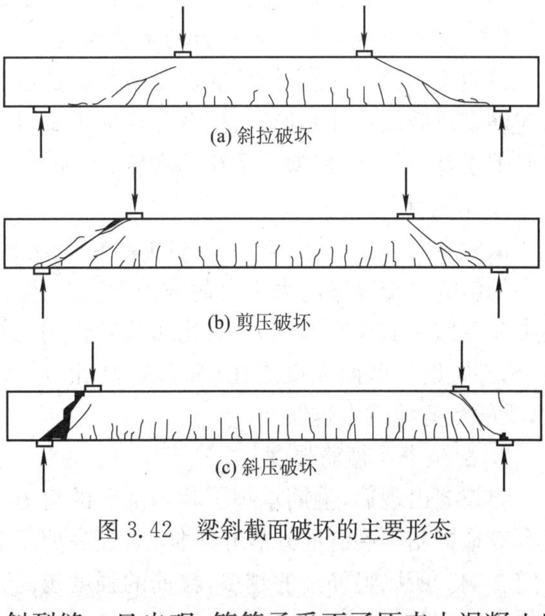

(a) 斜拉破坏

(b) 剪压破坏

(c) 斜压破坏

图 3.42　梁斜截面破坏的主要形态

以上三种破坏形态都属于脆性破坏类型，而其中斜拉破坏更突然一些。

2. 有腹筋梁斜截面破坏的主要形态

有腹筋梁斜截面破坏的主要形态大致也有斜拉破坏、剪压破坏和斜压破坏三种，但箍筋的配置数量对其破坏形态有很大的影响。

当 $\lambda>3$，且箍筋配置数量又过少时，因为斜裂缝一旦出现，箍筋承受不了原来由混凝土所负担的拉力，故箍筋立即屈服，不能限制斜裂缝的开展，因此与无腹筋梁相似，仍将发生斜拉破坏。如果 $\lambda>3$，但箍筋配置数量适当的话，则可避免斜拉破坏，而转为剪压破坏。这是因为斜裂缝产生后，箍筋的受力限制了斜裂缝的开展，使荷载仍能有较大的增长。当箍筋屈服后，已不能再控制斜裂缝的开展，从而导致剩余截面缩小，剪压区的混凝土在剪压作用下达到极限强度，发生剪压破坏。

如果箍筋配置过多，箍筋将不会屈服，如同本单元项目二中的超筋梁那样，梁将产生斜压破坏，当梁腹过薄时，即使剪跨比较大，也会发生斜压破坏现象，所以对有腹筋梁，只要截面尺寸合适，箍筋数量配置适当，剪压破坏是斜截面破坏中最常见的一种破坏形态。梁沿斜截面破坏的三个主要破坏形态及特点见表 3.9。

表 3.9　梁沿斜截面剪切破坏的主要形态及其特点

主要破坏形态		斜拉破坏	剪压破坏	斜压破坏
产生条件	无腹筋梁	$\lambda>3$	$1\leqslant\lambda\leqslant3$	$\lambda<1$
	有腹筋梁	箍筋过少，且 $\lambda>3$	箍筋适量	箍筋过多或梁腹过薄
破坏特点		沿斜裂缝上、下突然拉裂	剪压区压碎	支座处形成斜向短柱压坏
破坏类型		脆性破坏	脆性破坏	脆性破坏
截面抗剪能力		破坏荷载只稍高于斜裂缝出现时的荷载，故抗剪能力最低	破坏荷载比斜裂缝出现时的大，抗剪能力比斜拉破坏的大	抗剪能力比剪压破坏的大

由表中可看出，为了保证有腹筋梁的斜截面受剪承载力，防止发生斜拉、斜压和剪压破坏，通常在设计中，分别采取以下措施：

(1)箍筋不能过少，应使配箍率不小于最小配箍率以防止斜拉破坏，这与正截面设计时应使 $\rho\geqslant\rho_{\min}$ 是相似的；

(2)截面尺寸不能过小，应满足截面限制条件的要求，以防止斜压破坏，否则即使腹筋配置很多也不能发挥其强度，这与正截面设计时应使 $\rho\leqslant\rho_{\max}$ 也是相似的；

(3)对于常遇的剪压破坏，则应通过计算，确定其腹筋配置。

(三)影响斜截面受剪承载力的主要因素

试验表明，影响受弯构件受剪承载能力的因素很多，如混凝土强度、配箍情况、剪跨比、纵向配筋率及截面尺寸和形式、荷载作用的形式、混凝土骨料的品种等。但在设计计算中考虑的主要因素有剪跨比、配箍率及箍筋强度、纵配筋率和混凝土强度。

1. 剪跨比

试验表明，对于承受集中荷载的梁，剪跨比越大，梁的受剪承载力越低。剪跨比对受剪承载力的影响与配箍率的大小及荷载种类有关：配箍率小时，剪跨比影响较大，反之影响较小；对集中荷载作用的梁影响较大，对均布荷载作用的梁影响较小。因此对于承受均布荷载作用的梁，构件跨度与截面高度之比(简称跨高比)l_0/h 是影响受剪承载力的主要因素。跨高比越大，梁的受剪承载力越低。

2. 配箍率及箍筋强度

斜裂缝出现后，箍筋承担了相当部分的剪力，这是因为箍筋不仅直接承担部分剪力，而且能有效地抑制斜裂缝的开展和延伸，对提高剪压区混凝土的受剪能力和纵筋的销栓作用都有一定影响。所以箍筋配的越多，箍筋的强度越高，梁的受剪承载力也越高。配箍量一般用配箍率来表示，即

$$\rho_{sv}=\frac{nA_{sv1}}{bs} \tag{3.38}$$

式中　ρ_{sv}——配箍率；

n——箍筋的肢数；

A_{sv1}——单肢箍筋的截面面积；

b——梁截面的宽度或腹板宽度；

s——箍筋的间距。

试验表明，当其他条件相同时，梁的受剪承载力与箍筋的配箍率和强度，两者大致呈线性关系。但是配箍率过高，在箍筋未达屈服强度之前，梁即发生抗剪破坏。可见，当箍筋数量增加到一定程度以后，梁的受剪承载力就不再提高，因此此时斜截面受剪承载力由混凝土抗压强度控制。

3. 纵配筋率

在其他条件相同时，纵向钢筋配筋率越大，斜截面承载力也越大。试验表明，二者也大致呈线性关系。这是因为，纵筋配筋率越大则破坏时的剪压区高度越大，从而提高了混凝土的抗剪能力；同时，纵筋可以抑制斜裂缝的开展，增大斜裂面间的骨料咬合作用；纵筋本身的横截面也能承受少量剪力。

4. 混凝土强度

斜截面破坏是因混凝土达到极限强度而发生的，所以混凝土强度对梁的受剪承载力影响很大。

试验表明，混凝土强度越高，梁的受剪承载力也愈高。当其他条件（剪跨比、配箍率、纵筋配筋率及钢筋种类）相同时，梁的抗剪承载力与混凝土的抗压强度大致呈线性关系，但是，混凝土强度较高时，梁的抗剪承载力增长速度将减缓。

知识拓展——钢筋混凝土梁斜截面受剪性能的试验方法

根据试验梁最大承载能力，决定加载装置和加载方式。试验可采用三种不同规格的梁，其加载体系均采用反力架、千斤顶加载体系。加载装置如图 3.43 所示。

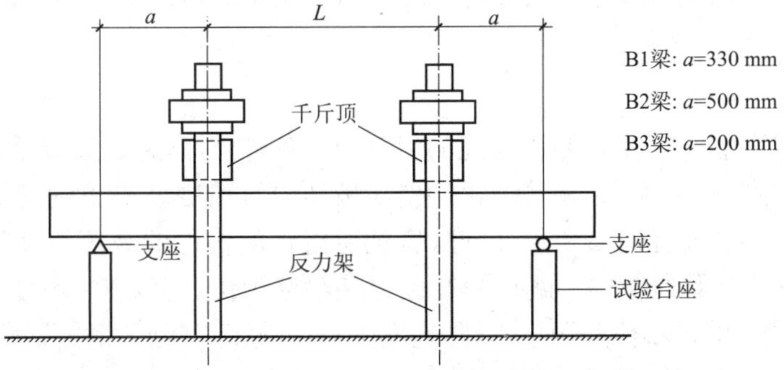

图 3.43 加载装置图

1. 试验梁安装要求

试验梁和支座的连接为简支。试验梁两端搁置在专门设计的支座上，保证梁在受力后，梁的一端能够转动而另一端能够水平移动，试验梁就位后，应保证几何尺寸位置的准确。

2. 测点布置

根据试验目的和要求，测点布置如图 3.44 所示。

3. 试验仪器和加载设备

① DH3818 型电阻应变仪，用于量测箍筋应变；

②百分表，用于量测挠度；

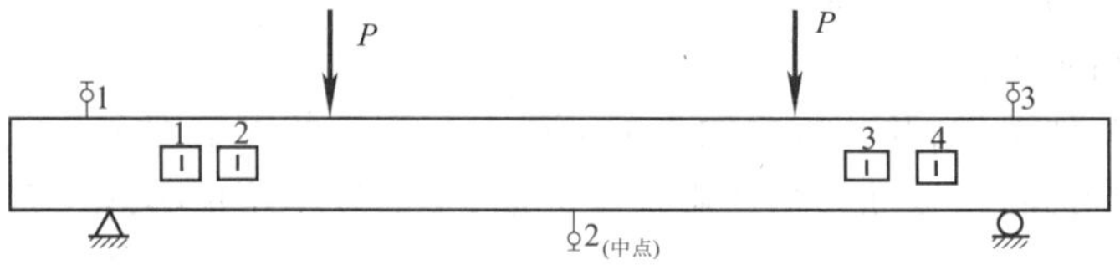

图 3.44　测点布置图

注:δ1、δ3 百分表量测试验梁支座沉降;δ2 百分表量测试验梁跨中挠度;1、2、3、4 为电阻片,量测试验梁箍筋应变。

③500kN 千斤顶,用于加荷。

4. 加荷方法

采取分级加荷,每级加载值一般取 5%～10%的破坏荷载。每次加载后间歇 5 min,使试件的变形趋于稳定后,按试验内容和要求量测数据,并认真做好记录,数据校核无误后,方可进行下一级加载。

5. 安全措施

在试验过程中,要服从统一指挥。随时注意观察加载装置和仪表运转是否正常,如发现偏差过大,应立即停止试验,待纠正后再继续加载,试件接近破坏时,应在试件下面安装安全支承,避免测试人员及仪表遭受不必要的损失,当加载超过 80%的破坏荷载后,应将易损仪表拆除。

6. 人员分工

加载 1 人,读百分表 3 人、记录 1 人,操作电阻应变仪 1 人、记录 1 人,寻找裂缝并量测裂缝宽度 1～3 人;负责安全 1 人,总指挥 1 人。

试验中要求正确记录各要求的数据,试验后整理试验数据,并写出试验报告。

学习项目五　受弯构件斜截面承载力的计算

一、引　　文

为了保证受弯构件不发生项目四所述的斜截面的各种破坏,通常通过承载能力计算、构造措施和截面限制条件三方面予以解决。由于斜压破坏时箍筋强度得不到发挥,而斜拉破坏又发生得过于突然,几乎没有任何预告,因此,应把所设计的构件的破坏类型限制为剪压破坏。为此,我们必须规定出梁的最大箍筋用量,以便避免箍筋用量过多,施工不便,和防止发生斜压破坏。同时规定梁中的最小箍筋用量,以防止发生斜拉破坏。然后,根据梁发生剪压破坏时的受力性能来确定其抗剪强度的计算方法。

当实际剪跨比或跨高比较小时,梁将发生斜压破坏,但这时梁的抗剪强度将比剪压破坏时高,因此不必担心其抗剪强度不足。在设计中通常也不去利用这种较高的抗剪强度,即抗剪强度仍按剪压破坏确定。这种处理是偏于安全的。设计中采用的斜截面抗剪强度计算公式应能反映发生剪压破坏的斜截面抗剪强度变化规律。本项目主要介绍受弯构件斜截面受剪承载力的计算和构造要求。

二、相关理论知识

(一)基本计算公式

我们从剪压破坏中取出临界斜裂缝左侧的梁段作为脱离体,则作用在破坏斜截面中的剪力由混凝土和穿过临界斜裂缝的所有箍筋和弯起钢筋承担。斜截面受剪承载力计算简图如图 3.45所示，斜截面的抗剪能力 V_u 可以表达为

$$V_u=V_c+V_s+V_{sb}=V_{cs}+V_{sb} \tag{3.39}$$

式中　V_c——混凝土剪压区所承受的总剪力；

V_s——穿过临界斜裂缝的所有箍筋承担的剪力；

V_{cs}——混凝土和穿过临界斜裂缝的所有箍筋共同承担的剪力；

V_{sb}——穿过临界斜裂缝的所有弯起筋承担的剪力。

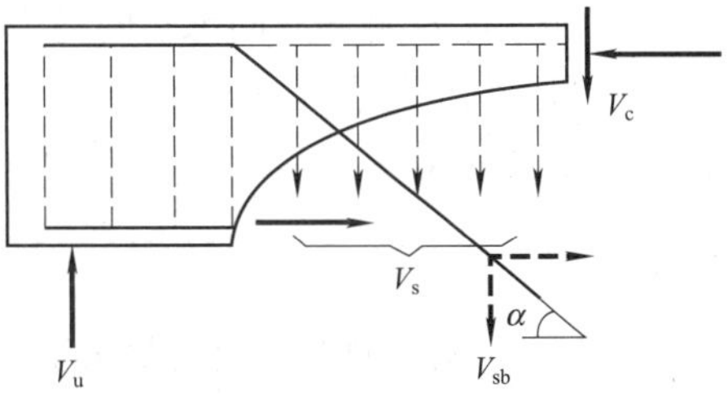

图 3.45　斜截面受剪承载力计算简图

混凝土承担的剪力主要由剪压区混凝土、骨料咬合作用以及纵筋销栓作用等部分组成。试验结果表明，这几部分抗剪能力并非彼此独立的变量，而是相互牵连的，而且与配箍率的大小有密切关系。例如，增加箍筋用量不仅会改变箍筋本身承担的那一部分剪力，而且还将使剪压区相应增大，因而由剪压区混凝土承担的剪力也会增加；箍筋用量增加后，破坏时的斜裂缝开展宽度将有所减小，故骨料咬合作用也会有所增加；箍筋间距加密后，纵筋销栓作用也将有所增加。因此，我们只能把斜截面抗剪承载能力 V_{cs} 作为一个整体来考虑，并通过对试验结果的分析找出影响它的主要因素，再根据大量实测的抗剪强度数据，拟合出能反映各个主要因素的综合影响效果的斜截面抗剪承载能力 V_{cs} 的计算公式。

由混凝土承担的各项剪力分量在受力过程中是不断变化的，特别是在箍筋应力达到屈服强度后，沿斜裂缝混凝土的骨料咬合作用和纵筋销栓作用都会急剧降低，故剪压区段破坏时的主要抗剪分量为剪压区混凝土和穿过临界斜裂缝的所有箍筋和弯起钢筋。

1. 无腹筋梁受剪承载力计算公式

影响无腹筋梁斜截面受剪承载力最主要的因素是剪跨比（当均布荷载作用时为跨高比），试验表明，受剪承载力总的趋势随着剪跨比（或跨高比）的增大而下降。

对无腹筋梁（不配置箍筋和弯起钢筋）的一般受弯构件，其斜截面受剪承载力应按下式计算：

$$V\leqslant V_u=0.7\beta_h f_t b h_0 \tag{3.40}$$

$$\beta_h=\left(\frac{800}{h_0}\right)^{\frac{1}{4}} \tag{3.41}$$

式中　V——构件斜截面上的最大剪力设计值；

f_t——混凝土轴心抗拉强度设计值；

β_h——截面高度影响系数，当 $h_0<800$ mm，取 $h_0=800$ mm；当 $h_0>2\ 000$ mm 时，取 $h_0=2\ 000$ mm。

试验表明，对于集中荷载作用下的无腹筋梁，在大剪跨比时按式（3.40）、式（3.41）进行计算所得的值偏高，必须将剪跨比的影响考虑在内。因此对集中荷载作用下的独立梁（包括作用有多种荷载，且其中集中荷载对支座截面或节点边缘所产生的剪力占该截面总剪力 75%以上的情况），则按下式计算：

$$V\leqslant V_u=\frac{1.75}{\lambda+1.0}\beta_h f_t b h_0 \tag{3.42}$$

式中　λ——计算截面的剪跨比，可取$\lambda=a/h_0$。a为计算截面至支座截面或节点边缘的距离，计算截面取集中荷载作用处的截面。当$\lambda<1.5$时，取$\lambda=1.5$；当$\lambda>3$时，取$\lambda=3$。此时，在计算截面与支座之间的箍筋应均匀配置。

应该指出的是，以上虽然给出了无腹筋梁受剪承载力的计算公式，但决不表示允许在设计中梁不配置腹筋。考虑到剪切破坏有明显的脆性，特别是斜拉破坏，斜裂缝一出现，梁即告破坏，单靠混凝土承受剪力是不安全的。除非有专门规定，一般无腹筋梁应按构造要求配置箍筋。

2. 混凝土和箍筋共同承担的剪力V_{cs}公式

(1)矩形、T形及工字形截面的一般钢筋混凝土梁，当仅配有箍筋时，其斜截面的受剪承载力应按下式计算：

$$V\leqslant V_u=V_{cs}=0.7f_tbh_0+1.25f_{yv}\frac{A_{sv}}{s}h_0 \tag{3.43}$$

式中　V——构件斜截面上的最大剪力设计值；

f_t——混凝土轴心抗拉设计强度值；

f_{yv}——箍筋的抗拉设计强度，可参见表2.9取值；

A_{sv}——配置在同一截面内箍筋各肢的全部截面面积，$A_{sv}=nA_{sv1}$，其中n为在同一截面内箍筋的肢数，A_{sv1}为单肢箍筋的截面面积；

s——沿构件长度方向箍筋的间距；

b——矩形截面的宽度，T形或工形截面的腹板宽度；

h_0——构件截面的有效高度。

(2)集中荷载作用下的独立梁(包括作用有多种荷载，且集中荷载对支座截面或节点边缘所产生的剪力占该截面总剪力75%以上的情况)：

$$V\leqslant V_u=V_{cs}=\frac{1.75}{\lambda+1.0}f_tbh_0+f_{yv}\frac{A_{sv}}{s}h_0 \tag{3.44}$$

式中　λ——计算截面的剪跨比，可取$\lambda=a/h_0$。a为计算截面至支座截面或节点边缘的距离，计算截面取集中荷载作用处的截面。当$\lambda<1.5$时，取$\lambda=1.5$；当$\lambda>3$时，取$\lambda=3$。此时，在集中荷载作用点与支座之间的箍筋应均匀配置。

必须指出，配置箍筋后混凝土所能承受的剪力与无箍筋时所能承受的剪力是不同的。虽然V_{cs}计算公式(3.43)和式(3.44)都采用了两项相加的形式，但这两项分别反映的是混凝土强度和箍筋数量对抗剪强度的综合影响。因此，把第一项简单的说成是混凝土的抗剪能力，而把第二项简单的说成是箍筋的抗剪能力是欠妥的。正确的理解是，由于箍筋限制了斜裂缝的开展，使剪压区面积增大，从而提高了混凝土承担剪力。所以公式前一项是指无腹筋梁混凝土承担的剪力；而对于有腹筋梁，混凝土承担的剪力要更大些，也即公式第二项中有一小部分是属于混凝土的作用的。

3. 弯起钢筋承担的剪力V_{sb}公式

如果在梁的剪弯区段中还配置有弯起钢筋，则根据试验结果，穿过临界斜裂缝中下部的弯起钢筋，都能达到屈服强度，但是在斜裂缝上部的弯起钢筋，其拉应力有可能达不到屈服强度。由斜截面受剪承载力计算简图可以看出，参与抗剪的是弯起钢筋的拉力在垂直方向的分力V_{sb}，考虑到弯起钢筋沿斜裂缝位置的不定性以及它在剪压破坏时不一定达到屈服的特点，还必须把弯起钢筋的垂直分力乘以一个小于1.0的强度折减系数K，一般取为0.8，于是斜截面

的抗剪强度就可以表达为

$$V_{sb}=Kf_yA_{sb}\sin\alpha_s=0.8f_yA_{sb}\sin\alpha_s \tag{3.45}$$

式中　f_y——弯起钢筋的抗拉强度设计值；

A_{sb}——与斜裂缝相交的配置在同一弯起平面内的弯起钢筋截面面积；

α_s——弯起钢筋与梁纵轴线的夹角，一般为45°，当梁截面超过800 mm时，通常为60°。

4. 梁受剪承载力计算公式

(1)仅配置箍筋时

$$V\leqslant V_u=V_{cs} \tag{3.46}$$

(2)配置箍筋和弯起钢筋时

$$V\leqslant V_u=V_{cs}+0.8A_{sb}f_y\sin\alpha_s \tag{3.47}$$

(二)基本计算公式的适用条件

梁的斜截面受剪承载力计算公式是根据剪压破坏的受力特征和试验结果得到的，没有考虑斜压与斜拉两种破坏情况。为防止上述两种破坏情况的发生，计算公式须确定两个限制条件：

1. 截面尺寸的限制条件(上限值)

为了防止由于配筋率过高而发生梁腹的斜压破坏，并控制使用荷载下的斜裂缝宽度，《混凝土结构设计规范》(GB 50010—2010)规定受弯构件的受剪截面应符合下列截面限制条件：

当 $h_w/b\leqslant4$ 时(厚腹梁，也即一般梁)：

$$V\leqslant0.25\beta_cf_cbh_0 \tag{3.48}$$

当 $h_w/b\geqslant6$ 时(薄腹梁)：

$$V\leqslant0.2\beta_cf_cbh_0 \tag{3.49}$$

当 $4<h_w/b<6$ 时，按线性内插法取用。

式中　h_w——截面腹板高度，矩形截面取有效高度 h_0，T形截面取有效高度 h_0 减去翼缘高度，工形截面取腹板净高；

β_c——混凝土强度影响系数，当混凝土强度等级不超过C50时，取 $\beta_c=1.0$；当混凝土强度等级等于C80时，取 $\beta_c=0.8$；其间按线性内插法取值；

b——矩形截面的宽度，当为T形截面或工形截面时，取腹板宽度。

对于薄腹梁，采用较严格的截面限制条件，是因为腹板在发生斜压破坏时，其抗剪能力要比厚腹梁低，同时也为了防止梁在使用阶段斜裂缝过宽。

以上各式表示了梁在相应情况下斜截面受剪承载力的上限值，相当于限制了梁所必须具有的最小界面尺寸。如果上述条件不能满足，则应加大梁截面尺寸或提高混凝土的强度等级。

2. 最小配箍率 $\rho_{sv,min}$(下限值)

为了防止发生斜拉破坏，所计算出的箍筋用量应满足下列条件：

$$\rho_{sv}\geqslant\rho_{sv,min}=0.24\frac{f_t}{f_{yv}} \tag{3.50}$$

在满足了最小配箍率的要求后，如果箍筋选得较粗而配置较稀，则可能因箍筋间距过大在两根箍筋之间出现不与箍筋相交的斜裂缝，使箍筋无法发挥作用。为了控制使用荷载下的斜裂缝宽度，并保证必要数量的箍筋穿越每一条斜裂缝。《混凝土结构设计规范》(GB 50010—2010)规定了构造要求的箍筋最大间距 s_{max}(见表3.10)，箍筋和弯起钢筋的间距均不应超过

s_{max}。此外，为了使钢筋骨架具有一定的刚性，便于制作安装，还规定了箍筋的最小直径。对截面高度大于 800 mm 的梁，其箍筋直径不宜小于 8 mm；对截面高度为 800 mm 及以下的梁，其箍筋直径不宜小于 6 mm；当梁中配有计算所需要的纵向受压钢筋时，箍筋的直径尚不小于 $d/4$(d 为纵向受压钢筋的最大直径)。

当梁承受的剪力较小而截面尺寸较大，即满足式(3.40)或式(3.42)时，则可以不进行斜截面受剪承载力计算，而按上述构造规定选配箍筋。

表 3.10 梁中箍筋的最大间距 s_{max}(mm)

梁高 h	$V>0.7f_tbh_0$	$V\leqslant 0.7f_tbh_0$
$150<h\leqslant 300$	150	200
$300<h\leqslant 500$	200	300
$500<h\leqslant 800$	250	350
$H>800$	300	400

(三)斜截面受剪承载力计算

在实际工程中受弯构件斜截面承载力的计算通常有两类问题，即截面设计和截面校核。

1. 计算截面

在计算斜截面的受剪承载力时，其计算部位应按下列规定采用：

(1)支座边缘处的截面 1-1，如图 3.46(a)所示；

(2)受拉区弯起钢筋弯起点处的截面 2-2，如图 3.46(a)所示；

(3) 受拉区箍筋数量与间距改变处的截面 3-3，如图 3.46(a)所示；

(4)腹板宽度改变处的截面 4-4，如图 3.46(b)所示。

以上这些斜截面都是受剪承载力较薄弱之处，计算时取这些截面内的最大剪力，即取斜截面起始端处的剪力设计值。

设计时，弯起钢筋距支座边缘距离 S_1 及弯起钢筋之间的距离 S_2 均不应大于箍筋最大间距 s_{max}(见表 3.10)，以保证可能出现的斜裂缝与弯起钢筋相交。

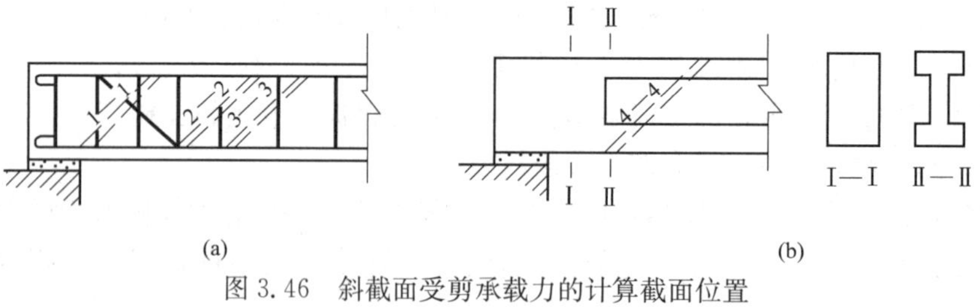

图 3.46 斜截面受剪承载力的计算截面位置

2. 截面设计

当已知截面尺寸、材料设计强度、截面设计剪力，要求确定腹筋的数量时，其计算可按下列步骤进行：

(1)确定受剪承载力计算的部位。

(2)验算截面尺寸。根据截面形状，按公式(3.48)或公式(3.49)验算截面尺寸，如不能满足要求时，应增大截面尺寸或提高混凝土强度等级。

(3)验算是否需要按计算配置腹筋。如果计算截面的剪力满足公式(3.40)或公式(3.42)的要求，则表明混凝土能承担斜截面的设计剪力 V，梁内可不配置腹筋。但是为了防止斜拉破坏，除高度 $h\leqslant 150$ mm 的小梁外，对其他任何情况，都应按构造要求配置箍筋，即 $\rho_{sv}\geqslant\rho_{sv,min}$，而且箍筋的间距及直径都应分别符合箍筋的最大间距 s_{max} 及箍筋的最小直径的要求。

如果计算截面的剪力不能满足式(3.40)或式(3.42)的要求，则梁内应按计算配置腹筋。根据具体情况，梁内的腹筋配置方式有如下两种情况：

① 仅配置箍筋的梁

由式(3.43)或式(3.44)可计算出沿梁轴方向单位长度上所需要的箍筋面积。

对矩形、T 形和工字形截面的一般受弯构件，沿梁轴方向单位长度上所需的箍筋面积为

$$\frac{A_{sv}}{s}=\frac{nA_{sv1}}{s}\geqslant\frac{V-0.7f_tbh_0}{1.25f_{yv}h_0} \tag{3.51}$$

对以集中荷载为主的独立梁，沿梁轴方向单位长度上所需的箍筋面积为

$$\frac{A_{sv}}{s}=\frac{nA_{sv1}}{s}\geqslant\frac{V-\dfrac{1.75}{\lambda+1.0}f_tbh_0}{f_{yv}h_0} \tag{3.52}$$

式中含有箍筋肢数 n、单肢箍筋截面积 A_{sv1}、箍筋间距 s 三个未知量，故设计时可根据具体情况，先由构造规定假设箍筋直径 d_{sv} 和箍筋肢数 n，然后计算箍筋间距 $s(\leqslant s_{max})$；也可先由构造规定确定箍筋的肢数和箍筋间距，然后计算箍筋的截面面积 A_{sv1} 和箍筋的直径 d_{sv} $(\geqslant d_{svmin})$。注意上述内容需满足最小配箍率的要求。

② 配置有箍筋和弯起钢筋的梁

在某些情况下(例如剪力很大)，如果仅用箍筋和混凝土抵抗剪力时，势必会使箍筋直径很大，间距很小，这不仅给施工造成一些麻烦，而且也不经济。为此，可利用弯起钢筋承担一部分剪力。

在利用式(3.47)计算弯起钢筋面积时，由于未知量太多，不能直接求出，因此可按仅配箍筋的梁进行计算。

根据前述构造要求，假设箍筋的直径间距和肢数，按式(3.43)或式(3.44)计算出箍筋与混凝土共同承担的剪力 V_{cs}。如果 $V_{cs}<V$，则需按计算设置弯起钢筋，即

$$A_{sb}\geqslant\frac{V-V_{cs}}{0.8f_y\sin\alpha_s} \tag{3.53}$$

第一排弯起钢筋上弯点距边缘的距离 S 应满足 50 mm$\leqslant S\leqslant s_{max}$，习惯上一般取 $S=50$ mm，弯起钢筋一般是由梁中纵向受拉钢筋弯起而成的，如果纵向受拉钢筋不能在计算需要的地方弯起，或由纵向钢筋弯起后不够抵抗剪力时，可补充单独的受剪弯起钢筋。单独的受剪弯起钢筋应采用“鸭筋”，而不能采用“浮筋”，如图 3.47 所示，否则一旦弯起钢筋滑动将使斜裂缝开展过大。

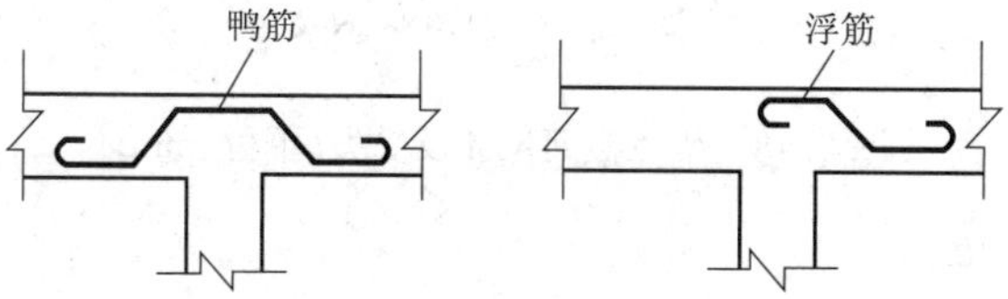

图 3.47　鸭筋与浮筋

配置有箍筋和弯起钢筋梁的具体计算步骤如下：

a. 确定计算截面和截面剪力设计值 V_{max}。

b. 验算截面尺寸是否足够。

$$h_w/b \leqslant 4 \text{ 为厚腹梁}, V \leqslant 0.25\beta_c f_c b h_0$$

$$h_w/b \geqslant 6 \text{ 为薄腹梁}, V \leqslant 0.2\beta_c f_c b h_0$$

c. 验算是否可以按构造配置箍筋。

满足 $V \leqslant V_c$ 按构造配置箍筋，不满足需要配置腹筋。

d. 当不能仅按构造配置箍筋时，按计算确定所需腹筋数量。

只配箍筋不配弯筋 $\quad V_{max} \leqslant 0.7 f_t b h_0 + 1.25 f_{yv} \dfrac{n A_{sv1}}{s} h_0$

配箍筋配弯筋 $\quad V_{sb} = 0.8 f_y A_{sb} \sin\alpha_s \qquad V_{cs} = V - V_{sb}$

e. 验算适用条件。

$$\rho_{sv} \geqslant \rho_{sv,min} = 0.24 \frac{f_t}{f_{yv}}$$

f. 绘出配筋图。

3. 截面校核

当已知材料强度、截面尺寸、腹筋配置情况、要求校核斜截面所能承受的剪力时，只要将已知数据代入式(3.46)或式(3.47)，即可求得解答。同时应注意复核梁截面尺寸及配箍率，并检验已配的钢筋直径和间距是否满足构造规定。

具体计算步骤：

(1)确定计算截面和截面剪力设计值；

(2)验算截面尺寸及配箍率；

(3)判断是否满足 $V_u \geqslant V$。

【例题 3-13】 一钢筋混凝土矩形截面简支梁两端支承在 240 mm 厚的砖墙上，梁净跨为 3.56 m，截面尺寸及纵筋数量图如图 3.48 所示，该梁承受均布荷载设计值为 96 kN/m(包括自重)，混凝土等级为 C25，箍筋为 HRB335，纵筋为 HRB400，$f_c = 11.9\ \text{N/mm}^2$，$f_t = 1.27\ \text{N/mm}^2$，$f_{yv} = 300\ \text{N/mm}^2$，$f_y = 360\ \text{N/mm}^2$，试求箍筋和弯起钢筋的数量。

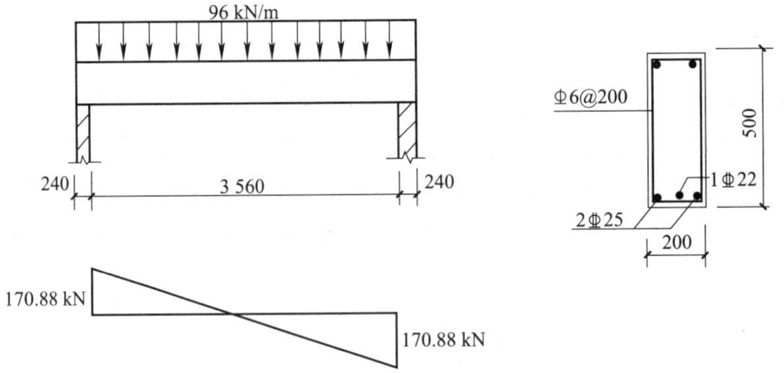

图 3.48 梁体截面尺寸及受力(单位：mm)

解：(1)求剪力设计值

最危险的截面在支座边缘处，以该处的剪力控制设计，剪力设计值为

$$V_{max} = \frac{1}{2} q l_0 = \frac{1}{2} \times 96 \times 3.56 = 170.88(\text{kN})$$

(2)验算截面尺寸

假定 $a_s = 35$ mm，则 $h_w = h_0 = h - a_s = 500 - 35 = 465(\text{mm})$。

根据截面尺寸的判定有　$\frac{h_w}{b}=\frac{465}{200}=2.325<4$

属厚腹梁，根据公式(3.48)验算

$$0.25\beta_c f_c bh_0=0.25\times1.0\times11.9\times200\times465=276\ 675(\mathrm{N})>V_{max}$$

截面符合要求。

(3)判断是否要按计算配置腹筋

根据公式(3.40)有

$$V_c=0.7\beta_h f_t bh_0=0.7\times1.0\times1.27\times200\times465=82\ 677(\mathrm{N})<V_{max}$$

需要按计算配置腹筋。

(4)腹筋计算

① 只配箍筋不配弯筋

根据公式(3.43)单位长度上所需的箍筋面积有

$$V_{max}\leqslant0.7f_t bh_0+1.25f_{yv}\frac{nA_{sv1}}{s}h_0$$

$$170\ 880\leqslant0.7\times1.27\times200\times465+1.25\times300\times\frac{nA_{sv1}}{s}\times465$$

$$\frac{nA_{sv1}}{s}\geqslant\frac{170\ 880-82\ 677}{174\ 375}=0.506$$

若选用双肢Φ8@180，则：$nA_{sv1}/s=2\times50.3/180=0.559>0.506$(可以)。

验算适用条件：根据公式(3.38)和式(3.50)知配箍率为

$$\rho_{sv}=\frac{nA_{sv1}}{bs}=\frac{2\times50.3}{200\times180}=0.279\%>\rho_{sv,min}=0.24\frac{f_t}{f_{yv}}=0.24\times\frac{1.27}{300}=0.1\%$$

②配箍筋又配弯起钢筋

根据已配置的纵向钢筋情况，可利用1Φ22以45°弯起，弯起钢筋承担的剪力根据公式(3.45)有

$$V_{sb}=0.8f_y A_{sb}\sin\alpha_s=0.8\times360\times380.1\times\frac{\sqrt{2}}{2}=77\ 406(\mathrm{N})$$

混凝土和箍筋应承担的剪力，根据公式(3.39)得

$$V_{cs}=V-V_{sb}=170\ 880-774\ 06=93\ 474(\mathrm{N})$$

选用2肢Φ6@200，则混凝土和箍筋实际承担的剪力，根据公式(3.43)有

$$V_{cs}=0.7f_t bh_0+1.25f_{yv}\frac{nA_{sv1}}{s}h_0$$

$$V_{cs}=82\ 677+1.25\times300\times\frac{2\times28.3}{200}\times465$$

$$=132\ 025(\mathrm{N})>93\ 474\mathrm{N}$$

箍筋设计满足要求。

该步骤也可先选定箍筋，由 $V=V_{cs}+V_{sb}$ 求 V_{sb}，再确定弯起钢筋面积 A_{sb}(此法略)。

(5)验算弯起钢筋弯起点处的斜截面(图3.49)

该处的剪力设计值为

$$V=170\ 880\times\frac{1.78-0.48}{1.78}=124\ 800(\mathrm{N})$$

$$<132\ 025\mathrm{N}(可以)$$

所以，该情况下配置箍筋Φ6@200 能够满足要求。

【例题 3-14】 已知一钢筋混凝土矩形截面简支梁受均布荷载作用，$l_0=4$ m，截面尺寸为 $b=200$ mm；$h=450$ mm 混凝土强度等级 C25，箍筋为 HRB335 型钢筋，仅配箍筋Φ 8 @150（双肢箍）。试求该梁斜截面所能承受的均布荷载设计值 q。

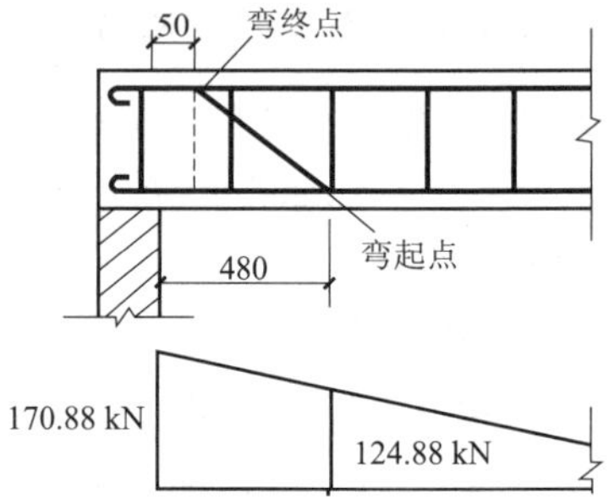

图 3.49　弯起钢筋弯起点

解：(1)确定计算参数：

查表可知，$f_c=11.9$ N/mm^2，$f_t=1.27$ N/mm，$f_{yv}=300$ N/mm^2；$A_{sv}=50.3$ mm^2。

查表得，$c=25$ mm，$a_s=c+d/2=35$ mm，则 $h_0=h-a_s=415$ mm。

(2)验算配箍率：

由公式(3—50)和公式(3—38)可知

$$\rho_{sv,min}=0.24\frac{f_t}{f_{yv}}=0.24\times\frac{1.27}{300}=0.102\ \%$$

$$\rho_{sv}=\frac{A_{sv}}{bs}=\frac{2\times50.3}{200\times150}=0.335\ \%>\rho_{svmin}，满足要求。$$

(3)计算斜截面承载力设计值 V_u：

由于构造要求都满足，故可用公式(3-43)求得

$$V_u=0.7f_tbh_0+1.25f_{yv}\frac{n\cdot A_{sv1}}{s}h_0$$

$$=0.7\times1.27\times200\times415+1.25\times300\times\frac{2\times50.3}{150}\times415$$

$$=178\ 159.5(\text{N})=178.159\ 5\ \text{kN}$$

(4)计算均布荷载设计值 q，因为是简支梁，故根据力学公式可得

$$q=\frac{2V_u}{l_0}=\frac{2\times178.159\ 5}{4}=89.08(\text{kN/m})$$

(5)验算截面限制条件：

$$\frac{h_w}{b}=\frac{415}{200}=2.08<4，属一般梁$$

利用公式(3-48)可得：

$0.25\beta_cf_cbh_0=0.25\times1.0\times11.9\times200\times415=246.9\ (\text{kN})>V_u=178.159\ 5$ kN

满足要求，故该梁可以承受的均布荷载设计值为 89.08 kN/m。

【例题 3-15】 已知有一钢筋混凝土矩形截面简支梁，安全等级二级，处于二类环境(a级)，两端在 240 mm 厚的砖墙上，梁的净跨为 3.5 m，矩形截面尺寸为 $b\times h=200$ mm$\times$450 mm，混凝土强度等级为 C25，箍筋采用 HPB300 级钢筋，弯起钢筋用 HRB335 级钢筋，在支座边缘截面配有双肢箍筋Φ8 @150，并有弯起钢筋 2Φ12，弯起角度为 45°。求该梁可承受的均布荷载设计值 p。

解：因混凝土为 C25，查表 2.3 和表 2.4 可知，$f_c=11.9$ N/mm^2，$f_t=1.27$ N/mm^2；查表 3.5可知，$\alpha_1=1.0$；因箍筋采用 HPB300 级钢筋，弯起钢筋为 HRB335 级钢筋，查表 2.9 可知，$f_{yv}=270$ N/mm^2′$f_y=300$ N/mm^2；查附表 1 得 $A_{sv1}=50.3$ mm^2，$A_{sb}=226$ mm^2。

(1)验算配箍率

计算梁的有效高度 h_0：$h_0=h-a_s=450-35=415$(mm)

根据公式(3.50)和公式(3.38)可知

$$\rho_{sv,min}=0.24\frac{f_t}{f_{yv}}=0.24\times\frac{1.27}{270}=0.113\%$$

$$\rho_{sv}=\frac{A_{sv}}{bs}=\frac{2\times50.3}{200\times150}=0.335\%>\rho_{svmin}，满足要求。$$

(2)计算斜截面承载力设计值 V_u

由于构造要求都满足，根据公式(3.43)和式(3.47)，可得

$$\begin{aligned}V_u&=V_{cs}+0.8A_{sb}f_y\sin\alpha_s\\&=0.7f_tbh_0+1.25f_{yv}\frac{A_{sv}}{s}h_0+0.8A_{sb}f_y\sin\alpha_s\\&=0.7\times1.27\times200\times415+1.25\times270\times\frac{50.3\times2}{150}\times415+0.8\times300\times226\times0.707\\&=206.08(\text{kN})\end{aligned}$$

(3)计算均布荷载设计值 p

因为是简支梁，故根据力学公式可得

$$p=\frac{2V_u}{l_0}=\frac{2\times206.08}{3.5}=117.76(\text{kN/m})$$

(4)验算截面限制条件

根据截面尺寸的判定有 $\frac{h_w}{b}=\frac{415}{200}=2.08<4$，属一般梁。根据公式(3.48)可有

$$\begin{aligned}0.25\beta_cf_cbh_0&=0.25\times1.0\times11.9\times200\times415\\&=246.9(\text{kN})>V_u=206.08\text{ kN}\end{aligned}$$

满足要求，故该梁可以承受的均布荷载设计值 p 为 117.76 kN/m。

【例题 3-16】 某一钢筋混凝土矩形截面简支梁的跨度为 4 m，截面尺寸 $b=200$ mm，$h=600$ mm，$h_0=565$ mm，承受荷载设计值如图 3.50(a)所示，采用 C30 混凝土，箍筋采用 HRB335 级，试确定箍筋的数量。

解：(1)求弯矩和剪力设计值

如图所示，根据剪力变化的情况，将梁分为 AC、CD、DE、EB 四个区段来计算。由于荷载对称，实际上只需考虑 AC、CD 两个区段。梁的内力图如图 3.50(b)所示。

(2)验算截面尺寸

根据截面尺寸的判定有 $h_w=h_0=565$ mm，$\frac{h_w}{b}=\frac{565}{200}=2.825<4$，所以属厚腹梁。

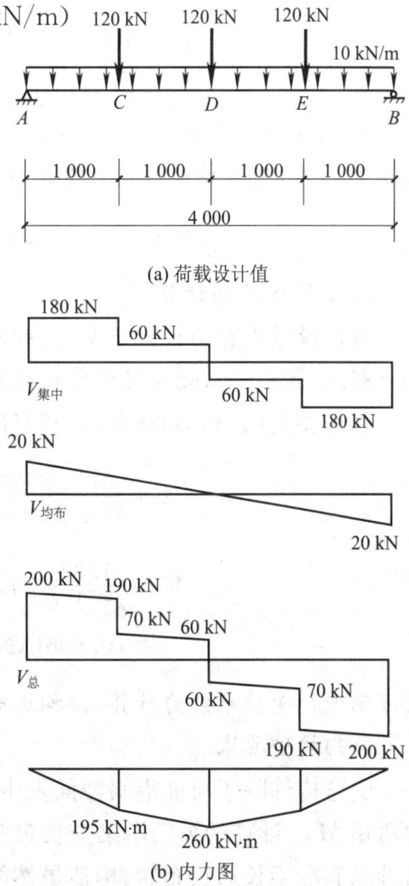

图 3.50　梁体受力图

(3)AC 区段的计算

该区段最大剪力设计值 $V_{max1}=200$ kN,集中荷载在支座截面产生的剪力占总剪力的 180/200=90%>75%,所以应考虑剪跨比的影响。根据公式(3.36)计算截面 C 处的剪跨比有

$$\lambda=\frac{M}{Vh_0}=\frac{195\times10^6}{190\times10^3\times565}=1.816$$

$$1.5<\lambda<3.0$$

根据公式(3.48)验算有

$0.25\beta_c f_c bh_0=0.25\times1.0\times14.3\times200\times565=403\ 975(\text{N})=403.975\ \text{kN}>V_{max1}=200\ \text{kN}$

截面尺寸满足要求。

根据公式(3.42)有

$$V_c=\frac{1.75}{\lambda+1.0}\beta_c f_t bh_0=\frac{1.75}{1.816+1.0}\times1.0\times1.43\times200\times565=100.42(\text{kN})<V_{max1}=200\ \text{kN}$$

根据公式(3.52)计算配置箍筋：

$$\frac{nA_{sv1}}{s}\geqslant\frac{V_{max1}-\dfrac{1.75}{\lambda+1.0}f_t bh_0}{f_{yv}h_0}$$

$$=\frac{200\times10^3-\dfrac{1.75}{1.816+1.0}\times1.43\times200\times565}{300\times565}=0.587(\text{mm}^2)$$

选Φ8 双肢箍,$A_{sv1}=50.3\ \text{mm}^2$,$n=2$,代入上式得 $s\leqslant171$ mm,实取 $s=150$ mm,满足表 3.10要求,符合构造规定。根据公式(3.50)验算配筋率：

$$\rho_{sv}=\frac{2\times50.3}{200\times150}=0.335\%>\rho_{sv,min}=0.24\times\frac{f_t}{f_{yv}}=0.24\times\frac{1.43}{300}=0.114\%(\text{满足要求})$$

(4)CD 区段的计算

该区段最大剪力设计值 $V_{max2}=70$ kN,集中荷载在 C 右截面产生的剪力占总剪力的 60/70=85.7%>75%,故应考虑剪跨比的影响。计算截面 D 处的剪跨比。

根据公式(3.36)和公式(3.42)得

$$\lambda=\frac{M}{Vh_0}=\frac{260\times10^6}{60\times10^3\times565}=7.67>3.0,\text{取}\ \lambda=3.0$$

$$V_c=\frac{1.75}{\lambda+1.0}\beta_c f_t bh_0=\frac{1.75}{3.0+1.0}\times1.0\times1.43\times200\times565$$

$$=70.696(\text{kN})>V_{max2}=70\ \text{kN}$$

故可不进行受剪承载力计算,按构造规定选Φ6 双肢箍筋,$s=s_{max}=250$ mm。

(四)构造要求

受弯构件除了可能沿斜截面发生受剪破坏外,还可能沿斜截面发生受弯破坏。如果按跨中弯矩 M_{max} 计算的纵筋沿梁全长布置,即不弯起也不截断,则必然会满足任何截面上的弯矩。这种纵筋沿梁长通长布置,构造虽然简单,但钢筋强度没有得到充分利用,不够经济。在实际工程中,一部分纵筋有时要弯起,有时要截断,这就有可能影响梁的承载力,特别是影响斜截面的受弯承载力。因此,需要掌握如何根据正截面和斜截面的受弯承载力来确定纵筋的弯起点

和截断的位置。

此外，梁的承载力还取决于纵向钢筋在支座的锚固，如果锚固长度不足，将引起支座处的黏结锚固破坏，造成钢筋的强度不能充分发挥而降低承载力。如何通过构造措施，保证钢筋在支座处的有效锚固，也是十分重要的。

1. 材料抵抗弯矩图

材料抵抗弯矩图是按照梁实配的纵向钢筋的数量计算并绘出的各截面所能抵抗的弯矩图。曲线 aob 表示设计弯矩图，如图 3.51 所示，按照最大弯矩计算，跨中须配置 2Φ25＋1Φ22的纵筋，这三根纵筋若都向两边直通到支座，则沿梁任意截面都能抵抗同样

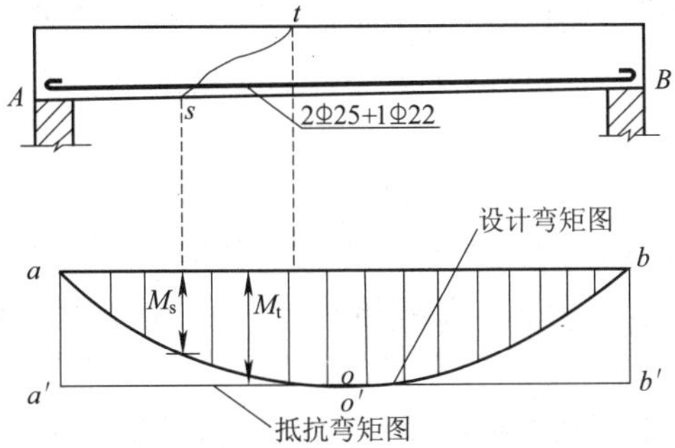

图 3.51　简支梁的设计弯矩图和材料抵抗弯矩图

大小的弯矩，我们画一条水平线 $a'o'b'$，称为材料抵抗弯矩图。从图中可以看出，纵筋沿梁通长布置是不经济的，因为沿梁多数截面的纵筋强度没有被充分利用，有的则根本不需要。因此，从正截面的受弯承载力来看，把纵筋在不需要的地方弯起或截断是比较经济合理的。

简支梁钢筋还有另一种布置方法，如图 3.52 所示，跨中的 2Φ25＋1Φ22 纵筋在 C 点和 D 点各将 1Φ22 弯起以抵抗斜截面剪力。这样在 CD 段有 2Φ25＋1Φ22 的纵筋（$A_s=$ 1 362.1 mm^2），材料抵抗弯矩图为一水平直线 cd。在 AE 和 BF 段（E、F 为弯起钢筋和梁轴线的交点）只有2Φ25的纵筋（$A_{s1}=982$ mm^2），材料抵抗弯矩图显然比 CD 段小，其值可近似地按纵筋的截面面积之比来确定，即 $M_1/M \approx A_{s1}/A_s$。因此，在 AE 和 BF 段，材料抵抗弯矩图可分别用水平直线 ae 和 bf 来表示。在 EC 和 DF 段，弯起的 1Φ22 逐渐靠近中和轴，所能抵抗的弯矩减小，至 E 和 F 点时为零，材料抵抗弯矩图用斜线 ec 和 df 表示。

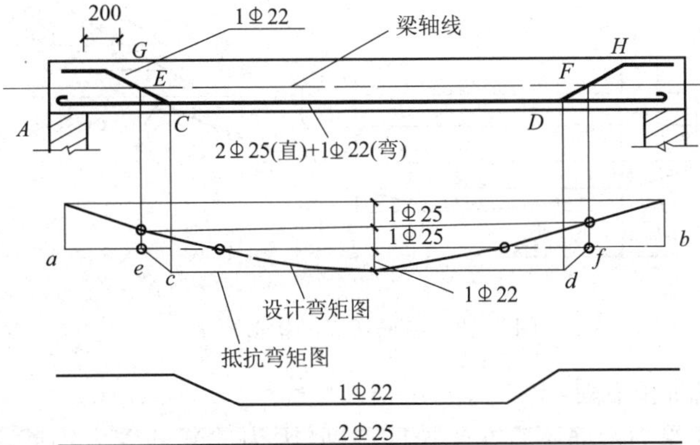

图 3.52　简支梁的材料抵抗弯矩图

2. 纵筋弯起的构造要求

纵筋弯起点的位置要考虑以下几方面因素：

(1)保证正截面的受弯承载力

纵筋弯起后，剩下的纵筋数量减少，正截面的受弯承载力要降低。为保证正截面的受弯承载力满足要求，必须使材料抵抗弯矩图包在设计弯矩图的外面，但不要过分多余。

(2)保证斜截面的受剪承载力

在设计中如果要利用弯起的纵筋抵抗斜截面的剪力，则纵筋的弯起位置还要满足最大间距的要求，即从支座边缘到第一排(相对支座而言)弯起钢筋上弯点的距离，以及前一排弯起钢筋的下弯点到次一排弯起钢筋上弯点的距离不得大于箍筋的最大间距 s_{max}，以防止出现不与弯起钢筋相交的斜裂缝。

(3)保证斜截面的受弯承载力

为保证斜截面的受弯承载力，纵筋弯起点的位置还应满足规范要求，如图 3.53 所示，即弯起点应在按正截面受弯承载力计算该钢筋强度被充分利用的截面(称之为充分利用点)以外，其距离 s_1 应大于或等于 $h_0/2$。

另需注意，在混凝土梁的受拉区中，弯起钢筋的弯起点可设在按正截面受弯承载力计算不需要该钢筋的截面之前，但弯起钢筋与梁中心线的交点应位于不需要该钢筋的截面之外。

在图 3.53 中，①号筋的充分利用点在 a，不需要点在 b；应使 af 的水平距离 $S_1 \geqslant h_0/2$，同时 j 点不能落在 b 点的右边。②号筋的充分利用点在 b，不需要点在 c；应使 bg 的水平距离 $S_1 \geqslant h_0/2$，同时 k 点不能落在 c 点的右边。③号筋的充分利用点在 d，不需要点在 e；应使 dh 的水平距离 $S_1 \geqslant h_0/2$，同时 l 点不能落在 e 点的右边。

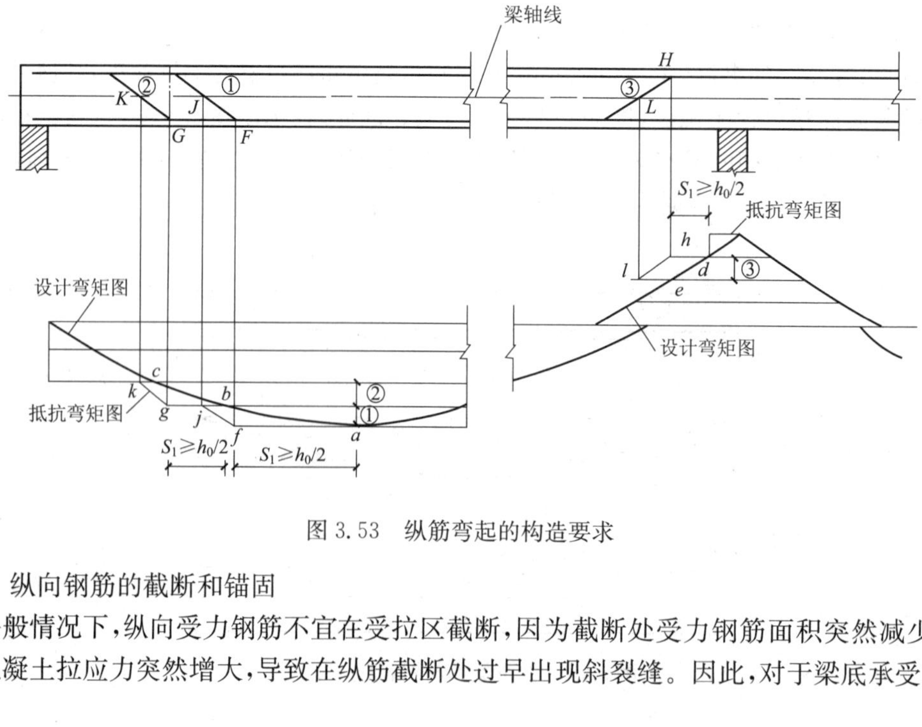

图 3.53　纵筋弯起的构造要求

3. 纵向钢筋的截断和锚固

一般情况下，纵向受力钢筋不宜在受拉区截断，因为截断处受力钢筋面积突然减少，容易引起混凝土拉应力突然增大，导致在纵筋截断处过早出现斜裂缝。因此，对于梁底承受正弯矩的钢筋，通常是将计算上不需要的钢筋弯起作为抗剪钢筋或承受负弯矩的钢筋，而不采取截断的方式。对于连续梁(板)支座处承受支座负弯矩的钢筋，如必须截断时，应按规范规定进行，如图 3.54 所示。

(1)当 $V\leqslant 0.7f_tbh_0$ 时，应延伸至按正截面受弯承载力计算不需要该钢筋的截面以外不小于 $20d$ 处截断；且从该钢筋充分利用截面伸出的长度不应小于 $1.2l_a$。

(2)当 $V>0.7f_tbh_0$ 时，应延伸至按正截面受弯承载力计算不需要该钢筋的截面以外不小于 h_0 且不小于 $20d$ 处截断；且从该钢筋充分利用截面伸出的长度不应小于$(1.2l_a+h_0)$。

(3)若按上述规定确定的截断点仍位于支座最大负弯矩对应的受拉区内，则应延伸至不需要该钢筋的截面以外不小于 $1.3h_0$ 且不小于 $20d$ 处截断；且从该钢筋充分利用截面伸出的长度不宜小于$(1.2l_a+1.7h_0)$。

上述规定中 l_a 为受拉钢筋的锚固长度。

伸入支座的纵向钢筋也应有足够的锚固长度，以防止斜裂缝形成后纵向钢筋被拨出。简支梁和连续梁简支端的下部纵向受力钢筋伸入梁支座范围内的锚固长度 l_{as}(见图 3.55)应符合下列条件：

当 $V\leqslant 0.7f_tbh_0$ 时　　$l_{as}\geqslant 5d$(d 为纵向受力钢筋的直径)　　(3.54)

当 $V>0.7f_tbh_0$ 时　　带肋钢筋 $l_{as}\geqslant 12d$　　(3.55)

光面钢筋 $l_{as}\geqslant 15d$　　(3.56)

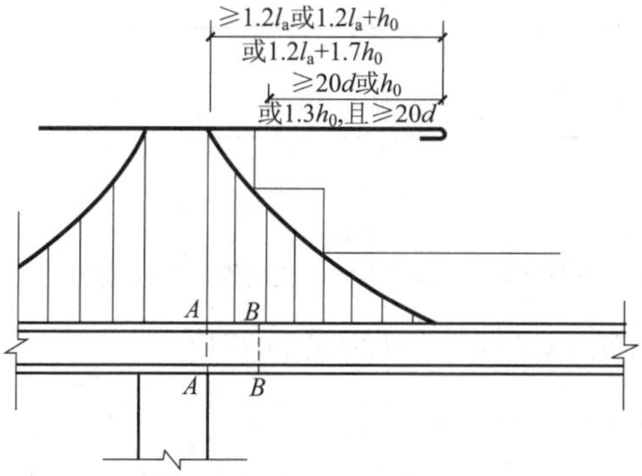

图 3.54　纵筋截断的规定

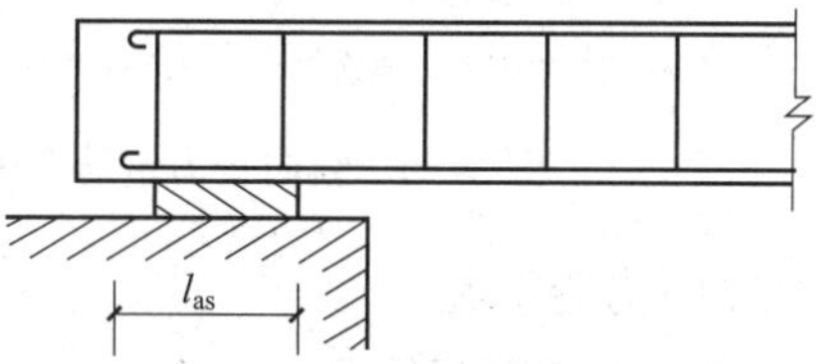

图 3.55　简支端支座钢筋的锚固

如果纵向受力钢筋伸入梁支座范围内的锚固长度不符合上述规定时，应采取在钢筋上加焊锚固钢板或将钢筋锚固端焊接在梁端的预埋件上等有效锚固措施。

框架梁或连续梁的上部纵向钢筋应贯穿中间节点或中间支座范围，纵向钢筋自节点或支座边缘伸向跨中的截断位置，应符合前述连续梁(板)支座承受负弯矩钢筋截断的规定。框架梁上部纵向钢筋伸入中间层端节点的锚固长度 l_a，当采用直线锚固形式时，不应小于受拉钢筋锚固长度 l_a，且伸过柱中心线不宜小于 $5d$(d 为梁上部钢筋直径)；当柱截面尺寸不足时，梁上部钢筋应伸至节点对边并向下弯折，间层端节点的锚固形式其包含弯弧在内的水平投影长度不应小于 $0.4l_a$，包含弯弧在内的垂直投影长度取为 $15d$，如图 3.56 所示。

框架梁顶层端节点纵向受力钢筋，在无专门规定(如抗振)时，可将柱外侧纵向钢筋的相应部分弯入梁内作梁上部纵向钢筋使用，如图 3.57(a)所示；也可将梁上部钢筋在顶层端节点及其附近部位搭接，如图 3.57(b)所示。

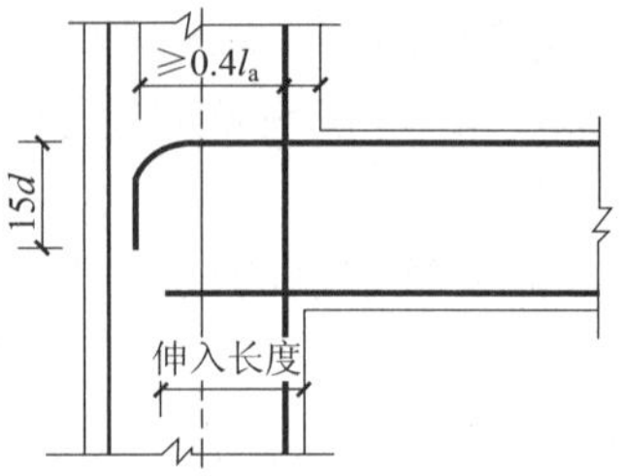

图 3.56　梁上部纵向钢筋在框架中

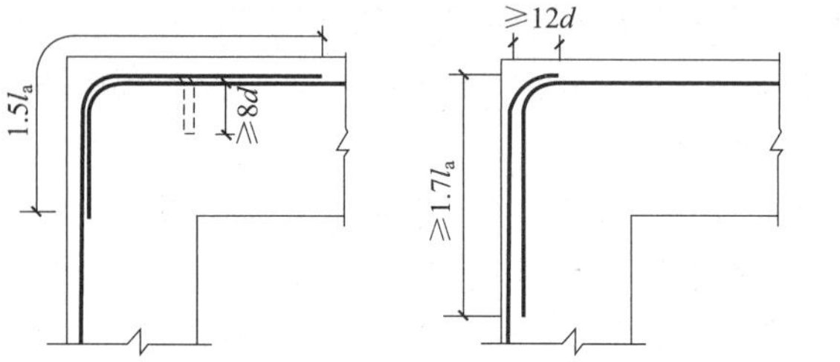

(a) 柱外侧纵向钢筋弯入梁内　(b) 梁上部钢筋与柱外侧钢筋搭接

图 3.57　框架梁顶层端节点纵向受力钢筋的锚固形式

框架梁或连续梁的下部纵向钢筋在中间节点或中间支座处的锚固应满足下列要求，如图 3.58所示。

(1)当计算中不利用钢筋强度时，其伸入节点或中间支座的锚固长度应符合当 $V\geqslant 0.7f_tbh_0$ 时，下部纵向受力钢筋伸入梁支座范围内锚固长度的规定。

(2)当计算中充分利用钢筋的抗拉强度时，下部纵向钢筋应锚固在节点或支座内；采用直线锚固形式时，锚固长度不应小于 l_a，如图 3.58(a)所示；采用带 90°弯折锚固形式时，其竖直端应向上弯折，水平投影长度及垂直投影长度应符合要求，如图 3.58(b)所示；下部纵向钢筋也可贯穿节点或支座范围，并在节点或支座以外梁内弯矩较小处设置搭接接头，如图 3.58(c)所示。

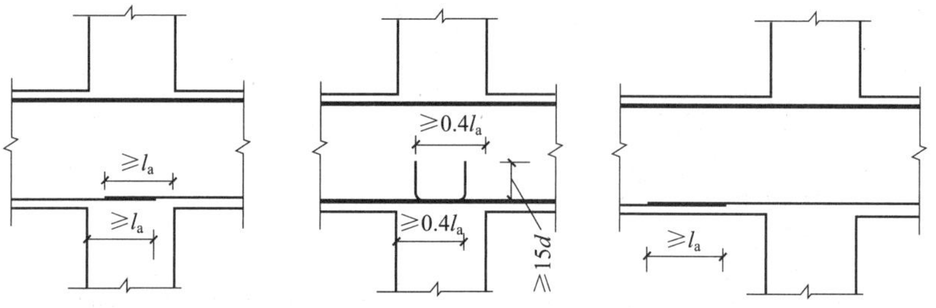

(a) 在节点中的直线锚固　(b) 在节点中带90°弯折锚固　(c) 贯穿节点支座范围以外搭接

图 3.58　纵向受力钢筋在中间节点或中间支座处的锚固或搭接

4. 箍筋的构造要求

(1)箍筋的形式与肢数

箍筋在梁内除承受剪力外，还起着固定纵筋位置，使梁内钢筋形成骨架的作用，以及联结梁的受拉区和受压区，增加受压区混凝土的延性。箍筋的形式有开口式和封闭式两种，如图 3.59所示，通常采用封闭式箍筋，既方便固定纵筋又对梁的抗扭有利；对现浇 T 形截面梁，当不承受扭矩和动荷载时，在跨中截面上部受压区的区段内，可采用开口式箍筋。当梁中配有计算的受压钢筋时，均应做成封闭式。

箍筋端部弯钩通常用 135°，不宜采用 90°弯钩。箍筋的肢数分单肢、双肢及复合肢(多肢)；梁内配有受压钢筋时，应使受压钢筋至少每隔一根处于箍筋的转角处。一般按以下情况选用：当梁宽 $b\leqslant 350$ mm 时，常采用双肢箍筋；当梁宽 $b>350$ mm，或纵向受拉钢筋在一排中多于 5 根时，应采用四肢箍筋；当梁宽 $b>400$ mm 且梁中一排内的纵向受压钢筋多于 3 根或 $b\leqslant 400$ mm 且梁中一排内的纵向受压钢筋多于 4 根时，应设置复合箍筋。

(2)箍筋的直径和间距

箍筋的直径和间距除了应按计算确定并符合间距和最小直径的规定外，当梁中配有按计

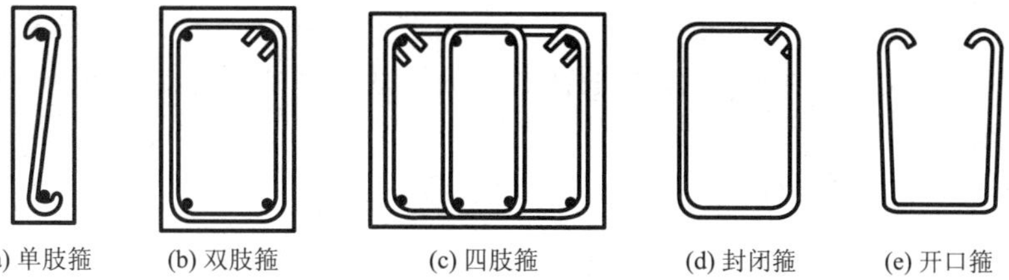

图 3.59　箍筋的形式与肢数

算需要的纵向受压钢筋时，箍筋应做成封闭式，此时箍筋的间距不应大于 15d（d 为纵向受压钢筋的最小直径），同时不应大于 400 mm；当一层内的纵向受压钢筋多于 5 根且直径大于 18 mm时，箍筋间距不应大于 10d。

（3）箍筋的分布

按计算不需要配箍筋的梁，当截面高度大于 300 mm 时，应按梁全长设置箍筋；当截面高度为 150～300 mm 时，可仅在构件端各 1/4 跨度范围内设置箍筋，但当构件中部 1/2 跨度范围内有集中荷载作用时，则应沿梁全长设置箍筋；当截面高度小于 150 mm 时，可不设箍筋。

在受力钢筋搭接长度范围内应配置箍筋，箍筋直径不应小于搭接钢筋直径的 0.25 倍；当为受拉搭接时箍筋间距不应大于搭接钢筋较小直径的 5 倍，且不应大于 100 mm；当为受压搭接时箍筋间距不应大于搭接钢筋较小直径的 10 倍，且不应大于 200 mm；当受压钢筋直径大于 25 mm 时，应在搭接接头两个端面外 100 mm 范围内各设置两个箍筋。

5. 弯起钢筋的构造要求

（1）弯起钢筋的间距

当设置抗剪弯起钢筋时，前一排（相对支座而言）弯起钢筋的下弯点到次一排弯起钢筋上弯点的距离不得大于箍筋最大间距 s_{max}。

（2）弯起钢筋的锚固长度

弯起钢筋的弯终点尚应有平行梁轴线方向的锚固长度，其长度在受拉区不应小于 20d（d 为钢筋直径），在受压区不应小于 10d，光面弯起钢筋末端应设弯钩，如图 3.60 所示。

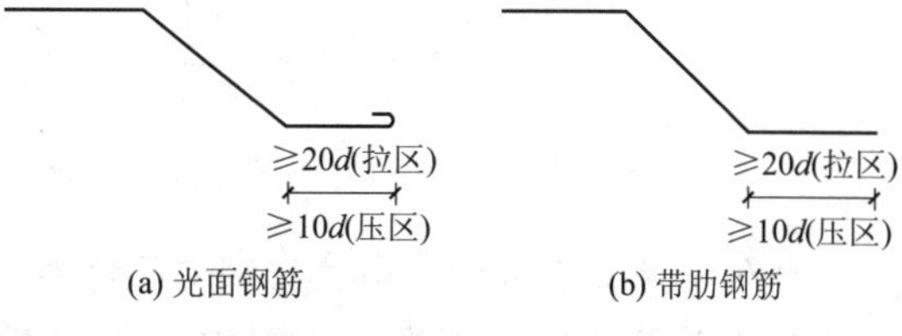

图 3.60　弯起钢筋的锚固

（3）受剪弯起钢筋的形式

当为了满足材料抵抗弯矩图的需要，不能弯起纵向钢筋时，可设置单独的受剪弯起钢筋。单独的受剪弯起钢筋应采用“鸭筋”，而不能采用“浮筋”。

6. 架立筋及纵向构造钢筋

（1）架立筋

当梁的跨度小于 4 m 时，架立筋直径不宜小于 8 mm；当梁的跨度为 4～6 m 时，架立筋直径不宜小于 10 mm；当梁的跨度大于 6 m 时，架立筋直径不宜小于 12 mm。

（2）纵向构造钢筋

当梁的腹板高度 $h_w \geq 450$ mm 时，在梁的两个侧面应沿高度配置纵向构造钢筋，每侧纵向构造钢筋（不包括梁上、下部受力钢筋及架立钢筋）的截面面积不应小于腹板截面面积 bh_w 的 0.1%，且其间距不宜大于 200 mm。

【例题 3-17】　某一矩形截面钢筋混凝土伸臂梁如图 3.61 所示，简支跨 A—B 段的计算跨

度为 $L_1=6.0$ m，伸臂梁 $B—C$ 段的计算跨度为 $L_2=2.5$ m。承受均布荷载设计值 $q=100$ kN/m，构件截面尺寸 $b\times h=250$ mm×700 mm，$h_0=640$ mm，混凝土强度等级为 C20，纵向受力钢筋用 HRB335 级钢筋，箍筋用 HPB300 级钢筋。试设计该梁并绘制抵抗弯矩图。

解：1)计算内力

$A—B$ 跨中最大正弯矩值　　$M_{A-B}=308$ kN·m

B 支座最大负弯矩值　　$M_B=313$ kN·m

A 支座边截面剪力值　　$V_A=230$ kN

B 支座边截面剪力值　　$V_{B左}=333$ kN，$V_{B右}=232$ kN

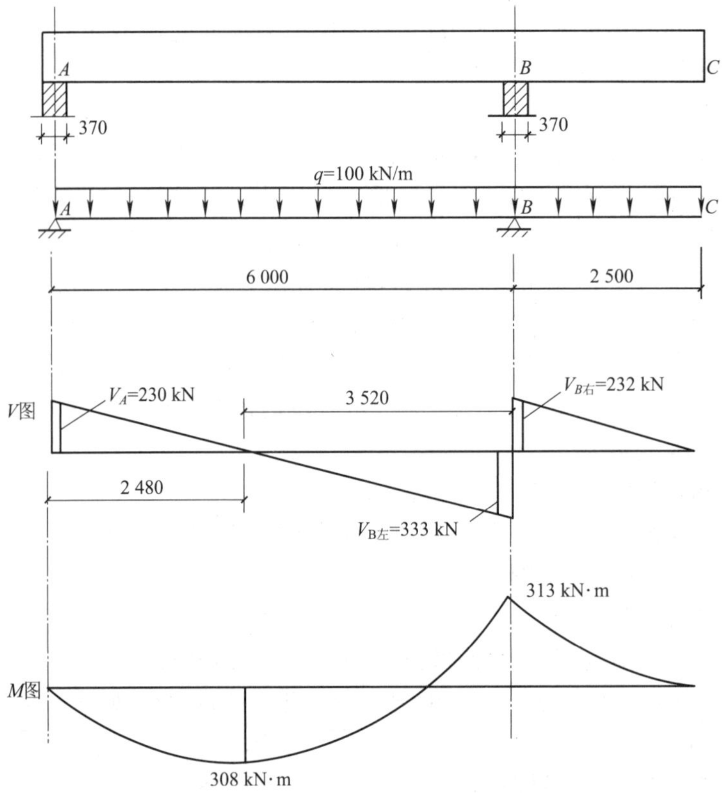

图 3.61　梁体受力图(单位:mm)

2)跨中及支座截面纵向受拉钢筋的计算

按正截面受弯承载力计算跨中及支座截面应配置的纵向受拉钢筋，按照公式(3.16)、公式(3.18)、公式(3.19a)计算，并查附表 1，结果见表 3.11。

表 3.11　纵向受拉钢筋计算表

项次	计算内容	$A—B$ 跨中截面	B 支座截面
1	M_{max}(kN·m)	308	313
2	$\alpha_s=M_{max}/\alpha_1 f_c b h_0^2$	0.313	0.318
3	$\gamma_s=0.5(1+\sqrt{1-2\alpha_s})$	0.806	0.801
4	$A_s=M_{max}/f_y\gamma_s h_0$(mm²)	1 991	2 034
5	选配钢筋	6Φ22	6Φ22
6	实配 A_s(mm²)	2 281	2 281

3)复核截面尺寸

根据截面尺寸的判定有

$h_w=h_0=640\ \text{mm}, \dfrac{h_w}{b}=\dfrac{640}{250}=2.56<4$,属厚腹梁,按式(3.48)验算:

$$0.25\beta_c f_c bh_0=0.25\times1.0\times9.6\times250\times640=384(\text{kN})>V_{B左}=333\ \text{kN}$$

截面尺寸满足受剪要求。

4)验算是否需要按计算配置箍筋

根据公式(3.40)有

$$V_c=0.7\beta_h f_t bh_0=0.7\times1.0\times1.1\times250\times640=123.2(\text{kN})<V_A=230\ \text{kN}$$

需要按计算配置腹筋。

5)计算腹筋

为充分利用 A—B 跨中的纵向钢筋,考虑部分弯起作为抗剪腹筋,并伸入 B 支座截面作为承受负弯矩的纵向钢筋,因此先按构造要求配置双肢箍筋 $\phi8@220$,$d=8\ \text{mm}>d_{min}$($d_{min}=6\ \text{mm}$),$s=220\ \text{mm}<s_{max}$($s_{max}=250\ \text{mm}$)。

根据公式(3.50)判定有

$$\rho_{sv}=\frac{nA_{sv1}}{bs}=\frac{2\times50.3}{250\times220}=0.18\%>\rho_{sv,min}=0.24\frac{f_t}{f_{yv}}=0.24\times\frac{1.1}{270}=0.098\%$$

满足最小配箍率要求。

按照公式(3.43)、公式(3.47)计算及按构造要求设置腹筋,见表 3.12。

6)绘制抵抗弯矩图(材料图)M_R

(1)绘制抵抗弯矩图,实际上是一个钢筋布置的设计过程。

为了充分发挥每根钢筋的作用,在选配钢筋时应将 A—B 跨截面正弯矩所需的钢筋与 B 支座截面负弯矩所需要的钢筋以及受剪所需的弯起钢筋综合加以考虑。配置正弯矩钢筋时,应同时考虑其中哪些钢筋可以弯起作为受剪和承受负弯矩的钢筋;同样,选配负弯矩钢筋时,也应考虑利用从跨中弯起后的钢筋。

本例中正弯矩钢筋选配了 6Φ22,其中 2Φ22+2Φ22(编号②、③)弯起后伸入 B 支座承受负弯矩,因此负弯矩所需的钢筋 6Φ22 由于有了②、③号弯起钢筋,只需再增配 2Φ22(编号⑤)已足够了;②、③号钢筋同时又作为 B 支座截面受剪需要的弯起钢筋。

表 3.12　腹筋计算表

项次	计算内容	A 截面	$B_{左}$截面	$B_{右}$截面
1	V_{max}(kN)	230	333	232
2	选配钢筋	Φ8@220	Φ8@220	Φ8@220
3	$V_{cs}=0.7f_t bh_0+1.25f_{yv}\frac{nA_{sv1}}{s}h_0$(kN)	221.971<230	221.971<333	221.971<232
4	$A_{sb}^1=(V_{max}-V_{cs})/(0.8f_y\sin45°)$(mm²)	47	654	59
5	选第一排弯起钢筋	2Φ22 $A_{sb}^1=760\ \text{mm}^2$ 弯终点离支座边 50 mm	Φ22 $A_{sb}^1=760\ \text{mm}^2$ 弯终点离支座边 250 mm $s_{max}=250\ \text{mm}$	Φ22 $A_{sb}^1=760\ \text{mm}^2$ 弯终点离支座边 250 mm $s_{max}=250\ \text{mm}$

续上表

项次	计算内容	A 截面	$B_{左}$截面	$B_{右}$截面
6	A_{sb}^{1}弯起点截面剪力值 V_1(kN)	$V_1=(2\ 480-18-50-628)\times230\div(2\ 480-185)=162<V_{cs}$	$V_1=(3\ 520-185-250-534)333\div(3\ 520-185)=252>V_{cs}$	$V_1=(2\ 500-185-250-534)\times232\div(2\ 500-185)=154<V_{cs}$
7	$A_{sb}^{2}=(V_1-V_{cs})/(0.8f_y\sin45^\circ)(\text{mm}^2)$	—	186	—
8	选第二排弯起钢筋	—	2Φ22，$A_{sb}^{2}=760\ \text{mm}^2$	—
9	A_{sb}^{2}弯起点截面剪力值 V_2(kN)	—	$V_2=(3\ 520-185-250-534-250-628)\times333\div(3\ 520-185)=167<V_{cs}$	—

注：(1)按计算弯起 1Φ22 已足够，考虑到纵向钢筋较多，为了加强 A 支座边截面受剪承载力，故弯起 2Φ22；
(2)按计算弯起 1Φ22 已足够，但考虑到 B 支座承受负弯矩的需要，故弯起 2Φ22。

(2)将抵抗弯矩在设计弯矩图上表示出来(图 3.62)。

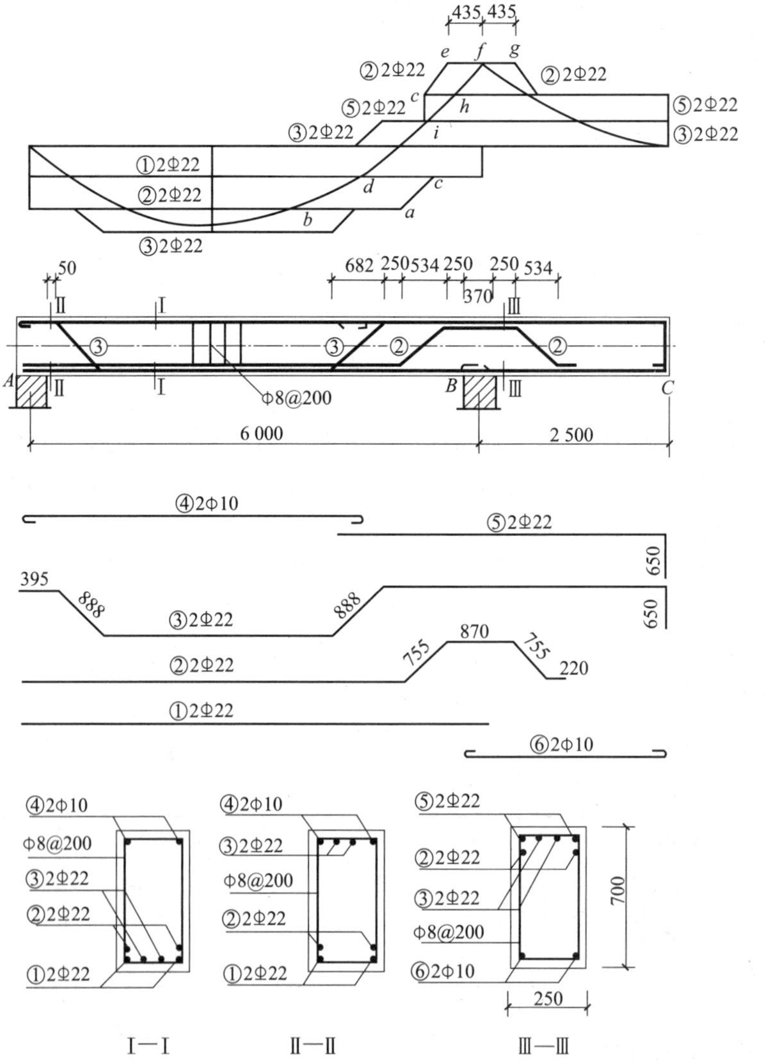

图 3.62　受弯构件斜截面配筋图

选配好钢筋后，需将每根钢筋能承受的抵抗弯矩分别表示在设计弯矩图(图 3.62)上。A—B 跨截面所配钢筋 6Φ22 的抵抗弯矩值为

$$x=A_s f_y/\alpha_1 f_c b=2\,281\times300/1.0\times9.6\times250=285(\text{mm})$$

$$M_{u,AB}=\alpha_1 f_c bx(h_0-x/2)=1.0\times9.6\times250\times285(646.8-285/2)=344.87(\text{kN}\cdot\text{m})$$

其中一根的抵抗弯矩值为：(380.1/2 281)×344.87=57.5(kN·m)。

B 支座截面所配钢筋的抵抗弯矩值亦相同。

计算出每根钢筋的抵抗弯矩值后，在设计弯矩图上按比例画出每根钢筋所承受抵抗弯矩的水平线，并与设计弯矩图相交，交点即为各编号钢筋的充分利用点或完全不需要点(即理论截断点)，它们是确定钢筋弯起或截断位置的依据。

跨中纵向钢筋伸入梁支座内的数量，当梁宽 $b\geqslant100$ mm 时不应少于两根，且不宜少于跨中纵向钢筋数量的 1/4。为便于绘制 M_R 图，宜将伸入支座的钢筋画在靠近梁轴线的位置，如图 3.62 所示中的①号钢筋。

(3)确定钢筋起弯点位置。

通过计算可知：②号钢筋将起三个作用，即承受 A—B 跨中正弯矩、弯起后承受剪力及 B 支座的负弯矩。画②号钢筋的 M_R 图时应考虑。

a. 要满足 A—B 跨中正截面受弯承载力的要求，因此 M_R 图应外包设计图 M。

b. 要满足正弯矩区段斜截面受弯承载力的要求，下部弯起点 a 与其充分利用点 b 的距离应满足 $S_1(=ab)\geqslant0.5h_0$，同时为了满足正截面受弯承载力的要求，②号弯起钢筋与梁纵轴线的交点 c 应在其完全不需要点 d 之外。

c. 要满足 $V_{B左}$ 斜截面受剪要求，弯终点 e 与 B 支座边距离 S 一般取 50 mm，当需要同时承受负弯矩时，可加大 S，但应使 $S\leqslant S_{max}$(箍筋最大间距)，本例中取 $S=S_{max}=250$ mm。

d. 要满足 B 支座正截面受弯承载力的要求，M_R 图应外包负弯矩设计图。

e. 要满足负弯矩区段斜截面受弯承载力要求，应使②号钢筋弯终点 e(对支座截面为弯起点)与其充分利用点 f 的距离满足 $S_1(=ef)\geqslant0.5h_0$，本例中 $ef(=435\text{ mm})>0.5h_0(=320\text{ mm})$，且该钢筋与梁纵轴线的交点 c 应在其负弯矩图上完全不需要点 h 之外，②号钢筋过 B 支座后又弯下，是 $V_{B右}$ 受剪的需要，弯下后的平直段位于受压区，其长度应为 $10d=220$ mm，然后即可截断。

f. ③号钢筋经受剪计算，在 B 支座左侧只需弯起 1Φ22，但为了满足 B 支座负弯矩的需要，增加 1 根，故弯起 2Φ22。M_R 图画法与②号钢筋相同。③号钢筋弯终点与②号钢筋起弯点的间距为 $S\leqslant S_{max}=250$ mm。

g. ①、②号钢筋伸入 A 支座的锚固长度，当 $V_A>0.7f_tbh_0$ 时，对月牙形钢筋 $l_{as}=12d=12\times22=264$ mm，本例伸入 A 支座长度为 $370-25=345(\text{mm})>l_{as}(l_{as}=264\text{ mm})$，满足要求，①号钢筋伸入 B 支座右边处截断。

(4)确定钢筋截断位置。

⑤号钢筋实际截断点位置应满足以下两个条件，并取其大者。

a. 自充分利用点 h 起延伸

$$l_d=1.2l_a+h_0=1.2\times\alpha\frac{f_y}{f_t}d+h_0$$

$$=1.2\times0.14\times\frac{300}{1.1}\times22+646.7$$

$$=1\,655(\text{mm})(\text{当 }V_h>0.7f_tbh_0\text{ 时})$$

b. 自理论截断点 i 起延伸

$\max\{20d=20\times22=440, h_0=646.7\}=646.7\ \text{mm}<l_d-340=1\,655-340=1\,318(\text{mm})$，其中 340 为 $h-i$ 的水平距离，故⑤号钢筋应离其充分利用点 h 延伸 $l_d=1\,655$ mm 后截断；③号钢筋伸入 B 支座右侧后，亦可按上述方法确定实际截断点位置。经计算后，截断位置离梁端不足 500 mm，为施工方便，与⑤号钢筋一起伸至梁端部截断。

(5)架立筋的选用。

架立筋均选用Ⅰ级钢筋 2Φ10，A—B 跨中④号架立筋与⑤号钢筋搭接。B—C 跨中⑥号架立筋伸入支座左边与①号钢筋搭接。

(6)画出梁的剖面图及钢筋分布图。

画 M_R 图的同时，要画出梁的纵、横剖面图，并将每根编号钢筋分离后按比例画在梁的纵剖面图下面。钢筋在梁内位置应与纵、横剖面图相对应，不能有矛盾或差错。钢筋的规格和类型不宜太多，既要经济，也要方便施工。

知识拓展——世界上最长的跨海大桥

港珠澳跨海大桥是连接香港大屿山、广东省珠海市和澳门的跨海大桥，是目前世界最长的跨海大桥。它是世界首条海底深埋沉管隧道和世界最大的海中桥隧工程，是一个集桥、岛、隧为一体的超大型工程。大桥主体建造工程于 2009 年 12 月 15 日开工，主体工程全长约 29.6 km，海底隧道长约 6.7 km。

港珠澳大桥沉管隧道共分 33 个管节，每节标准沉管重约 80 000 t，和一艘中型航空母舰体重相当，沉管顶部面积有一个足球场大。整个工程最大的难点在于，要实现长 180 m、重 80 000 t沉管在水下 40 多米处厘米级精度的对接，难度可与太空对接类比。

港珠澳跨海大桥施工中，岛隧工程支撑建设团队自主研发并实施了众多新结构、新工艺、新技术、新装备，开展了百余项试验研究，先后攻克了人工岛快速成岛、深埋沉管结构设计、隧道复合基础等十余项世界级技术难题，申报专利 400 余项。

港珠澳大桥项目为建设连接丹麦和德国的费蒙通道工程(19 km 长沉管隧道)、深中通道沉管隧道工程(世界第一座双向 8 车道沉管隧道)提供了很好的借鉴。

这座跨海大桥建成后的使用寿命预计可长达 120 年，可以抗击 8 级地震，施工难度号称世界第一，在促进香港、澳门和珠江三角洲西岸地区经济上的进一步发展具有重要意义。

思考题

3-1　受弯构件中适筋梁从加载到破坏经历哪几个阶段？各阶段正截面上应力应变分布、中和轴位置、梁的跨中最大挠度的变化规律是怎样的？各阶段的主要特征是什么？每个阶段是哪种极限状态的计算依据？

3-2　什么叫配筋率？配筋率对梁的正截面承载力有何影响？

3-3　说明少筋梁、适筋梁与超筋梁的破坏特征有何区别？

3-4　受弯构件正截面承载能力计算采用了哪些基本假定？单筋矩形截面梁正截面承载力的计算应力图形如何确定？

3-5　梁、板中混凝土保护层的作用是什么？其最小值是多少？对梁内受力主筋的直径、净距有何要求？

3-6　什么叫截面相对界限受压区高度 ξ_b？它在承载力计算中的作用是什么？

3-7　在什么情况下可采用双筋梁，其计算应力图形如何确定？在双筋截面中受压钢筋起什么作用？

3-8　为什么《混凝土结构设计规范》(GB 50010—2010)规定 HPB300、HRB335、HRB400 级钢筋的受压强度设计值取等于受拉强度设计值？

3-9　双筋截面与单筋截面有什么本质区别？为什么在双筋矩形截面承载力计算中也必须满足 $\xi \leqslant \xi_b$ 与 $x \geqslant 2a_s'$ 的条件？

3-10　截面为 200 mm×500 mm 的梁，设计使用年限为 50 年，环境类别为一类，混凝土强度等级为 C25，钢筋为 HRB335 级，截面面积 $A_s = 763\ mm^2$，试求 α_s，γ_s 的值。说明 α_s，γ_s 的物理意义是什么？

3-11　两类 T 形截面梁如何鉴别？T 形截面梁受压翼缘计算宽度 b_f' 是如何确定的？

3-12　当验算 T 形截面梁的最小配筋率 ρ_{min} 时，计算配筋率 ρ 为什么要用腹板宽度 b 而不用翼缘宽度 b_f'？

3-13　为什么梁一般在跨中产生垂直裂缝而在支座附近产生斜裂缝？斜裂缝有哪两种形态？试述剪跨比的概念及其对斜截面破坏的影响？

3-14　有腹筋梁斜裂缝出现后，其传力过程和无腹筋梁有什么区别？腹筋对提高受剪承载力的作用有哪些？

3-15　试述梁斜截面受剪破坏的三种形态及其破坏特征？在设计中采用什么措施来防止梁的斜压破坏和斜拉破坏？

3-16　影响斜截面受剪性能的主要因素有哪些？

3-17　无腹筋梁斜截面受剪承载力计算公式的意义和适用范围如何？有腹筋梁斜截面受剪承载力计算公式有什么限制条件？

3-18　什么是材料抵抗弯矩图？如何绘制？钢筋伸入支座的锚固长度有哪些要求？

习　题

3-1　一钢筋混凝土矩形梁截面尺寸 $b \times h = 200\ mm \times 500\ mm$，设计使用年限为 50 年，环境类别为二 a 类，混凝土强度等级 C25，钢筋为 HRB335 级(2Φ18)，$A_s = 509\ mm^2$。试计算梁截面上承受弯矩设计值 $M = 80\ kN \cdot m$ 时是否安全。

3-2　一矩形截面梁，截面尺寸 $b \times h = 250\ mm \times 700\ mm$，梁使用的材料是：混凝土为 C20 级，钢筋为 HRB335 级，构件安全等级为二级。当受拉区配有 4Φ25 的纵向钢筋时，试求此截面所能承受的设计弯矩。

3-3　已知某钢筋混凝土单筋矩形截面简支梁，计算跨度 $l_0 = 7\ 200\ mm$，混凝土强度等级为 C30，截面尺寸 $b \times h = 300\ mm \times 650\ mm$，配有 HRB335 纵向受力钢筋 4Φ25。环境类别二 b 类。试根据梁的正截面受弯承载力确定该梁所能承受的最大荷载均布设计值(包括自重)。

3-4　钢筋混凝土矩形梁截面尺寸 $b \times h = 250\ mm \times 500\ mm$，设计使用年限为 50 年，环境

类别为一类，混凝土强度等级 C25，钢筋为 HRB335 级，弯矩设计值 $M=125$ kN·m。试计算受拉钢筋截面面积，并绘配筋图。

3-5　一矩形截面简支梁，计算跨度 $l_0=6.0$ m，承受的均布荷载 $q=18.82$ kN/m(已考虑荷载分项系数和梁的自重)。混凝土强度等级选用 C20，钢筋采用 HRB335 级，构件安全等级为一级。试确定该梁截面尺寸，并计算受拉钢筋截面面积和选配钢筋，绘截面配筋图。

3-6　某钢筋混凝土双筋矩形截面梁，截面尺寸 $b\times h=250$ mm×500 mm，混凝土强度等级为 C30，采用 HRB335 钢筋，受拉钢筋为 4Φ20，受压钢筋为 2Φ18，承受的弯矩设计值为 $M=200$ kN·m，环境类别为一类，试验算此截面的正截面承载力是否足够。

3-7　一双筋矩形梁截面尺寸 $b\times h=200$ mm×450 mm，设计使用年限为 50 年，环境类别为一类，混凝土强度等级 C30，钢筋 HRB335 级，配置 2Φ12 受压钢筋，3Φ25＋2Φ22 受拉钢筋。试求该截面所能承受的最大弯矩设计值 M。

3-8　如图所示的 T 形截面梁，混凝土为 C20 级，钢筋为 HRB335 级，构件安全等级为二级，试计算该梁所能承受的设计弯矩。

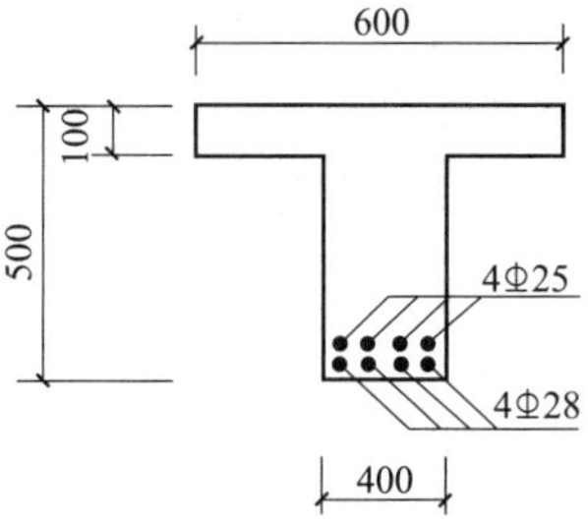

题 3-8 图(单位：mm)

3-9　某 T 形截面梁翼缘计算宽度 $b'_f=500$ mm，$b=250$ mm，$h=600$ mm，$h'_f=100$ mm，设计使用年限为 50 年，环境类别为一类，混凝土强度等级 C30，HRB400 级钢筋，承受弯矩设计值 $M=256$ kN·m。试求受拉钢筋截面面积，并绘配筋图。

3-10　承受均布荷载的简支梁，截面尺寸 $b=200$ mm，$h=500$ mm，$a_s=35$ mm，混凝土采用 C20 级，箍筋采用 HPB300 级，已知沿梁长配有双肢φ8 的箍筋，箍筋间距为 150 mm。计算该斜截面受剪承载力。

3-11　已知某承受均布荷载的矩形截面梁截面尺寸 $b\times h=250$ mm×600 mm (取 $a_s=35$ mm)，采用 C25 混凝土，箍筋为 HPB300 级钢筋。已知剪力设计值 $V=150$ kN，设计使用年限为 50 年，环境类别为二 a 级。试求采用φ6 双肢箍的箍筋间距 s。

3-12　如图所示钢筋混凝土矩形截面简支梁，截面尺寸 250 mm×500 mm，混凝土强度等级为 C20，箍筋为热轧 HPB300 级钢筋，纵筋为 2Φ25 和 2Φ22 的 HRB400 级钢筋，试求箍筋和弯起钢筋的数量。

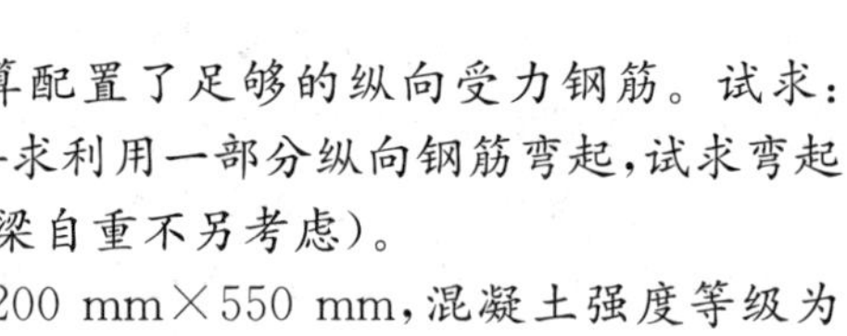

题 3-12 图(单位 mm)

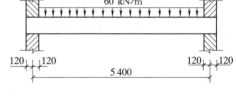

3-13　某钢筋混凝土矩形截面简支梁，设计使用年限为 50 年，环境类别为二类(a 级)，截面尺寸 $b\times h=200$ mm×600 mm，采用 C40 混凝土，纵向受力钢筋为 HRB335 级钢筋，箍筋为 HPB300 级钢筋。该梁仅承受集中荷载作用，若集中荷载至支座距离 $a=1\ 130$ mm，在支座边产生的剪力设计值 $V=176$ kN，并已配置φ8@200 双肢箍及按正截面受弯承载力计算配置了足够的纵向受力钢筋。试求：(1)仅配置箍筋是否满足抗剪要求。(2)若不满足时，要求利用一部分纵向钢筋弯起，试求弯起钢筋面积及所需弯起钢筋排数(计算时取 $a_s=35$ mm，梁自重不另考虑)。

3-14　已知一矩形截面简支梁，截面尺寸 $b\times h=200$ mm×550 mm，混凝土强度等级为 C25，纵向钢筋采用 HRB335 级，安全等级为二级，梁跨中截面承受的最大弯矩设计值为 $M=160$ kN·m。试求：(1)若上述设计条件不能改变，试进行配筋计算。(2)若由于施工质量原因，实测混凝土强度仅达到 C20，试问按(1)所得钢筋面积的梁是否安全。

单元四　钢筋混凝土受弯构件的变形、裂缝及耐久性

学习导读

为了满足结构的功能要求，对钢筋混凝土受弯构件除了进行承载力极限状态计算以保证其安全性外，同时也应进行正常使用极限状态验算以保证其适用性和耐久性。通过验算，使变形和裂缝宽度不超过规定的限值，同时还应满足正常使用及耐久性的其他要求规定，例如，混凝土保护层最小厚度等。《混凝土结构设计规范》(GB 50010—2010)规定：结构构件承载力计算应采用荷载设计值；对于正常使用极限状态验算均采用荷载标准值。

本单元主要介绍钢筋混凝土受弯构件的变形及裂缝宽度的验算，对混凝土的耐久性有所了解。熟悉过大的变形和裂缝宽度将影响构件的适用性和耐久性。

能力目标

1. 具备对一般钢筋混凝土受弯构件进行变形和裂缝宽度验算的能力；
2. 具备对混凝土结构耐久性进行简单设计的能力。

知识目标

1. 掌握钢筋混凝土受弯构件变形和裂缝宽度验算的方法；
2. 熟悉减小构件变形和裂缝宽度以及提高结构构件耐久性的方法；
3. 了解构件变形、裂缝和耐久性的重要性。

学习项目一　变形及裂缝宽度验算

一、引　　文

在设计钢筋混凝土结构时，必须使其满足的功能要求有安全性、适用性和耐久性(可靠性)。

以上单元讨论的承载力设计问题主要解决结构构件的安全性问题，不能解决结构构件的适用性和耐久性问题。对于使用上需要控制变形和裂缝的钢筋混凝土结构构件，除了要进行临近破坏阶段的承载力计算以外，还要进行正常使用情况下的变形和裂缝验算。因为，过大的裂缝会影响到结构的耐久性；过大的变形和裂缝也将使用户在心理上产生不安全感。变形和裂缝可用挠度和最大裂缝宽度来表示，也就是说，要把钢筋混凝土受弯构件的挠度和最大裂缝宽度控制在一定的数值内。

进行结构构件设计时，既要保证它们不超过承载能力极限状态，又要保证它们不超过正常使用极限状态。为此，要对它们进行下列计算和验算：

(1)所有结构构件均应进行承载力(包括压屈失稳)计算；

(2)有抗振设防要求的结构，应进行结构构件抗振承载力计算；

(3)对使用上需要控制变形值的结构构件，应进行变形验算；

(4)对允许出现裂缝的结构构件，应进行构件受力裂缝宽度验算。

二、相关理论知识

(一)变形验算

1. 受弯构件的挠度

1)挠度的概念

一矩形截面的悬臂梁，荷载 F 作用在梁的纵向对称平面内，梁在荷载的作用下将发生弯曲变形，其轴线将由原来的直线变为一条连续的平面曲线，这条曲线称为梁的挠曲线，如图4-1所示。受力前梁轴线上任一点 O 在变形后移到 O' 点，OO' 为 O 点的线位移，因为我们所研究的结构都属于“小变形”，所以，认为 OO' 是 O 点沿竖直方向的位移。竖向位移 OO' 称为 O 截面的挠度。

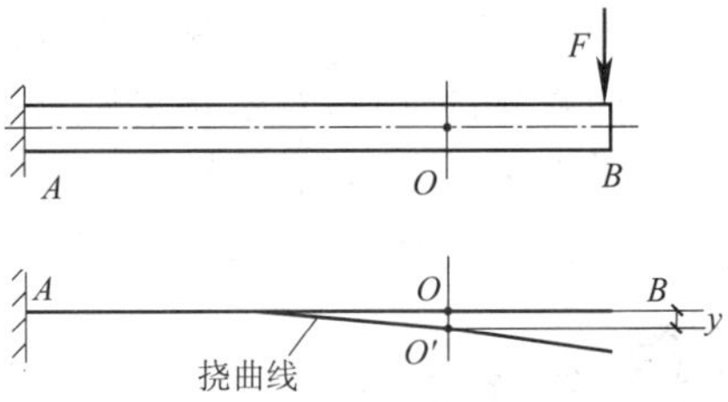

图 4.1　挠曲线

2)匀质弹性材料的挠度

对于匀质弹性材料的受弯构件，在各种荷载作用下挠度的计算在材料力学中已经讲述过。匀质弹性材料梁的最大挠度为

$$f=s\frac{Ml_0^2}{EI}=s\phi l_0^2 \tag{4.1}$$

$$\phi=\frac{M}{EI} \tag{4.2}$$

$$EI=\frac{M}{\phi} \tag{4.3}$$

式中　ϕ——梁的截面曲率，即单位长度上梁截面的转角；

EI——梁的截面弯曲刚度；

s——挠度系数(与荷载形式和支承条件有关的系数)。

由公式(4.3)可知，截面的弯曲刚度 EI 就是使截面产生单位转角所需施加的弯矩值，它体现了截面抵抗弯曲变形的能力。

2. 受弯构件的刚度

当梁截面尺寸和材料已定时，梁的截面抗弯刚度为常数，所以弯矩 M 与挠度 f 呈线性关系，如图 4-2 中虚线 OD 所示。对钢筋混凝土受弯构件，由于混凝土为弹塑性材料，具有一定的塑性变形能力，因而钢筋混凝土受弯构件的截面抗弯刚度不是常数而是变化的，具有如下主要特点：

①裂缝出现以前(第Ⅰ阶段)。荷载较小时，混凝土处于弹性工作状态，M-f 曲线与直线 OD 几乎重合，临近出现裂缝时，f 值增加稍快，曲线微向下弯曲，说明刚度开始降低。这是由于受拉混凝土出现了塑性变形，实际的弹性模量有所降低的缘故，但截面并未削弱，I 值不变。

这时梁的抗弯刚度 EI 仍可视为常数，为反映未出现裂缝的钢筋混凝土构件的实际工作情况，这时构件的刚度[如公式(4.1)中]EI 可近似取为 $0.85E_cI_0$，此处 I_0 为换算截面对其重心轴的惯性矩，E_c 为混凝土的弹性模量。对要求不出现裂缝的构件，截面弯曲刚度采用：

$$B_s = 0.85E_cI_0 \tag{4.4}$$

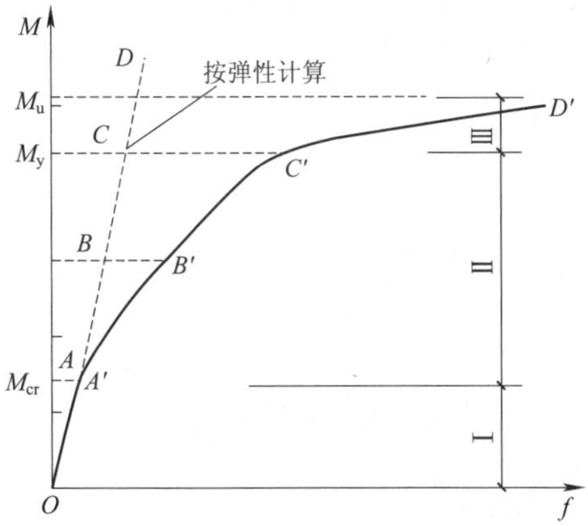

图 4.2　适筋梁 M-f 关系曲线图

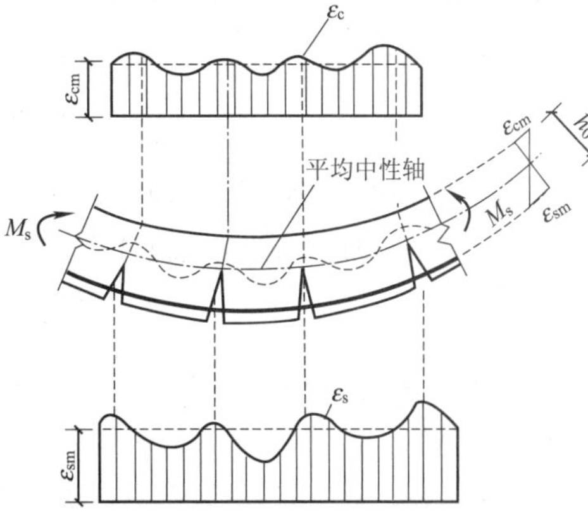

图 4.3　抗弯刚度沿构件跨度的变化

②裂缝出现以后(第Ⅱ阶段)。裂缝出现以后，M-f 曲线发生了明显的转折，出现了第一个转折点(A')。配筋率越低的构件，其转折越明显。试验表明，尺寸和材料都相同的适筋梁，在一定范围内配筋率大的 M-f 曲线陡一些，变形小一些。裂缝出现以后，塑性变形加剧，变形模量降低显著，并随着荷载的增加，裂缝进一步扩展，截面抗弯刚度进一步降低，曲线$A'B'$偏离直线的程度也随荷载的增加而非线性增加。此阶段即为按正常使用极限状态变形验算时所采用的截面抗弯刚度。

③钢筋屈服(第Ⅲ阶段)。钢筋屈服后进入第Ⅲ阶段，M-f 曲线上出现了第二个转折点(C')。截面抗弯刚度急剧降低，弯矩稍许增加就会引起挠度的剧增。

④沿跨度方向，截面抗弯刚度是变化的，如图 4-3 所示。由于混凝土裂缝沿跨度方向分布是不均匀的，裂缝宽度大小不同，即使在纯弯段，各个截面承受弯矩相同，挠度值也不完全一样:裂缝小的截面处挠度小些，裂缝大的截面处挠度大些。所以，验算变形时所采用的抗弯刚度是指纯弯区段内平均的截面抗弯刚度。

⑤刚度随时间的增长而减小。试验表明，当作用在构件上的荷载值不变时，变形随时间的增加而增大，即截面抗弯刚度随时间增加而减小。

在混凝土受弯构件变形验算时应采用平均刚度，考虑到荷载作用时间的影响，把受弯构件抗弯刚度区分为短期刚度 B_s 和长期刚度 B。用 B_s 或 B 代替式(4.1)中的 EI 进行计算。

1)短期刚度 B_s

在短期荷载效应 M_s 作用下，混凝土受弯构件的截面弯曲刚度称为短期截面弯曲刚度，用 B_s 表示。

对于受弯构件短期弯曲刚度，《混凝土结构设计规范》(GB 50010—2010)给出了经验公式来确定。

$$B_s = \frac{E_sA_sh_0^2}{1.15\psi + 0.2 + \dfrac{6\alpha_E \times \rho}{1 + 3.5\gamma_f'}} \tag{4.5}$$

公式(4.5)中,各系数的物理意义为:

(1)E_s、A_s、h_0 为钢筋的弹性模量、纵向受拉钢筋截面积、截面的有效高度。

(2) ψ 为裂缝间纵向受拉钢筋应变不均匀系数,其实质上反映了裂缝间混凝土参与受拉的程度,它在数值上等于纵向受拉钢筋的平均应变与裂缝截面处的钢筋应变的比值。《混凝土结构设计规范》(GB 50010—2010)根据各种截面的受弯构件的实测结果给出了矩形、T 形、倒 T 形和工字形截面受弯构件的钢筋应变不均匀系数 ψ 的计算公式为

$$\psi = 1.1 - \frac{0.65 f_{tk}}{\rho_{te}\sigma_s} \tag{4.6}$$

式中 f_{tk}——混凝土标准抗拉强度;

σ_s——在短期荷载效应组合作用下,梁内纵向受拉钢筋的应力,可按下式计算:

$$\sigma_s = \frac{M_s}{0.87 h_0 A_s} \tag{4.7}$$

ρ_{te}——按有效受拉区混凝土面积 A_{te}(图 4.4)计算的配筋率,可按下式计算:

$$\rho_{ss} = \frac{A_s}{A_{te}} = \frac{A_s}{0.5bh + (b_f - b)h_f} \tag{4.8}$$

$\rho_{te} < 0.01$ 时,取 $\rho_{te} = 0.01$。

对受弯构件正截面承载力计算来说,可忽略受拉区混凝土(图 4.4)所贡献的抗拉能力,认为受拉区混凝土不参加工作。但对截面弯曲刚度以及下面要讲的裂缝宽度计算来讲,就不能忽略受拉区混凝土参加工作带来的有益贡献。在计算时必须考虑此项影响。

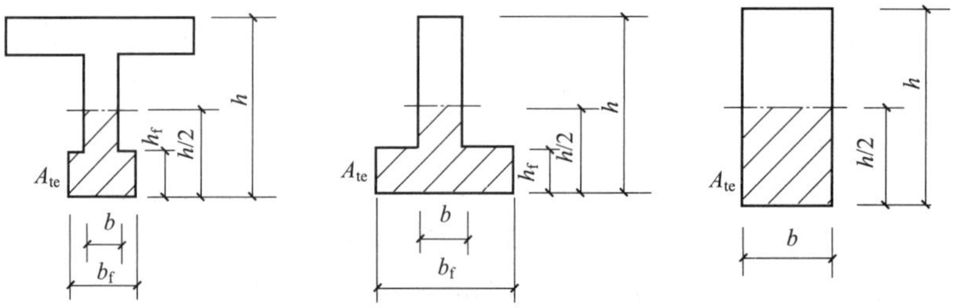

图 4.4 有效受拉混凝土面积

(3)α_E 为钢筋弹性模量与混凝土弹性模量的比值:

$$\alpha_E = E_s / E_c \tag{4.9}$$

(4)ρ 为纵向受拉钢筋配筋率:对钢筋混凝土受弯构件,取 $\rho = A_s/(bh_0)$;对预应力混凝土受弯构件,取 $\rho = (A_p + A_s)/(bh_0)$。

(5)γ_f' 为受拉翼缘截面面积与腹板有效截面面积的比值,可按公式(4.10)计算:

$$\gamma_f = \frac{(b_f - b)h_f}{bh_0} \tag{4.10}$$

式中 b_f、h_f——受拉区翼缘的宽度、高度。

如果梁的截面为矩形,则 $\gamma_f = 0$。

2)长期弯曲刚度 B

构件在持续荷载作用下,其挠度将随时间而不断缓慢增长。这也可理解为构件的抗弯刚度将随时间而不断缓慢降低。这一过程往往持续数年之久,主要原因是截面受压区混凝土的

徐变。此外，还由于裂缝之间受拉混凝土的应力松弛，以及受拉钢筋和混凝土之间的滑移徐变使裂缝之间的受拉混凝土不断退出工作，从而引起受拉钢筋在裂缝之间的应变不断增长。

《混凝土结构设计规范》规定，对预应力混凝土构件，采用荷载标准组合时，受弯构件的刚度按下式计算：

$$B=\frac{M_k}{M_q(\theta-1)+M_k}B_s \tag{4.11}$$

式中　M_k——按荷载效应的标准组合计算的弯矩，取计算区段内的最大弯矩值，也就是短期荷载效应 M_s；

M_q——按荷载效应的准永久组合计算的弯矩，取计算区段内的最大弯矩值；

B_s——按荷载效应的准永久组合计算的钢筋混凝土受弯构件的短期刚度；

θ——考虑荷载长期作用对挠度增大的影响系数，当 $\rho'=0$ 时，取 $\theta=2.0$；当 $\rho'=\rho$ 时，取 $\theta=1.6$；当 ρ' 为中间数值时，θ 按线性内插法取用。

此处，ρ' 为受压钢筋的配筋率，$\rho'=A'_s/(bh_0)$；ρ 为受拉钢筋的配筋率，$\rho=A_s/(bh_0)$。对翼缘位于受拉区的倒 T 形截面，θ 应增加 20%。

3. 受弯构件的挠度验算

1)最小刚度原则

上面讲的刚度都是指纯弯区段内平均的截面弯曲刚度。但是，在荷载作用下，同一根梁各截面的弯矩值是不完全相同的，刚度也不相同。试验分析表明弯矩较大的裂缝截面处弯曲刚度较小，弯矩较小的截面处，弯曲刚度较大。这给挠度的计算带来不便，为了简化计算，《混凝土结构设计规范》建议，在等截面构件中，可假定各同号弯矩区段内的刚度相等，并采用该区段内最大弯矩处的刚度(最小刚度)作为该区段的抗弯刚度，这就是“最小刚度原则”。采用“最小刚度原则”可以满足工程的要求。

2)挠度的验算

挠度验算主要指的是受弯构件的挠度计算，按规范要求挠度验算应满足下面条件：

$$f<[f] \tag{4.12}$$

式中　f——受弯构件按荷载的准永久组合并考虑荷载长期作用影响计算的挠度最大值；

$[f]$——受弯构件的挠度限值(见表 4.1)。

表 4.1　受弯构件的挠度限值

构件类型		挠度限值
吊车梁	手动吊车	$l_0/500$
	电动吊车	$l_0/600$
屋盖、楼盖及楼梯构件	当 $l_0<7$ m 时	$l_0/200$ ($l_0/250$)
	当 7 m$\leqslant l_0\leqslant$9 m 时	$l_0/250$ ($l_0/300$)
	当 $l_0>9$ m 时	$l_0/300$ ($l_0/400$)

注：(1)表中 l_0 为构件的计算跨度；

(2)表中括号内的数值适用于对挠度有较高要求的构件；

(3)如果构件制作时预先起拱，且使用上也允许，则在验算挠度时，可将计算所得的挠度值减去起拱值；对预应力混凝土构件，尚可减去预加力所产生的反拱值；

(4)计算悬臂构件的挠度限值时，其计算跨度 l_0 按实际悬臂长度的 2 倍取用。

当受弯构件为承受均布荷载的简支弹性梁时，其跨中挠度为

$$f=\frac{5(g_k+\psi_q q_k)l_0^4}{384EI}=\frac{5M_k l_0^2}{48EI} \tag{4.13}$$

式中　EI——匀质弹性材料梁的抗弯刚度；

M_k——按短期荷载计算的跨中弯矩；

ψ_q——组合值系数，对荷载短期效应组合值，取 1.0；对荷载长期效应组合值，取 0.5。

由于在钢筋混凝土受弯构件中可采用平截面假定，故在变形计算中可以直接引用材料力学的计算公式。唯一不同的是，钢筋混凝土受弯构件的抗弯刚度不再是常量 EI，而是变量 B。例如，承受均布荷载的钢筋混凝土简支梁，其跨中挠度为

$$f=\frac{5(g_k+\psi_q q_k)l_0^4}{384B}=\frac{5M_k l_0^2}{48B} \tag{4.14}$$

3)减小挠度的措施

通过公式(4.14)可知，挠度和弯曲刚度是成反比例关系，如果能提高构件的弯曲刚度，就可以减小构件的挠度。

根据公式(4.11)及公式(4.5)可知，提高构件弯曲刚度，最有效的方法就是加大构件的截面高度。所以在实际工程设计中，在选择梁、板截面尺寸的时候，就注意尽量让截面跨度和高度的比值在规范规定的范围内，以保证构件具有足够的刚度，从而可省去挠度的验算。

4)挠度验算的步骤

(1)计算短期刚度：

$$B_s=\frac{E_sA_sh_0^2}{1.15\psi+0.2+\frac{6\alpha_E\times\rho}{1+3.5\gamma_f'}}$$

(2)计算长期刚度：

$$B=\frac{M_k}{M_q(\theta-1)+M_k}B_s$$

(3)计算跨中挠度及验算：

$$f=\frac{5M_k l_0^2}{48B}\leqslant[f]$$

【例题 4-1】 一矩形截面简支梁，$l_0=5.6$ m，截面尺寸 200 mm×500 mm，配置 4 根直径为 16 mm 的Ⅱ级受拉钢筋，$E_s=2.0\times10^5$ N/ mm²，$h_0=465$ mm，混凝土强度等级为 C20，$E_c=2.55\times10^4$ N/ mm²，承受均布荷载，其中永久荷载标准值 $g_k=12.4$ kN/m，活荷载标准值 $q_k=8$ kN/m，活荷载的准永久值系数为 0.5。混凝土保护层厚度 $c_s=25$ mm。试验算梁的挠度。

解：因混凝土强度等级为 C20，查表 2.2 得 $f_{tk}=1.54$ N/mm²；因 $l_0<7$ m，查表 4.1 得 $[f]=l_0/200$；因采用 4 根直径为 16 mm 的Ⅱ级受拉钢筋，查附表 1 得 $A_s=804$ mm²。

(1)计算梁内弯矩。

按荷载短期效应组合：

$$M_k=\frac{(g_k+q_k)l_0^2}{8}=\frac{(12.4+8)\times5.6^2}{8}=79.97\ (\text{kN}\cdot\text{m})$$

按荷载长期效应组合：

$$M_{\mathrm{q}}=\frac{(g_{\mathrm{k}}+0.5q_{\mathrm{k}})l_0^2}{8}=\frac{(12.4+0.5\times 8)\times 5.6^2}{8}=64.29(\mathrm{kN\cdot m})$$

(2)计算受拉钢筋应变不均匀系数。由式(4.7)、式(4.8)及式(4.6)得

$$\sigma_{\mathrm{s}}=\frac{M_{\mathrm{k}}}{0.87h_0A_{\mathrm{s}}}=\frac{79.97\times 10^6}{0.87\times 465\times 804}=246(\mathrm{N/mm^2})$$

$$\rho_{\mathrm{te}}=\frac{A_{\mathrm{s}}}{A_{\mathrm{te}}}=\frac{A_{\mathrm{s}}}{0.5bh(b_{\mathrm{f}}-b)h_{\mathrm{f}}}=\frac{804}{0.5\times 200\times 500+0\times 0}=0.016$$

$$\psi=1.1-\frac{0.65f_{\mathrm{tk}}}{\rho_{\mathrm{te}}\sigma_{\mathrm{s}}}=1.1-\frac{0.65\times 1.54}{0.016\times 246}=0.85$$

(3)计算短期刚度。矩形截面，$\gamma_{\mathrm{f}}'=0$。由式(4.9)、式(3.1)及式(4.5)得

$$\alpha_{\mathrm{E}}=\frac{E_{\mathrm{s}}}{E_{\mathrm{c}}}=\frac{2.0\times 10^5}{2.55\times 10^4}=7.84$$

$$\rho=\frac{A_{\mathrm{s}}}{bh_0}=\frac{804}{200\times 465}=0.008\ 65$$

$$B_{\mathrm{s}}=\frac{E_{\mathrm{s}}A_{\mathrm{s}}h_0^2}{1.15\psi+0.2+\dfrac{6\alpha_{\mathrm{E}}\times\rho}{1+3.5\gamma_{\mathrm{f}}'}}=\frac{2.0\times 10^5\times 804\times 465^2}{1.15\times 0.85+0.2+\dfrac{6\times 7.84\times 0.008\ 65}{1+3.5\times 0}}$$
$$=2\ 194\times 10^{10}(\mathrm{N\cdot mm^2})$$

(4)计算长期刚度。由于未配置受压钢筋，$\theta=2.0$。由式(4.11)得

$$B=\frac{M_{\mathrm{k}}}{M_{\mathrm{q}}(\theta-1)+M_{\mathrm{k}}}\cdot B_{\mathrm{s}}=\frac{79.97\times 2\ 194\times 10^{10}}{64.29(2-1)+79.97}=1\ 216\times 10^{10}(\mathrm{N\cdot mm^2})$$

(5)计算跨中挠度。由式(4.14)及式(4.12)得

$$f=\frac{5(g_{\mathrm{k}}+\psi_{\mathrm{q}}q_{\mathrm{k}})l_0^4}{384B}=\frac{5\times(12.4+1\times 8)\times 5\ 600^4}{384\times 1\ 216\times 10^{10}}=21.48(\mathrm{mm})$$

$[f]=\dfrac{l_0}{200}=\dfrac{5\ 600}{200}=28(\mathrm{mm})>21.48\ \mathrm{mm}$，挠度满足要求。

(二)裂缝宽度验算

1. 裂缝的出现、分布与开展

由于混凝土为非匀质材料，在荷载作用下，当产生的拉应力超过混凝土实际抗拉强度时，混凝土就会产生裂缝。由于混凝土各截面的抗拉强度并不完全相同，第一条裂缝首先在最薄弱的截面处出现。在裂缝出现的截面，钢筋和混凝土所受的拉应力将发生明显的变化，开裂处的混凝土退出抗拉工作，原来混凝土承担的拉力值转由钢筋来承担，裂缝截面处钢筋的应力会突然增加，由于钢筋和混凝土之间的黏结作用，在离开裂缝的位置，混凝土和钢筋的应力重分布，突增的钢筋应力逐渐减小，混凝土的应力逐渐增大到抗拉强度值。当荷载稍许增加时，在离开裂缝截面一定距离的其他薄弱截面处将出现第二条裂缝，如图 4-5 所示。随着荷载的增加，裂缝将逐渐出现，最终裂缝趋于稳定。再继续增加荷载时，会使原来的裂缝长度延伸和开裂宽度增加，如图 4-6 所示。当相邻两条主要裂缝之间的距离较大时，随着荷载的增加，在两

条裂缝之间可能还会出现一些细小裂缝。

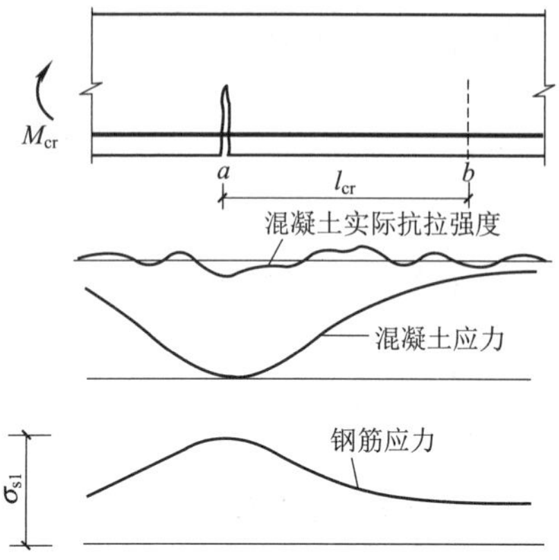

图 4-5　第一条至将出现第二条裂缝间混凝土及钢筋应力分布

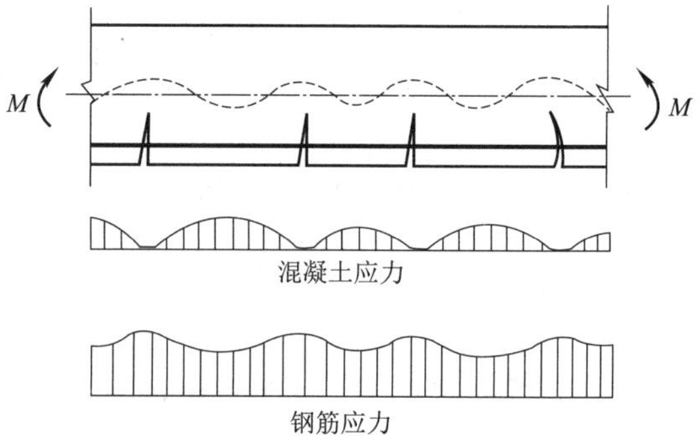

图 4-6　钢筋及混凝土应力随裂缝位置变化的情况

混凝土裂缝的出现是由于荷载产生的拉应力超过混凝土实际抗拉强度所致，而裂缝的开展是由于混凝土的回缩，钢筋不断伸长，导致混凝土和钢筋之间变形不协调的结果，也就是钢筋和混凝土之间产生相对滑移的结果，裂缝的宽度就是指混凝土表面处裂缝的开展宽度。而《混凝土结构设计规范》(GB 50010—2010)定义的裂缝宽度是指受拉钢筋重心水平处构件侧表面上混凝土的裂缝宽度。

在长期荷载作用下，由于混凝土的徐变和受拉钢筋的应力松弛，裂缝宽度还会进一步增大，此外，当构件受到不断变化的荷载作用时，也将导致裂缝宽度的增大。

实际上，混凝土裂缝的出现、裂缝的分布和裂缝的宽度都具有随机性，但从统计的观点来看，平均裂缝间距和平均裂缝宽度具有一定的规律性，平均裂缝宽度和最大裂缝宽度之间也有一定的规律性。

2. 裂缝宽度

假设混凝土材料是均质，则两条相邻裂缝的最大距离为 $2l_{cr,min}$，若裂缝之间的距离比 $2l_{cr,min}$ 稍微大时，就会在中间出现一条新的裂缝，使裂缝间距变为 $l_{cr,min}$。由于混凝土质量的不均质，裂缝间距也疏密不等，存在较大的离散性。从理论上讲，裂缝间距在 $l_{cr,min}$ 与 $2l_{cr,min}$ 之间，其平均裂缝间距为 $1.5l_{cr,min}$。

同一条裂缝，不同位置处的裂缝宽度也是不同的，梁底面的裂缝宽度要比梁侧面的大。沿裂缝深度，裂缝宽度也是不相等的，平均裂缝宽度等于在平均裂缝间距上钢筋的平均伸长量($\varepsilon_{sm}l_{cr}$)与同一高度处的混凝土的平均伸长量($\varepsilon_{cm}l_{cr}$)之差，用 w_m 表示，即

$$w_m=\varepsilon_{sm}l_{cr}-\varepsilon_{cm}l_{cr}=\varepsilon_{sm}\left(1-\frac{\varepsilon_{cm}}{\varepsilon_{sm}}\right)l_{cr} \tag{4.15}$$

式中　l_{cr}——按《混凝土结构设计规范》给出受弯构件平均裂缝间距计算公式计算得出。

令 $\alpha_c=1-\varepsilon_{cm}/\varepsilon_{sm}$，称 α_c 为裂缝间混凝土自身伸长对裂缝宽度的影响系数。实验研究表明，系数虽然与配筋率、截面形状和混凝土保护层厚度等因素有关，但在一般情况下，α_c 变化不大，且对裂缝的开展宽度影响不大，为简化计算，对受弯、轴心受拉构件，均可近似取 $\alpha_c=0.85$，则

$$w_m = \alpha_c \varepsilon_{sm} l_{cr} = 0.85 \varepsilon_{sm} l_{cr} = 0.85 \varphi \frac{\sigma_{sk}}{E_s} l_{cr} \tag{4.16}$$

3. 最大裂缝宽度

在荷载准永久组合作用下，其短期最大裂缝宽度应等于平均裂缝宽度 w_m 乘以荷载短期效应裂缝扩大系数 τ_s。对于轴心受拉和偏心受拉构件，$\tau_s = 1.9$，对于受弯和偏心受压构件，$\tau_s = 1.5$。此外，最大裂缝宽度 w_{max} 尚应考虑在荷载准永久组合作用下，由于受拉区混凝土应力松弛和滑移徐变，裂缝间受拉钢筋平均应变还将继续增长；同时混凝土收缩，也使裂缝宽度有所增大。短期最大裂缝宽度还需乘以荷载长期效应裂缝扩大系数 τ_l。对各种受力构件，均取 $\alpha_{sl}\tau_l = 0.9 \times 1.66 = 1.5$。这样，最大裂缝宽度为 $w_{max} = \tau_s \alpha_{sl} \tau_l w_m$。

《混凝土结构设计规范》规定，对于矩形、T 形、倒 T 形及工字形截面的钢筋混凝土受拉、受弯和偏心受压构件及预应力混凝土轴心受拉和受弯构件，应按荷载效应的标准组合并考虑长期作用影响的最大裂缝宽度(mm)按下式计算：

$$w_{max} = \alpha_{cr} \psi \frac{\sigma_s}{E_s} \left(1.9 c_s + 0.08 \frac{d_{eq}}{\rho_{te}}\right) \tag{4.17}$$

$$\rho_{te} = \frac{A_s + A_p}{A_{te}} \tag{4.18}$$

式中　α_{cr}——构件受力特征系数，具体取值见表 4.2；

ψ——裂缝间纵向受拉钢筋应变不均匀系数；当 $\psi < 0.2$ 时，取 $\psi = 0.2$；当 $\psi > 1$ 时，取 $\psi = 1$；对直接承受重复荷载的构件，取 $\psi = 1$；

表 4.2　构件受力特征系数表

类　型	α_{cr}	
	钢筋混凝土构件	预应力混凝土构件
受弯、偏心受压	1.9	1.5
偏心受拉	2.4	—
轴心受拉	2.7	2.2

σ_s——按荷载效应的标准组合计算的钢筋混凝土构件纵向受拉钢筋的应力或预应力混凝土构件纵向受拉钢筋的等效应力，对于受弯构件，按下式进行计算：

$$\sigma_s = \frac{M_k}{0.87 h_0 A_s}$$

其中　A_s——受拉区纵向钢筋截面面积，

M_k——按荷载效应的标准组合计算的弯矩值，即短期荷载效应；

E_s——钢筋弹性模量；

c_s——最外层纵向受拉钢筋外边缘至受拉区底边的距离(mm)，当 $c_s < 20$ 时，取 $c_s = 20$；当 $c_s > 65$ 时，取 $c_s = 65$；一般情况取 $c_s = 25$；

d_{eq}——受拉区纵向钢筋的等效直径(mm)，按下式计算：

$$d_{eq} = \frac{\sum n_i d_i^2}{\sum n_i v_i d_i} \tag{4.19}$$

其中　d_i——受拉区第 i 种纵向钢筋的公称直径(mm)，

n_i——受拉区第 i 种纵向钢筋的根数，

v_i——受拉区第 i 种纵向钢筋的相对黏结特性系数，具体取值见表 4.3；

ρ_{te}——按有效受拉混凝土截面面积计算的纵向受拉钢筋配筋率。在最大裂缝宽度计算中，当 $\rho_{te}<0.01$ 时，取 $\rho_{te}=0.01$；

A_{te}——有效受拉混凝土截面面积，对受弯构件，取 $A_{te}=0.5bh+(b_f-b)h_f$，此处 b_f、h_f 为受拉翼缘的宽度、高度；

A_s——受拉区纵向非预应力钢筋截面面积；

A_p——受拉区纵向预应力钢筋截面面积。

表 4.3　钢筋的相对黏结特性系数

钢筋类别	光面钢	带肋钢
v_i	0.7	1.0

注：本表中的钢筋为非预应力钢筋。

4. 最大裂缝宽度验算

$$w_{max}\leqslant w_{lim} \tag{4.20}$$

式中　w_{lim}——最大裂缝宽度限值，具体取值见表 4.4。

表 4.4　结构构件的裂缝控制等级及最大裂缝宽度限值

<table>
<tr><th rowspan="2">环境类别</th><th colspan="2">钢筋混凝土结构</th><th colspan="2">预应力混凝土结构</th></tr>
<tr><th>裂缝控制等级</th><th>w_{lim}</th><th>裂缝控制等级</th><th>w_{lim}</th></tr>
<tr><td>一</td><td rowspan="4">三级</td><td>0.3(0.4)</td><td rowspan="2">三级</td><td>0.2</td></tr>
<tr><td>二 a</td><td rowspan="3">0.2</td><td>0.1</td></tr>
<tr><td>二 b</td><td>二级</td><td>—</td></tr>
<tr><td>三 a、三 b</td><td>一级</td><td>—</td></tr>
</table>

注：(1)表中的规定适用于采用热轧钢筋的钢筋混凝土构件和采用预应力钢丝、钢绞线及预应力螺纹钢筋的预应力混凝土构件；当采用其他类别的钢丝或钢筋时，其裂缝控制要求可按专门标准确定；

(2)对处于年平均相对湿度小于 60%地区一类环境下的受弯构件，其最大裂缝宽度限值可采用括号内的数值；

(3)在一类环境下，对钢筋混凝土屋架、托架及需作疲劳验算的吊车梁，其最大裂缝宽度限值应取为 0.20 mm；对钢筋混凝土屋面梁和托梁，其最大裂缝宽度限值应取为 0.30 mm；

(4)在一类环境下，对预应力混凝土屋架、托架及双向板体系，应按二级裂缝控制等级进行验算；对一类环境下的预应力混凝土屋面梁、托梁、单向板，按表中二 a 级环境的要求进行验算；在一类和二类环境下的需作疲劳验算的预应力混凝土吊车梁，应按一级裂缝控制等级进行验算；

(5)表中规定的预应力混凝土构件的裂缝控制等级和最大裂缝宽度限值仅适用于正截面的验算；

(6)对于烟囱、筒仓和处于液体压力下的结构构件，其裂缝控制要求应符合专门标准的有关规定；

(7)混凝土保护层厚度较大的构件，可根据实践经验对表中最大裂缝宽度限值适当放宽。

《混凝土结构设计规范》(GB 50010—2010)将结构构件正截面的裂缝控制等级分为三级。裂缝控制等级的划分应符合下列规定：

一级——严格要求不出现裂缝的构件，按荷载效应标准组合计算时，构件受拉边缘混凝土不应产生拉应力。

二级——一般要求不出现裂缝的构件，按荷载效应标准组合计算时，构件受拉边缘混凝土拉应力大于混凝土轴心抗拉强度标准值；按荷载效应准永久组合计算时，构件受拉边缘混凝土不宜产生拉应力，当有可靠经验时可适当放松。

三级——允许出现裂缝的构件，按荷载效应标准组合并考虑长期作用影响计算时，构件的最大裂缝宽度不应超过规定的最大裂缝宽度限值 w_{min}。

裂缝验算的步骤：

(1)查 α_{cr}(见表 4.2)，计算 ψ 等未知量：

(2)计算最大裂缝宽度[按式(4.17)计算]：

$$w_{max}=\alpha_{cr}\psi\frac{\sigma_s}{E_s}\left(1.9c_s+0.08\frac{d_{eq}}{\rho_{te}}\right)$$

(3)判断是否符合要求[按式(4.20)判断]：

$$w_{max}\leqslant w_{lim}$$

5. 减小受弯构件裂缝的措施

(1)降低钢筋等效应力 σ_s，可采用的措施有加大钢筋的用量以增加 A_s 或增大构件截面尺寸(增大截面高度)；

(2)减小 ψ，可采取降低钢筋的等效应力或提高混凝土强度等级的措施；

(3)当保护层厚度不变时，宜采用变形钢筋和直径较细的钢筋，或增加钢筋用量；从经济和实际效果来看，采用直径较小的变形钢筋(带肋钢筋)对减小裂缝宽度很有利。

【例题 4-2】 梁的原始条件同例题 4-1，裂缝宽度允许值为 0.3 mm。试验算该梁在正常使用阶段的最大裂缝宽度是否符合要求。

解：(1)查表 4.2 得 $\alpha_{cr}=1.9$。查表 2.6 得 $E_s=2.0\times10^5$，因为只有一种钢筋直径，所以 $d_{eq}=16$ mm。

(2)按式(4.17)计算最大裂缝宽度得

$$\begin{aligned}w_{max}&=\alpha_{cr}\psi\frac{\sigma_s}{E_s}\left(1.9c_s+0.08\frac{d_{eq}}{\rho_{te}}\right)\\&=1.9\times0.85\times\frac{246}{2.0\times10^5}\times\left(1.9\times25+0.08\times\frac{16}{0.016}\right)\\&=0.25(\text{mm})<0.3\text{ mm}\end{aligned}$$

满足要求。

【例题 4-3】 一矩形截面受弯构件的截面尺寸为 200 mm×500 mm，混凝土的强度等级为 C20，钢筋为Ⅱ级钢筋，配置 2 根直径为 25 mm，1 根直径为 28 mm 的受拉钢筋，混凝土保护层厚度为 $c_s=25$ mm，跨中弯矩值 $M_s=160$ kN·m，裂缝宽度允许值 $w_{lim}=0.3$ mm，试验算该梁最大裂缝宽度是否符合要求。

解：(1)因混凝土强度等级为 C20，查表 2.2 得 $f_{tk}=1.54\text{ N/mm}^2$；因钢筋为Ⅱ级钢筋，查表 2.6 得 $E_s=200\text{ kN/ mm}^2$，查表 4.3 得 $v=1.0$；查表 4.2 得构件受力特征系数 $\alpha_{cr}=1.9$。

(2)计算矩形截面有效高度：

$$h_0=h-a_s=500-(25+28/2)=461(\text{mm})$$

(3)因钢筋为 2 根直径为 25 mm 和 1 根直径为 28 mm 的Ⅱ级受拉钢筋，查附表 1，得 $A_s=1\ 597.8\text{ mm}^2$。

(4)计算钢筋直径。因采用了两种直径的钢筋，故应按换算直径 d_{eq} 来计算。根据公式(4.19)得

$$d_{eq}=\frac{\sum n_i d_i^2}{\sum n_i v_i d_i}=\frac{2\times25^2+1\times28^2}{2\times1\times25+1\times1\times28}=26(\text{mm})$$

(5)计算有效受拉区混凝土面积：

$$A_{te}=0.5bh=0.5\times200\times500=50\ 000(\mathrm{mm}^2)$$

(6)计算有效配筋率。根据公式(4.18)得

$$\rho_{te}=\frac{A_s+A_p}{A_{te}}=\frac{1\ 597.8+0}{50\ 000}=0.032>0.01$$

(7)计算纵向受拉钢筋的等效应力 σ_s。根据公式(4.7)得

$$\sigma_s=\frac{M_s}{0.87h_0A_s}=\frac{160\times10^6}{0.87\times461\times1\ 597.8}=249.7(\mathrm{N/mm}^2)$$

(8)计算裂缝间纵向受拉钢筋应变不均匀系数 ψ。根据公式(4.6)得

$$\psi=1.1-0.65\frac{f_{tk}}{\rho_{te}\sigma_s}=1.1-\frac{0.65\times1.54}{0.032\times249.7}=0.975$$

(9)计算最大裂缝宽度 w_{max}。根据公式(4.17)得

$$\begin{aligned}w_{max}&=\alpha_{cr}\psi\frac{\sigma_s}{E_s}\left(1.9c_s+0.08\frac{d_{eq}}{\rho_{te}}\right)\\&=1.9\times0.975\times\frac{249.7}{200\times10^3}\times\left(1.9\times25+0.08\times\frac{26}{0.032}\right)\\&=0.26(\mathrm{mm})<0.3\ \mathrm{mm}\end{aligned}$$

该梁最大裂缝宽度符合要求。

【例题 4-4】 某教学楼内有一钢筋混凝土矩形截面简支梁，截面尺寸为 250 mm×700 mm，C25 混凝土，HRB400 钢筋，混凝土保护层厚度 $c_s=25$ mm，按正截面计算，设 4Φ25 ($A_s=1\ 964\ \mathrm{mm}^2$)纵向受拉钢筋，按荷载效应标准组合计算的弯矩值为 $M_k=185.22$ kN，$a_s=40$ mm，$w_{lim}=0.3$ mm，试验算该梁的裂缝宽度是否满足要求。

解题思路：本题为受弯构件裂缝宽度验算问题。先计算按有效受拉混凝土截面计算的纵向受拉钢筋的配筋率，然后计算准永久效应组合下的钢筋应力及钢筋应变不均匀系数，最后计算构件的最大裂缝宽度。

解：因混凝土强度等级为 C25，查表 2.2 得 $f_{tk}=1.78\ \mathrm{N/mm^2}$；因钢筋为 HRB400 钢筋，查表 2.6 得 $E_s=200\ \mathrm{kN/mm^2}$，查表 4.3 得 $v=1.0$；查表 4.2 得 $\alpha_{cr}=1.9$；$d_{eq}=25$ mm，$h_0=700-40=660(\mathrm{mm})$。

(1)计算有效受拉区配筋率 ρ_{te}。根据公式(4.18)得

$$\rho_{te}=\frac{A_s}{A_{te}}=\frac{A_s}{0.5bh}=\frac{1\ 964}{0.5\times250\times700}=0.022\ 4>0.01$$

(2)计算短期效应组合下的钢筋应力 σ_s。根据公式(4.7)得

$$\sigma_s=\frac{M_k}{0.87A_sh_0}=\frac{185.22\times10^6}{0.87\times1\ 964\times660}=164.2(\mathrm{N/mm}^2)$$

(3)计算钢筋应变不均匀系数 ψ。根据公式(4.6)得

$$\psi=1.1-\frac{0.65f_{tk}}{\rho_{te}\sigma_s}=1.1-\frac{0.65\times1.78}{0.022\ 4\times164.2}=0.79<1.0$$

(4)计算最大裂缝宽度 w_{max}。根据公式(4.17)得

$$w_{max}=\alpha_{cr}\psi\frac{\sigma_s}{E_s}\left(1.9c_s+0.08\frac{d_{eq}}{\rho_{te}}\right)$$

$$=1.9\times0.79\times\frac{164.2}{2\times10^5}\times\left(1.9\times25+0.08\times\frac{25}{0.0224}\right)$$

$$=0.17(\mathrm{mm})<w_{\lim}=0.3\ \mathrm{mm}$$

该梁的裂缝宽度满足要求。

学习项目二　混凝土结构的耐久性

一、引　　文

混凝土结构的耐久性是指在正常维护的条件下，在预计的使用时期内，在指定的工作环境中保证结构满足预定功能的能力。所谓正常维护，是指不因耐久性问题而需花过高维修费用；预计的使用时间，也称设计使用寿命，例如保证使用50年、100年等，这可根据建筑物的重要程度或业主需要而定；指定的工作环境，是指建筑物所在地区的环境及工业生产形成的环境等。耐久性设计涉及面广，影响因素多，主要考虑以下几个方面因素：①环境分类，针对不同环境，采取不同的措施；②耐久性等级或结构寿命分类；③耐久性计算对设计寿命或既存结构的寿命作出预计；④保证耐久性的构造措施和施工要求等。

二、相关理论知识

(一)耐久性设计目的和基本原则

近几年的工程调查表明，我国的混凝土结构普遍存在着耐久性不足的问题，有相当数量的混凝土结构使用不到二十年就开始出现钢筋锈蚀、混凝土破损等现象，提高混凝土结构的耐久性和耐久性设计问题日益受到重视。耐久性设计目的在于配制服役中耐久可靠的混凝土构筑物。

我国在2008年就已编制《混凝土结构耐久性设计规范》，详尽说明了混凝土劣化的各种环境因素，并对各种混凝土侵蚀因素划分成不同的腐蚀等级；对混凝土的化学钢筋锈蚀、机械磨损、化学侵蚀、冻融给出了等级之分；进而给出不同环境条件、不同侵蚀等级下的混凝土组成和性能的限制值。

1. 混凝土结构的设计寿命

确定使用寿命，就是确定耐久性设计目标。混凝土结构的设计使用寿命应综合考虑结构的重要性、安全性、工作环境的侵蚀性和使用性等因素后确定。可以将混凝土结构的设计使用寿命划分为Ⅰ级、Ⅱ级和Ⅲ级。重要建筑选用Ⅰ级，一般性建筑选用Ⅱ级，使用期较短的建筑物、次要建筑物可选用Ⅲ级。在特定条件下，局部构件的设计使用寿命可以低于结构整体的设计寿命，这些构件应该是可以更换或易于更换的构件。

2. 混凝土结构的耐久性极限状态

混凝土结构的耐久性极限状态，是指整个结构或结构的一部分超过某一特定状态就不能满足设计规定的耐久性要求，此特定状态称为耐久性极限状态。一般认为，当混凝土结构因耐久性不满足设计要求而使维修费用过大，严重超出正常维修的允许范围时，结构的使用寿命也就结束了。因此，混凝土结构不满足设计规定的耐久性要求，即为一种失效状态，应计入混凝土结构失效概率之内，不能正常使用或外观出现不可接受的破损等均可作为结构耐久性极限状态的标志。

(二)结构工作环境分类

混凝土结构耐久性与结构工作的环境有密切关系。同一结构在强腐蚀环境中要比在一般大气环境中使用寿命短。工作环境分类可使设计者针对不同的环境类别采用相应的对策。如在恶劣环境中工作的混凝土一味增大混凝土保护层是很不经济的,效果也不好,还不如采取防护涂层覆面,并规定定期重涂的年限。混凝土结构的工作环境分为五大类,见表 4.5。

表 4.5 混凝土结构的工作环境类别

环境类别	条 件
一	室内干燥环境 无侵蚀性静水浸没环境
二 a	室内潮湿环境 非严寒和非寒冷地区的露天环境 非严寒和非寒冷地区与无侵蚀性的水或土壤直接接触的环境 严寒和寒冷地区的冰冻线以下与无侵蚀性的水或土壤直接接触的环境
二 b	干湿交替环境 水位频繁变动环境 严寒和寒冷地区的露天环境 严寒和寒冷地区的冰冻线以上与无侵蚀性的水或土壤直接接触的环境
三 a	严寒和寒冷地区冬季水位变动区环境 受除冰盐影响环境 海风环境
三 b	盐渍土环境 受除冰盐作用环境 海岸环境
四	海水环境
五	受人为或自然的侵蚀性物质影响的环境

注:(1)室内潮湿环境是指构件表面经常处于结露或湿润状态的环境;

(2)严寒和寒冷地区的划分应符合现行国家标准《民用建筑热工设计规范》(GB 50176—2016)的有关规定;

(3)海岸环境和海风环境宜根据当地情况,考虑主导风向及结构所处迎风、背风部位等因素的影响,由调查研究和工程经验确定;

(4)受除冰盐影响环境是指受到除冰盐盐雾影响的环境;受除冰盐作用环境是指被除冰盐溶液溅射的环境以及使用除冰盐地区的洗车房、停车楼等建筑;

(5)暴露的环境是指混凝土结构表面所处的环境。

(三)对混凝土的基本要求

影响结构耐久性的另一个重要因素是混凝土的质量。控制水灰比、减小渗透性、提高混凝土的强度等级、增加混凝土的密实性以及控制混凝土中氯离子和碱的含量等,对于混凝土的耐久性起着非常重要的作用。

建筑工程耐久性对混凝土质量的主要要求是:

(1)一类、二类和三类环境中,设计使用年限为 50 年的结构混凝土材料应符合相关规定(见表 4.6)。

(2)一类环境中,设计使用年限为 100 年的结构混凝土应符合下列规定:

①钢筋混凝土结构的最低混凝土强度等级为 C30;预应力混凝土结构的最低混凝土强度等级为 C40。

②混凝土中的最大氯离子含量为 0.06%。

③宜使用非碱活性骨料;当使用碱活性骨料时,混凝土中的最大碱含量为 3.0 kg/m³。

④混凝土保护层厚度应按规定增加 40%；当采取有效的表面防护措施时，混凝土保护层厚度可适当减少。

⑤在使用过程中，应定期维护。

(3)二类和三类环境中，设计使用年限为 100 年的混凝土结构，应采取专门有效措施。

(4)严寒及寒冷地区的潮湿环境中，结构混凝土应满足抗冻要求，混凝土抗冻等级应符合有关标准的要求。

(5)有抗渗要求的混凝土结构，混凝土的抗渗等级应符合有关标准的要求。

(6)三类环境中的结构构件，其受力钢筋宜采用环氧树脂涂层带肋钢筋；对预应力钢筋、锚具及连接器，应采取专门防护措施。

(7)四类和五类环境中的混凝土结构，其耐久性要求应符合有关标准的规定。

(8)对临时性混凝土结构，可不考虑混凝土的耐久性要求。

表 4.6　结构混凝土材料的耐久性基本要求

环境等级	最大水胶比	最低强度等级	最大氯离子含量(%)	最大碱含量($kg\cdot m^{-3}$)
一	0.60	C20	0.30	不限制
二 a	0.55	C25	0.20	3.0
二 b	0.50(0.55)	C30(C25)	0.15	
三 a	0.45(0.50)	C35(C30)	0.15	
三 b	0.40	C40	0.10	

注：(1)氯离子含量系指其占胶凝材料总量的百分比；
(2)预应力构件混凝土中的最大氯离子含量为 0.06%；最低混凝土强度等级应按表的规定提高两个等级；
(3)素混凝土构件的水胶比及最低强度等级的要求可适当放宽；
(4)有可靠工程经验时，二类环境中的最低混凝土强度等级可降低一个等级；
(5)处于严寒和寒冷地区二 b、三 a 类环境中的混凝土应使用引气剂，并可采用括号中的有关参数；
(6)当使用非碱活性骨料时，对混凝土中的碱含量可不作限制；

混凝土结构的耐久性除了根据环境类别和使用年限对混凝土的质量提出要求以外，还通过混凝土保护层厚度等构造措施进行控制。此外，还要求对结构进行合理使用及定期的检查与维护。

三、相关案例——东海大桥混凝结构土耐久性策略

1. 东海大桥混凝土结构耐久性设计背景

东海大桥主体结构均采用现浇混凝土，混凝土的设计强度在 C30～C60 之间。在海洋环境下混凝土结构的腐蚀主要由气候和环境介质侵蚀引起。主要表现形式有钢筋锈蚀、冻融循环、盐类侵蚀、溶蚀、碱—集料反应和冲击磨损等。东海大桥位于典型的亚热带地区，可不考虑严重的冻融破坏和浮冰的冲击磨损；可以通过控制混凝土组分来避免镁盐、硫酸盐等盐类侵蚀和碱骨料反应破坏，因此钢筋锈蚀破坏就成为最主要的问题。

2. 提高海上混凝土耐久性的技术措施

国内外研究显示，目前较为成熟的提高海洋钢筋混凝土工程耐久性的主要技术措施有：

(1)采用高性能海上混凝土。其技术途径是采用优质混凝土矿物掺和料和新型高效减水剂复合，配以与之相适应的水泥和级配良好的粗细骨料，形成低水胶比，低缺陷，高密实、高耐久的混凝土材料。高性能海上混凝土以较高的抗氯离子渗透性为特征，其优异的耐久性和性

能价格比，已受到国内外工程界的认同。

(2)提高混凝土保护层厚度。这是提高海洋工程钢筋混凝土使用寿命的最为直接、简单而且经济有效的方法。但是保护层厚度并不能无限制地任意增加。当保护层厚度过厚时，由于混凝土材料本身的脆性和收缩，会导致混凝土保护层出现裂缝，反而削弱其对钢筋的保护作用。

(3)混凝土保护涂层。完好的混凝土保护涂层具有阻绝腐蚀性介质与混凝土接触的特点，从而延长混凝土和钢筋混凝土的使用寿命。然而大部分涂层本身会在环境的作用下老化，并逐渐丧失其功效，一般寿命在 5～10 年，只能作辅助措施。

(4)阻锈剂。阻锈剂通过提高氯离子促使钢筋腐蚀的临界浓度来稳定钢筋表面的氧化物保护膜，从而延长钢筋混凝土的使用寿命。但由于其有效用量较大，作为辅助措施较为适宜。

3. 东海大桥混凝土结构耐久性策略

为提高钢筋混凝土结构耐久性，首先，要从材质本身的性能出发，提高混凝土材料本身的耐久性能，即采用高性能混凝土；其次，找出破坏作用的主次因素，对主次因素对症施治，并依据混凝土构件所处结构部位及使用环境条件，采用必要的补充防腐措施；再次，尽可能提高钢筋保护层厚度(一般不小于 50 mm)，某些部位还可复合采用保护涂层或阻锈剂等辅助措施，形成以高性能混凝土为基础的综合防护策略。在保证施工质量和原材料品质的前提下，混凝土结构的耐久性将可以达到设计要求。

知识拓展——西藏地区桥梁面临的主要耐久性问题

西藏地区修建的桥梁，面临的主要耐久性问题归纳如下：

(1)混凝土在低、负温下强度的发展。

(2)混凝土的抗冻融性能。因为冻融交替频繁，最低温度低于 −45 ℃，又有各种劣化因子的综合作用，故不能采用一般混凝土的抗冻方法，还必须用特殊的方法，确定混凝土的抗冻性。

(3)盐的腐蚀。包括氯盐、硫酸盐与镁盐等。盐的侵蚀与碳化、干燥、温差与热应力引起的裂缝及冻融开裂等是综合的劣化作用，是耐久性病害的综合症。

(4)干燥、温差与热应力引起的开裂。

(5)风蚀。对混凝土表面硬度要求甚高。

(6)对多年冻土的热扰动，会引起结构的不均匀下沉，开裂破坏。

思考题

4-1　裂缝宽度超过规定的限值时，可采取哪些措施来减小裂缝宽度？

4-2　什么是“最小刚度原则”？计算挠度时，刚度应该采取哪个刚度？为什么？

4-3　进行变形和裂缝宽度验算时，荷载和材料强度取什么值？为什么？

4-4　在钢筋混凝土受弯构件结构设计时，为什么要对变形和裂缝宽度进行验算？在对变形和裂缝宽度进行验算时，应采取哪个应力阶段为依据？

4-5　钢筋混凝土构件进行裂缝和变形验算的目的是什么？

4-6　试说明建立受弯构件刚度(B_s)计算公式的基本思路和方法，它在哪些方面反映了钢筋混凝土的特点？

4-7　试说明受弯构件长期刚度 B 的意义？说明参数 ψ 的物理意义及其主要影响因素。

4-8　试说明《混凝土结构设计规范》关于受弯构件挠度计算的基本规定。

4-9 试分析影响混凝土结构耐久性的主要因素？如何提高混凝土结构的耐久性？

习　题

4-1　某钢筋混凝土简支梁，计算跨度 $l_0=7.2$ m，截面尺寸 $b\times h=250$ mm×500 mm，混凝土强度等级为 C20，钢筋为Ⅱ级钢筋，梁承受均布荷载，其中永久荷载标准值为 $g_k=12$ kN/m(包含自重)，可变荷载标准值为 $q_k=8$ kN/m，纵向受拉钢筋为 4 根直径 20 mm 的钢筋，一排布置，允许挠度值为 $[f]=l_0/250$。试验算其跨中挠度是否满足要求。

4-2　数据同习题 4-1，最大裂缝宽度限值为 $w_{lim}=0.3$ mm。试验算该梁最大裂缝宽度是否满足要求？

4-3　某钢筋混凝土简支梁，计算跨度 $l_0=6$ m，截面尺寸 $b\times h=250$ mm×550 mm，混凝土强度等级为 C25，钢筋为Ⅱ级钢筋，梁承受均布荷载，其中永久荷载标准值为 $g_k=9$ kN/m(包含自重)，可变荷载标准值为 $q_k=5$ kN/m，纵向受拉钢筋为 4 根直径 18 mm 的钢筋，一排布置，允许挠度值为 $[f]=l_0/250$，最大裂缝宽度限值为 $w_{lim}=0.3$ mm。试验算其跨中挠度以及最大裂缝宽度是否满足规范要求。

4-4　某简支梁，计算跨度 $l_0=6.0$ m，截面尺寸为 200 mm×600 mm，C25 混凝土，HRB400 钢筋，混凝土保护层厚度 $c=25$ mm，按正截面计算配置 $4\Phi18$($A_s=1\,017$ mm^2)钢筋，$a_s=35$ mm。已知作用在梁上的恒荷载标准值 $g_k=12$ kN/m(含自重)，活荷载标准值 $q_k=9$ kN/m(准永久值系数 $\varphi_q=0.4$)，梁的允许挠度值为 $[f]=l_0/200$。试验算该梁的挠度。

4-5　一简支梁拟设计成矩形截面，$b\times h=250$ mm×550 mm，拟采用 C25 的混凝土，Ⅱ级钢筋，梁的跨度为 $l_0=6.9$ m，均布荷载，其中永久荷载标准值 $g_k=15$ kN/m，活荷载标准值 $q_k=9$ kN/m，活荷载的准永久值系数为 0.5。试从承载能力极限状态考虑，来配置此梁内的钢筋，并从正常使用极限状态考虑该梁的最大挠度及最大裂缝宽度是否满足规范的要求。

单元五　钢筋混凝土受压构件承载力计算

学习导读

钢筋混凝土受压构件在工程结构中极为常见，例如桥墩台施工、多层框架边柱及水塔的筒壁等。

本单元主要介绍钢筋混凝土轴心、偏心受压构件正截面承载力的计算方法及相应的构造措施；偏心受压构件正截面的两种破坏形态及判别方法。为今后从事小型变更设计工作打下一个良好的知识基础。

能力目标

1. 具备分析钢筋混凝土结构的能力；
2. 具备分析钢筋混凝土柱承载力计算的能力。

知识目标

1. 掌握受压构件的分类；
2. 掌握轴心受压构件承载力的计算；
3. 掌握受压构件的构造要求；
4. 掌握偏心受压构件的分类；
5. 熟悉偏心受压构件承载力的计算。

学习项目一　受压构件一般构造要求

一、引　　文

钢筋混凝土受压构件在荷载作用下，其截面上一般有轴力、弯矩和剪力。柱是受压构件的典型代表构件，如图 5.1 所示。

受压构件是钢筋混凝土结构中的重要构件，它分为轴心受压构件和偏心受压构件。偏心受压又分为单向偏心受压构件和双向偏心受压构件，如图 5.2 所示。

对于钢筋混凝土轴心受压构件，只需进行正截面承载力计算。轴心受压构件正截面承载力计算公式应考虑到应力分布不均匀对其承载力的影响。

偏心受压构件因偏心距大小和受拉钢筋多少的不同，截面将有两种破坏情况，即大偏心受压破坏（截面破坏时受拉钢筋能屈服）和小偏心受压破坏（截面破坏时受拉钢筋不能屈服）。在考虑了偏心距增大系数后，根据截面力的平衡条件，即可得偏心受压构件的计算公式。

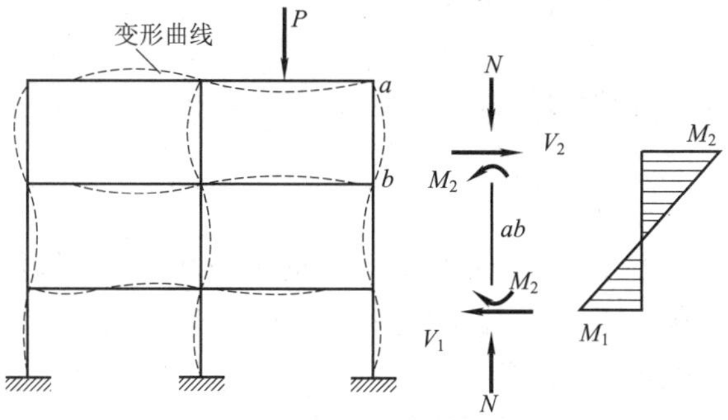

图 5.1　钢筋混凝土结构框架柱内力

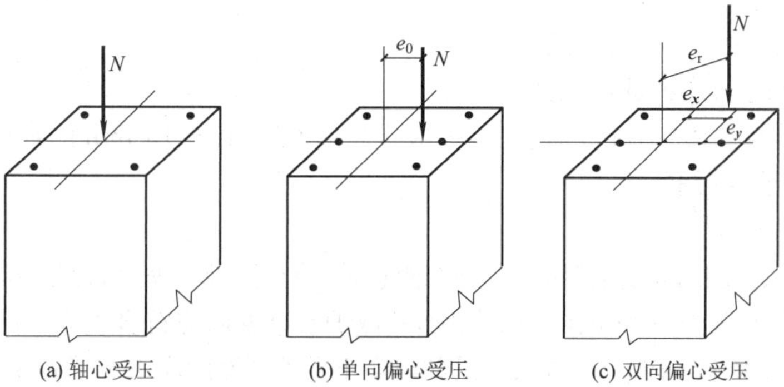

图 5.2　轴心受压与偏心受压

受压构件在结构中具有重要作用，一旦破坏将导致整个结构的损坏甚至倒塌。

二、相关理论知识

（一）材料强度要求

（1）混凝土强度等级宜采用较高强度的混凝土。一般采用 C25、C30、C35、C40，对于高层建筑的底层柱，必要时可采用高强度等级的混凝土。

（2）纵向钢筋一般采用 HRB400 级、HRB335 级和 RRB400 级，不宜采用高强度钢筋，这是由于它与混凝土共同受压时，不能充分发挥其高强度的作用。

（3）箍筋一般采用 HPB300 级、HRB335 级钢筋，也可采用 HRB400 级钢筋。

（二）截面形式及尺寸

1. 截面形式

偏心受压构件一般采用矩形截面，但为了节约混凝土和减轻柱的自重，较大尺寸的柱常常采用工字形截面。拱结构的肋常做成 T 形截面。桩、电杆、烟囱、水塔支筒等常用环形截面。

2. 截面尺寸

（1）方形或矩形截面柱

截面不宜小于 250 mm×250 mm。为了避免矩形截面轴心受压构件长细比过大，承载力降低过多，常取 $l_0/b \leqslant 30$，$l_0/h \leqslant 25$。此处 l_0 为柱的计算长度，b 为矩形截面短边边长，h 为长边边长。

为了施工支模方便，柱截面尺寸宜使用整数，截面尺寸≤800 mm 时，以 50 mm 为模数；截面尺寸>800 mm 时，以 100 mm 为模数。

(2)工字形截面柱

翼缘厚度≥100 mm，腹板厚度≥80 mm。

(三)纵　　筋

1. 纵筋的配筋率

轴心受压构件、偏心受压构件全部纵筋的配筋率≥0.6%；同时，一侧钢筋的配筋率≥0.2%。当混凝土强度等级大于 C60 时，配筋率不应小于 0.7%。

2. 轴心受压构件的纵向受力钢筋

(1)沿截面的四周均匀放置，根数不得少于 4 根。

(2)直径不宜小于 12 mm，通常为 16～32 mm。宜采用较粗的钢筋。

(3)全部纵筋配筋率≤5%。

3. 偏心受压构件的纵向受力钢筋

(1)放置在偏心方向截面的两边。

(2)当截面高度 h≥600 mm 时，在侧面应设置直径为 10～16 mm 的纵向构造钢筋，并相应地设置附加箍筋或拉筋。

4. 保护层厚度

结构中最外层钢筋的混凝土保护层厚度(钢筋外边缘至混凝土表面的距离)应不小于钢筋的公称直径。设计使用年限为 50 年的混凝土结构，其保护层厚度尚应符合表 3.3 的规定。设计使用年限为 100 年的混凝土结构，其最外层钢筋的混凝土保护层厚度应不小于表 3.3 数值的 1.4 倍。

5. 钢筋间距

钢筋净距≥50 mm；中距≤300 mm。

6. 纵筋的连接

(1)纵筋的连接接头宜设置在受力较小处。

(2)可采用机械连接，也可采用焊接或搭接。

(3)对于直径大于 28 mm 的受拉钢筋和直径大于 32 mm 的受压钢筋，不宜采用绑扎的搭接接头。

(四)箍　　筋

1. 形式

为了能箍住纵筋，防止纵筋压曲，柱中箍筋应做成封闭式。

2. 间距

在绑扎骨架中≤15d，在焊接骨架中≤20d(d 为纵筋最小直径)，且≤400 mm，亦不大于截面的短边尺寸。

3. 直径

(1)箍筋直径≥$d/4$(d 为纵筋的最大直径)，且≥6 mm；

(2)当纵筋配筋率超过 3%时，箍筋直径≥8 mm，其间距≤10d(d 为纵筋最小直径)。

4. 复合箍筋

当截面短边大于 400 mm，截面各边纵筋多于 3 根时，应设置复合箍筋。

当截面短边不大于 400 mm，且纵筋不多于四根时，可不设置复合箍筋。

5. 纵筋搭接长度范围内箍筋

在纵筋搭接长度范围内，箍筋直径不宜小于搭接钢筋直径的 0.25 倍，且箍筋间距应加密：

(1)当搭接钢筋受拉时，箍筋间距≤5d，且≤100 mm；

(2)当搭接钢筋受压时，箍筋间距≤10d，且≤200 mm；

(3)当搭接受压钢筋直径大于 25 mm 时，应在搭接接头两个端面外 100 mm 范围内各设置两根箍筋。

对于截面形状复杂的构件，不可采用具有内折角的箍筋，避免产生向外的拉力，致使折角处的混凝土破损。

三、相关案例——桥梁施工现场图

图 5.3 为制梁台座端墙立柱施工图，图 5.4 为桥梁钢筋混凝土钻孔桩配筋施工现场图。

图 5.3　制梁台座端墙立柱施工图

图 5.4　钢筋混凝土钻孔桩配筋施工图

学习项目二　轴心受压构件

一、引　　文

当构件所受压力的作用点与构件截面的形心重合时，则构件横截面产生的压应力为均匀分布，这种构件称为轴心受压构件。

这种轴心受压是受压构件理想情况下的受力状态，在实际程中，很少见，但为了计算的方便，我们往往需要进行简化计算。

二、相关理论知识

(一)轴心受压短柱的受力分析

1. 短柱的试验研究

钢筋混凝土短柱加载示意图如图 5.5(a)所示。在短期荷载作用下，柱截面上各处的应变均匀分布，因混凝土与钢筋黏结较好，两者的压应变值相同。当荷载较小时，轴向压力与压缩量基本成正比例增长；当荷载较大时，由于混凝土的非线性性质使得轴向压力和压缩变形不再保持正比关系，变形增加比荷载增加更快，荷载增加至一定量时，柱中的纵向钢筋屈服。当轴向压力增加到破坏荷载的 90%左右时，柱四周出现纵向裂缝及压坏痕迹。随着荷载继续增加，混凝土保护层剥落，纵筋向外压曲，混凝土被压碎而柱破坏。柱的破坏荷载为 409.1 kN。荷载—变形关系的试验曲线以及柱的破坏形态如图 5.5(b)、(c)所示。

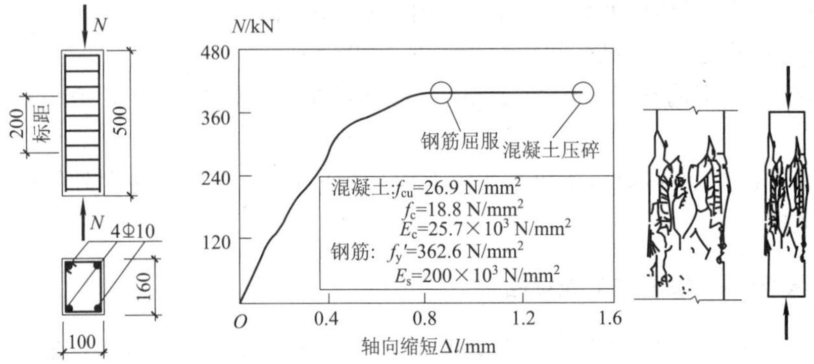

(a) 试件加载(单位:mm)　(b) 荷载—变形曲线　(c) 破坏形式

图 5.5　轴心受压短柱的试验结果

由试验可知,从加载到破坏,短柱的受力过程分为两个阶段:开始加载到钢筋屈服为第Ⅰ阶段;从钢筋屈服到混凝土被压碎为第Ⅱ阶段。

2. 轴向压力与变形的关系

钢筋混凝土轴心受压构件由纵向钢筋和混凝土共同承担压力,钢筋与混凝土变形协调,应变值相等,如图 5.6(a)所示,即

$$\varepsilon=\varepsilon_c=\varepsilon_s'=\frac{\Delta l}{l} \tag{5.1}$$

式中　ε——钢筋混凝土构件的应变;

ε_c——混凝土的应变;

ε_s'——纵向受压钢筋的应变;

Δl——柱的压缩长度;

l——柱的长度。

根据外力与内力的静力平衡,如图 5.6(b)所示,可得

$$N=\sigma_c A+\sigma_s' A_s' \tag{5.2}$$

式中　N——作用于构件的轴向压力;

σ_c、σ_s'——混凝土压应力和钢筋的压应力;

A、A_s'——构件的截面面积和受压纵向钢筋的截面积。

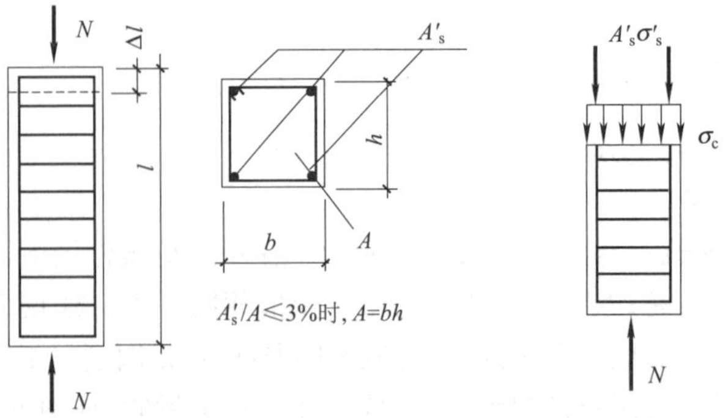

(a)　(b)

图 5.6　钢筋混凝土轴心受压构件

3. 荷载长期作用下短柱的受力性能

轴心受压构件在保持不变的荷载长期作用下，由于混凝土的徐变影响，其压缩变形将随时间的增加而增大，由于混凝土和钢筋共同作用，混凝土的徐变还将使钢筋的变形也随之增大，钢筋的应力相应地增大，从而使钢筋分担外荷载的比例增大。

长期荷载作用下短柱中混凝土和钢筋的应力随时间的变化情况如图 5.7 所示。从图中可以看出，随着持续荷载时间的增加，一开始应力变化较快，经过一定时间（约 150 d）后，应力逐渐趋于稳定。混凝土应力变化幅度较小，而钢筋应力变化幅度较大。若在持续荷载过程中突然卸载，构件会回弹。但由于混凝土的徐变变形的大部分不可恢复，在荷载为零的条件下，钢筋受压，混凝土受拉。如重复加载到原来数值，则钢筋、混凝土的应力仍按原曲线变化。

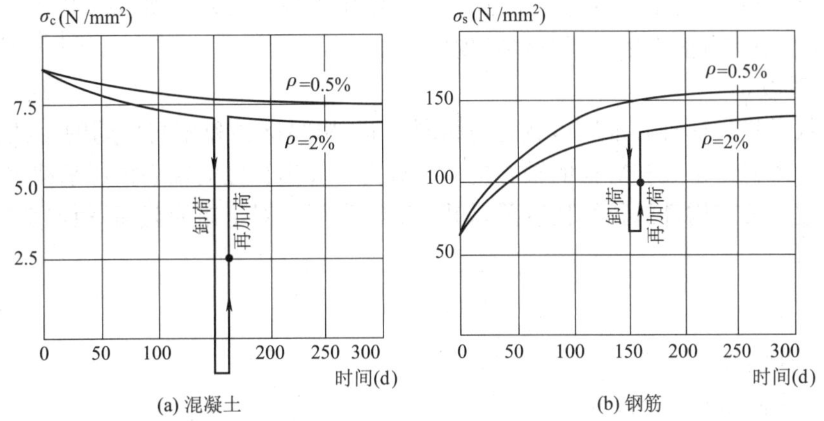

图 5.7　长期荷载作用下短柱混凝土和钢筋中的应力随时间的变化情况

（二）轴心受压长柱的受力分析

1. 长柱的试验研究

试件的截面尺寸、材料、配筋和加载方式与短柱完全相同，但柱子的长度为 2 000 mm。试验中除了测试混凝土和钢筋的应变外，在柱子中部增设了位移计以测试柱子的横向挠度。得出了实测的荷载—横向挠度曲线，如图 5.8 所示。长柱最终的破坏荷载为 336.9 kN。

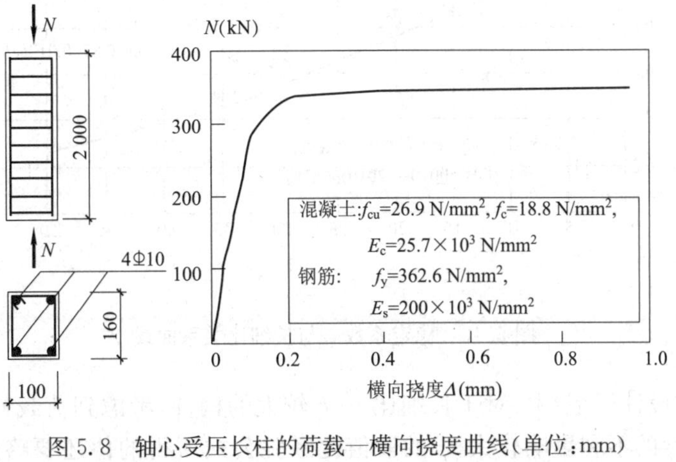

图 5.8　轴心受压长柱的荷载—横向挠度曲线（单位：mm）

由试验结果可知，长柱的承载力小于相同材料、相同配筋和相同截面尺寸的短柱的承载力。致使长柱承载力降低的原因是长柱在轴心压力作用下，不仅发生压缩变形，同时还产生横向挠度，出现弯曲现象。产生弯曲的原因是多方面的：柱子几何尺寸不一定精确，构件材料不均匀，钢筋位置在施工中移动，使截面物理中心与其几何中心偏离；加载作用线与柱轴线并非完全保持重合，等等。在荷载不大时，柱全截面受压，由于有弯矩影响，长柱截面一侧的压应力大于另一侧，随着荷载增大，两侧应力差更大。同时，横向挠度增加更快，以致压应力大的一侧混凝土首先压碎，并产生纵向裂缝，钢筋被压屈并向外凸出，而另一侧混凝土可能由受压转变为受拉，出现水平裂缝，如图5.9所示。

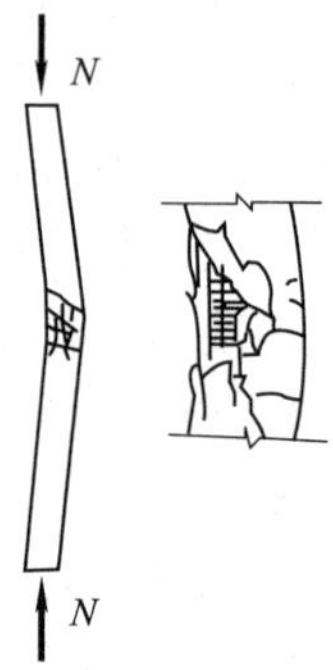

图 5.9 轴心受压长柱的破坏形态

由于初始偏心距产生附加弯矩，附加弯矩又增大了横向挠度，这样相互影响的结果，导致长柱最终在弯矩和轴力共同作用下发生破坏。如果长细比很大时，还有可能发生“失稳破坏”现象。

2. 稳定系数 φ

稳定系数是指长柱轴心抗压承载力与相同截面、相同材料和相同配筋的短柱轴心抗压承载力的比值。由稳定系数和短柱的轴心抗压承载力可算出长柱的轴心抗压承载力。

稳定系数主要和构件的长细比有关，如图 5.10 所示。对于矩形截面，稳定系数 φ 为

$$\varphi=\frac{1}{1+0.002\left(\frac{l_0}{b}-8\right)^2} \tag{5.3}$$

式中 l_0——柱的计算长度；

b——柱截面的短边尺寸。

从轴心受压长柱的破坏形态可以看出，长细比越大，稳定系数越小。$l_0/b<8$ 时，柱的承载力没有降低，可以取 $\varphi=1.0$。对于 l_0/b 相同的柱，由于混凝土强度等级和钢筋的种类以及配筋率的不同，φ 值还略有不同。

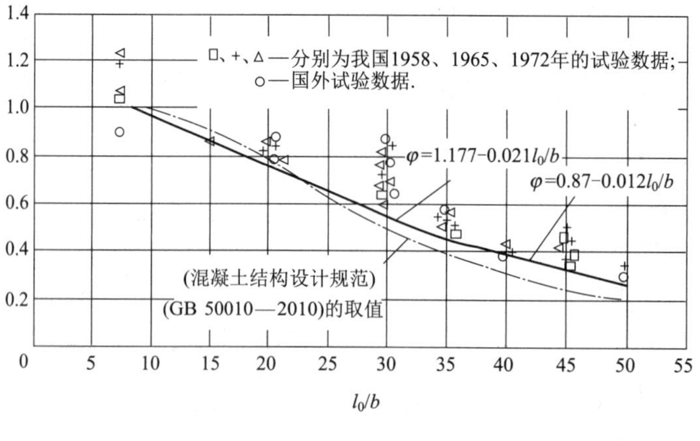

图 5.10 稳定系数 φ 与长细比关系曲线

《混凝土结构设计规范》中，对于长细比 l_0/b 较大的构件，考虑到荷载初始偏心和长期荷载作用对构件强度的不利影响较大，φ 的取值比经验公式所得的值还要略低一些，以保证安全。对于长细比小的构件，根据以往的经验，φ 的取值又略高些。表 5.1 给出了经修正后的 φ 值，可根据构件的长细比，从表中线性内插求得 φ 值。

表 5.1　钢筋混凝土轴心受压构件的稳定系数

$\frac{l_0}{b}$	≤8	10	12	14	16	18	20	22	24	26	28
$\frac{l_0}{d_c}$	≤7	8.5	10.5	12	14	15.5	17	19	21	22.5	24
$\frac{l_0}{i}$	≤28	35	42	48	55	62	69	76	83	90	97
φ	1.00	0.98	0.95	0.92	0.87	0.81	0.75	0.70	0.65	0.60	0.56
$\frac{l_0}{b}$	30	32	34	36	38	40	42	44	46	48	50
$\frac{l_0}{d_c}$	26	28	29.5	31	33	34.5	36.5	38	40	41.5	43
$\frac{l_0}{i}$	104	111	118	125	132	139	146	153	160	167	174
φ	0.52	0.48	0.44	0.40	0.36	0.32	0.29	0.26	0.23	0.21	0.19

注：表中 l_0 为构件计算长度；b 为矩形截面短边尺寸；d_c为圆形截面直径；i 为截面最小回转半径，$i=\sqrt{I/A}$，其中 I、A 为截面的惯性矩和截面积。

3. 柱的计算长度

(1)理想支承情况构件的计算长度

构件的计算长度 l_0 与构件两端的支承情况有关，可按图 5.11 所示采用。

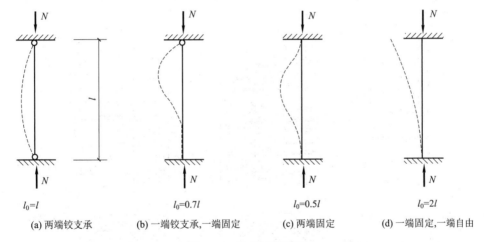

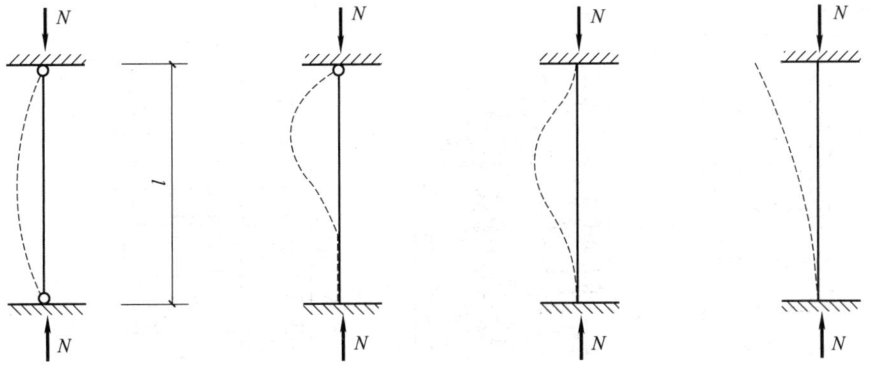

$l_0=l$　　$l_0=0.7l$　　$l_0=0.5l$　　$l_0=2l$

(a) 两端铰支承　(b) 一端铰支承，一端固定　(c) 两端固定　(d) 一端固定，一端自由

图 5.11　柱的计算长度

(2)实际支承情况柱的计算长度

在实际工程中，构件的支承情况并不是理想的，故《混凝土结构设计规范》(GB 50010—2010)对一般多层现浇钢筋混凝土框架柱的计算长度作了具体的规定。

底层柱：$l_0=1.0H$；其余各层柱：$l_0=1.25H$。

对一般多层装配钢筋混凝土框架柱的计算长度作了具体的规定。

底层柱：$l_0=1.25H$；其余各层柱：$l_0=1.5H$。

4. 轴心受压柱的承载力计算公式

当考虑了柱子长细比对承载力的影响后，采用一般中等强度钢筋的轴心受压构件，当混凝土的压应力达到最大值，钢筋压应力达到屈服应力时，即认为构件达到最大承载力。轴心受压

柱的承载力计算图形如图 5.12 所示，轴心受压柱极限承载力计算公式为

$$N_{cu}=\varphi(Af_c+f'_yA'_s) \tag{5.4}$$

式中　N_{cu}——轴心受压构件的极限抗压承载力；

φ——稳定系数，可按表 5.1 取值；

f_c——混凝土的轴心抗压强度（混凝土的峰值应力）；

f'_y——钢筋的屈服强度；

A——构件的截面面积；

A'_s——全体纵向受压钢筋的截面积。

实际工程中，不同的规范还会对公式(5.4)进行必要的调整。如《混凝土结构设计规范》中为保证轴心受压构件和偏心受压构件的安全水平相接近，在式(5.4)的右端乘以 0.9 的折减系数，以计算轴压构件的承载力，即轴心受压柱极限承载力计算公式为

$$N_{cu}=0.9\varphi(Af_c+f'_yA'_s) \tag{5.5}$$

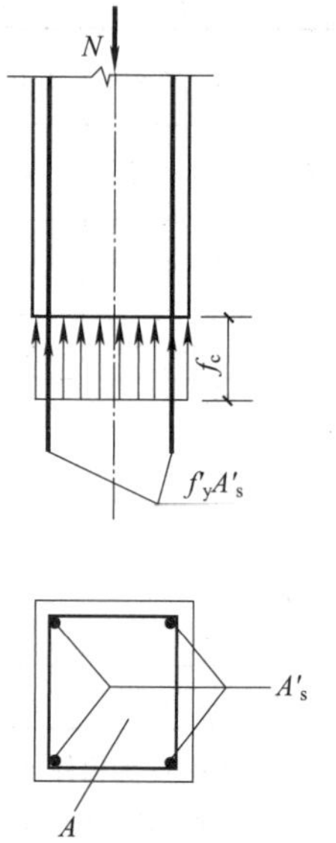

图 5.12　轴心受压柱承载力的计算简图

（三）轴心受压构件承载力计算公式的应用

轴心受压构件根据配筋方式的不同，可分为两种基本形式：①配有纵向钢筋和普通箍筋的柱，简称普通箍筋柱，如图 5.13(a)所示；②配有纵向钢筋和螺旋箍筋（或焊接环式箍筋）的柱，简称螺旋式（焊接环式）箍筋柱，如图 5.13(b)及图 5.13(c)所示。

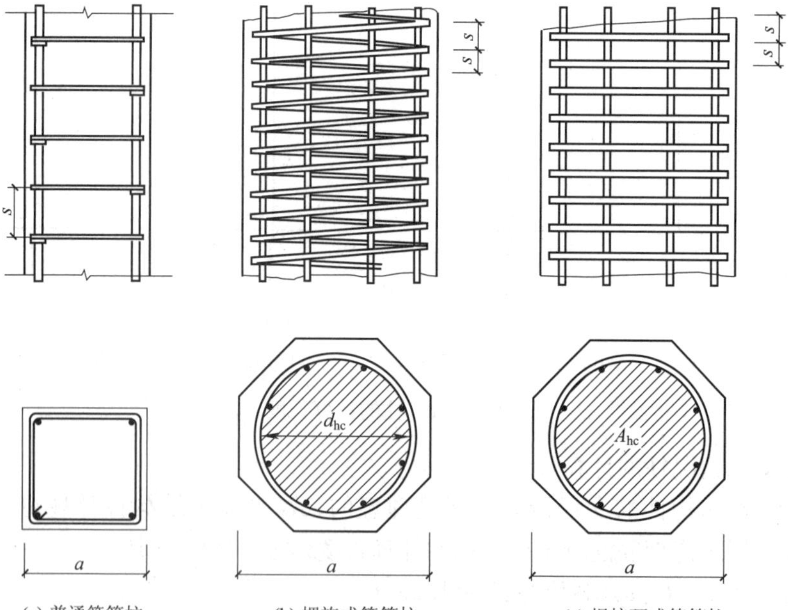

(a) 普通箍筋柱　(b) 螺旋式箍筋柱　(c) 焊接环式箍筋柱

图 5.13　轴心受压柱

在实际结构中，理想的轴心受压构件是不存在的。由于施工制造误差、荷载位置的偏差、混凝土不均匀性等原因，往往存在一定的初始偏心距。以恒载为主的等跨多层房屋内柱、桁架梁中的受压腹杆等，主要承受轴向压力，可近似按轴心受压构件计算。

轴心受压构件中的纵向钢筋能够协助混凝土承担轴向压力以减小构件的截面尺寸；能够承担由初始偏心引起的附加弯矩和某些难以预料的偶然弯矩所产生的拉力；防止构件突然的脆性破坏和增强构件的延性；减小混凝土的徐变变形；能改善素混凝土轴心受压构件强度离散性较大的弱点。

在配置普通箍筋的轴心受压构件中（图 5.14），箍筋和纵筋形成骨架，防止纵筋在混凝土压碎之前，在较大程度上向外压曲，从而保证纵筋能与混凝土共同受力直到构件破坏。同时箍筋还对核芯混凝土起到约束作用，并与纵向钢筋一起在一定程度上改善构件最终可能发生的突然脆性破坏，提高极限压应变。

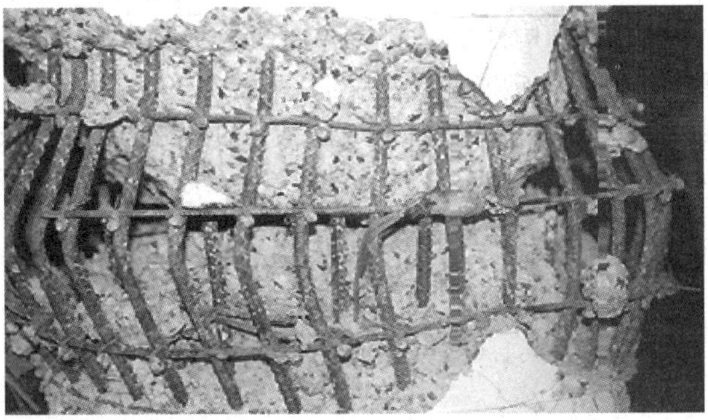

图 5.14　受压构件中的箍筋

在配置螺旋式（或焊接环式）箍筋的轴心受压构件中，箍筋间距较密，能对核心混凝土形成较强的环向被动约束，从而能够进一步提高构件的承载能力和受压延性。

1. 普通箍筋柱轴心受压构件承载力计算公式

1）构件轴心抗压承载力计算

这类问题一般是已知截面尺寸（b、h）、计算高度 l_0、配筋（A_s'）和材料强度（f_c、f_y'），求 N_u。可按下列步骤进行：

（1）由$\dfrac{l_0}{b}$查表 5.1 求 φ。

（2）验算 $f_y' \leqslant 400\ \text{N/mm}^2$（若混凝土的立方体抗压强度 $f_{cu} > 50\ \text{N/mm}^2$，应根据相应 ε_0 调整此值，后同）。

（3）若 $A_s'/(bh) \leqslant 3\%$，则取 $A = bh$；若 $A_s'/(bh) > 3\%$，则取 $A = bh - A_s'$。

（4）由式（5.5）求 N_u。

【例题 5-1】　已知 $f_c = 18.8\ \text{N/mm}^2$，$f_y' = 362.6\ \text{N/mm}^2 < 400\ \text{N/mm}^2$，$A_s' = 314\ \text{mm}^2$，$bh = 16\ 000\ \text{mm}^2$，$l_0 = 2\ 000\ \text{mm}$。求该柱的极限抗压承载力 N_u。

解：（1）根据$\dfrac{l_0}{b} = 2\ 000/100 = 20$，查表 5.1，得 $\varphi = 0.75$。

（2）求 A。

$$A_s'/(bh) = 314/16\ 000 = 1.96\% < 3\%，故\ A = 16\ 000\ \text{mm}^2$$

（3）求 N_u。根据公式（5.5）得

$$N_u = 0.9\varphi(Af_c + f_y'A_s')$$
$$= 0.9 \times 0.75 \times (16\ 000 \times 18.8 + 362.6 \times 314) = 279\ 893.07(\text{N}) = 279.89(\text{kN})$$

因此柱的极限抗压承载力 N_u 为 279.89 kN。

2)基于承载力的构件截面设计

这类问题一般是已知截面尺寸(b,h)、计算高度 l_0、材料强度(f_c, f'_y)及截面所受的轴心压力 N,求配筋 A'_s。为了保证所设计的截面在给定轴心压力作用下不发生破坏,应要求截面的抗压承载力不低于其所受的轴心压力,即:$N_u \geqslant N$。因此,可按下列步骤进行设计:

(1)由 l_0/b 查表 5.1,求 φ。

(2)验算 $f'_y \leqslant 400\ \text{N/mm}^2$。

(3)由式 $N = N_u = 0.9\varphi(Af_c + f'_y A'_s)$,求 A'_s。

(4)若 $A'_s/(bh) \leqslant 3\%$,则取 $A=bh$;若 $A'_s/(bh) > 3\%$,宜取 $A = bh - A'_s$ 重新计算。

(5)验算 $\rho' \geqslant \rho'_{\min}$。轴心受压构件中纵向受力钢筋的主要作用之一是防止构件出现脆性破坏。因此,有必要限制纵向受力钢筋的最小配筋率。

【例题 5-2】 已知某教学楼为多层现浇钢筋混凝土框架结构,截面尺寸 $b=400$ mm,$h=400$ mm,楼层高 $H=6.5$ m,$l_0=1.0H$,底层中柱承受轴向力设计值 $N=1\ 990$ kN,采用 C25 混凝土,钢筋为 HRB335 级,要求配置纵筋及箍筋。

解:(1)确定稳定系数。柱的计算长度:

$$l_0 = 1.0H = 1.0 \times 6.5 = 6.5(\text{m})$$

长细比:

$$\frac{l_0}{b} = \frac{6\ 500}{400} = 16.25$$

根据长细比查表 5.1 并内插得稳定系数 $\varphi = 0.863$。

(2)求 A'_s。为了保证所设计的截面不发生破坏,要求截面的抗压承载力不低于其所受的轴心压力,因此取 $N_u = N$。由公式(5.5)变形得

$$A'_s = \frac{\dfrac{N}{0.9\varphi} - f_c A}{f'_y} = \frac{\dfrac{1\ 990 \times 10^3}{0.9 \times 0.863} - 11.9 \times 400 \times 400}{300}$$

$$= 2\ 194(\text{mm}^2)$$

(3)选配钢筋。纵筋选 8Φ20,查附表 1 得实配 $A'_s = 2\ 513\ \text{mm}^2$。

验算配筋率:

$$\rho' = \frac{A'_s}{A} = \frac{2\ 513}{400 \times 400} = 1.57\%$$

《混凝土结构设计规范》规定 $\rho_{\min} = 0.6\% < \rho' < \rho_{\max} = 5\%$,配筋率满足要求。

箍筋选用双肢Φ6@300,采用绑扎骨架,直径满足 $\geqslant d/4 = 20/4 = 5$(mm),间距满足 $\leqslant 400$ mm,且 $\leqslant 15d = 15 \times 20 = 300$(mm)。截面配筋如图 5.15 所示。

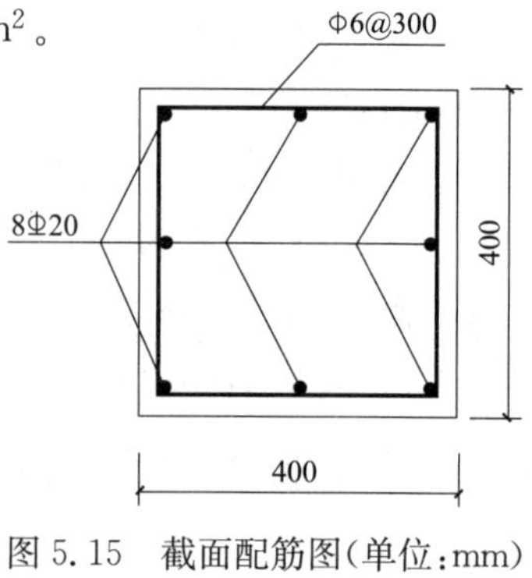

图 5.15　截面配筋图(单位:mm)

2. 螺旋箍筋柱轴心受压构件承载力计算公式

1)螺旋箍筋轴压柱正截面承载力

螺旋箍筋柱与普通箍筋柱的轴向力与轴向压应变的比较如图 5.16 所示。

螺旋箍筋所包围的核心截面混凝土的实际轴心抗压强度,因套筒作用而高于混凝土的轴心抗压强度。由单元二中的相关内容可知,约束混凝土的轴心抗压强度可近似取为

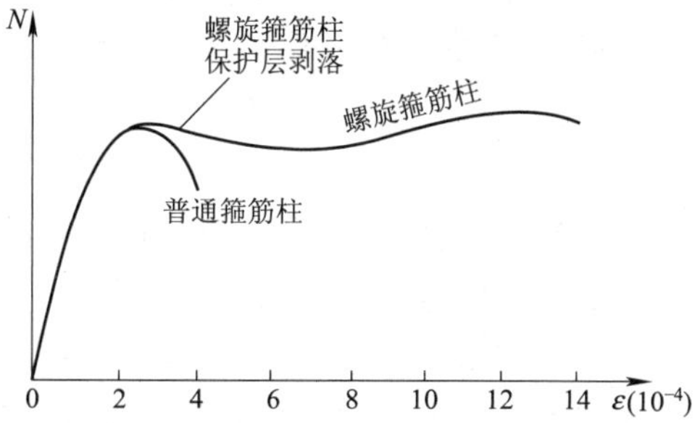

图 5.16　螺旋箍筋柱与普通箍筋柱力—位移曲线的比较

$$\sigma_1 = f_c + 4\sigma_2 \tag{5.6}$$

式中　σ_1——被约束混凝土的轴心抗压强度；

σ_2——柱核心区混凝土受到的径向压应力值。

当螺旋箍筋或焊接环箍屈服时，σ_2 达最大值。根据图 5.17 所示的隔离体，由平衡关系 $\sigma_2 s d_{cor} = 2 f_y A_{ss1}$ 得

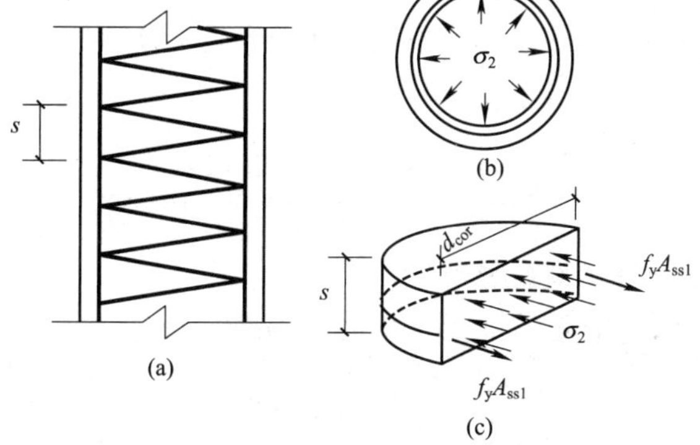

图 5.17　螺旋箍筋柱与普通箍筋柱的等效

$$\sigma_2 = \frac{2 f_y A_{ss1}}{s d_{cor}} = \frac{2 f_y A_{ss1} d_{cor} \pi}{4 \frac{\pi d_{cor}^2}{4} s} = \frac{f_y A_{ss0}}{2 A_{cor}} \tag{5.7}$$

式中　A_{ss1}——单根间接钢筋的截面面积；

f_y——间接钢筋的抗拉强度；

s——沿构件轴线方向间接钢筋的间距；

d_{cor}——构件的核心截面直径，一般取：$d_{cor} = d_c - 2c$，d_c 为柱的直径，c 为混凝土保护层厚度；

A_{ss0}——间接钢筋的换算截面面积，$A_{ss0} = \frac{\pi d_{cor} A_{ss1}}{s}$；

A_{cor}——构件核心区混凝土截面面积。

根据柱纵向内外力的平衡，得到螺旋筋或环形箍筋柱的承载力计算公式为

$$N \leqslant N_u = 0.9(f_c A_{cor} + f'_y A'_s + 2\alpha f_y A_{ss0}) \tag{5.8}$$

式中 α——螺旋箍筋对承载力的影响系数，当混凝土强度等级不超过 C50（$f_{cu,k}\leqslant 50\ N/mm^2$）时，取 $\alpha=1.0$；当混凝土强度等级为 C80（$f_{cu,k}=80\ N/mm^2$）时，取 $\alpha=0.85$，其间按线性内插求算。

2）螺旋箍筋柱限制条件

采用螺旋箍筋可有效提高柱的轴心受压承载力。但配置过多，极限承载力提高过大时，则会在远未达到极限承载力之前保护层剥落，从而影响正常使用。

凡属下列情况之一者，不考虑间接钢筋的影响，而按普通箍筋柱计算构件的承载力：

（1）按螺旋箍筋柱计算的承载力不应大于按普通箍筋柱计算承载力的 50%。

（2）对长细比过大的柱，由于纵向弯曲变形较大，截面不是全部受压，螺旋箍筋的约束作用得不到有效发挥。因此，对长细比 l_0/d 大于 12 的柱不考虑螺旋箍筋的约束作用。

（3）螺旋箍筋的约束效果与其截面面积 A_{ss1} 和间距 s 有关，为保证约束效果，螺旋箍筋的换算面积 A_{ss0} 不得小于全部纵筋 A'_s 面积的 25%。

螺旋箍筋柱的构造要求：间距 s 不应大于 $d_{cor}/5$，且不大于 80 mm，同时为方便施工，s 也不应小于 40 mm。由于螺旋箍筋柱用钢量较多，施工复杂，造价较高，一般很少采用。

【例题 5-3】 已知某现浇圆形钢筋混凝土柱，柱子计算长度 $l_0=4.2$ m，直径 $d=400$ mm，$d_{cor}=350$ mm，采用 C30 混凝土，纵筋为 HRB335 级，设计为 10Φ20，螺旋箍筋直径 $d=8$ mm，间距为 55 mm，采用 HPB300 级钢筋。试求柱所能承受的最大压力。

解：（1）计算 A_{ss0}

$$A_{ss0}=\pi\frac{d_{cor}A_{ss1}}{s}=\frac{3.14\times350\times\frac{1}{4}\times3.14\times8^2}{55}=1\ 004(mm^2)$$

（2）确定是否应考虑间接钢筋的影响

由于配有纵筋 10Φ20，查附表 1 知 $A'_s=3\ 141\ mm^2$。

$$\frac{l_0}{d}=\frac{4\ 200}{400}=10.5<12$$

$$\frac{A_{ss0}}{A'_s}=\frac{1\ 004}{3\ 141}=32\%>25\%$$

所以应考虑间接钢筋的影响。

（3）计算轴向压力 N

①计算螺旋箍筋柱的受压承载力 N_{u1}

由于混凝土的强度等级为 C30，小于 C50，故 $\alpha=1.0$。根据公式(5.8)得

$$\begin{aligned}N_{u1}&=0.9(f_cA_{cor}+f'_yA'_s+2\alpha f_yA_{ss0})\\&=0.9\times(14.3\times\frac{1}{4}\times3.14\times350^2+300\times3\ 141+2\times1.0\times270\times1\ 004)\\&=2\ 573\ 625.38(N)=2\ 573.6(kN)\end{aligned}$$

②计算普通箍筋柱的受压承载力 N_{u2}

由于 $\frac{l_0}{d}=\frac{4\ 200}{400}=10.5$，查表 5.1 得 $\varphi=0.973$。

$$\rho'=\frac{A'_s}{A}=\frac{3\ 141}{\frac{1}{4}\times400^2\times3.14}=2.5\%$$

根据公式(5.5)得

$$N_{u2}=0.9\varphi(f_cA+f_y'A_s')$$
$$=0.9\times0.973\times(14.3\times\frac{400^2}{4}\times3.14+300\times3\ 141)$$
$$=2\ 397\ 999.4(\text{N})=2\ 398.0(\text{kN})$$

③确定轴向压力 N

$$N_{u1}>N_{u2}$$
$$N_{u1}<1.5N_{u2}=1.5\times2\ 398.0=3\ 597(\text{kN})$$

满足设计要求，故取 $N=2\ 573.6$ kN。

【例题 5-4】 已知某现浇圆形钢筋混凝土柱，柱子计算长度 $l_0=5.2$ m，直径 $d=470$ mm，采用 C30 混凝土，纵筋为 HRB335 钢筋，箍筋为 HPB300 钢筋，柱承受轴心压力 $N=4\ 900$ kN，求柱中配筋。

解：1. 先按配有普通纵筋和箍筋柱计算。

(1)确定稳定系数

长细比：

$$\frac{l_0}{d}=\frac{5\ 200}{470}=11.1$$

根据长细比查表 5.1 得稳定系数：$\varphi=0.963\ 5$，取 $\varphi=0.964$。

(2)求纵筋 A_s'

已知圆形混凝土的面积为

$$A=\pi\frac{d^2}{4}=3.14\times\frac{470^2}{4}=17.34\times10^4(\text{mm}^2)$$

为了保证圆形截面的钢筋混凝土柱不发生破坏，要求柱的抗压承载力不低于其所受的轴心压力因此取 $N_u=N$。

根据公式(5.5)变形得

$$A_s'=\frac{\frac{N}{0.9\varphi}-f_cA}{f_y'}=\frac{\frac{4\ 900\times10^3}{0.9\times0.964}-14.3\times17.34\times10^4}{300}=10\ 560(\text{mm}^2)$$

(3)求配筋率

$$\rho'=\frac{A_s'}{A}=\frac{10\ 560}{17.34\times10^4}=6.09\%$$

配筋率太高，而 $10/d<12$，故可采用螺旋箍筋柱。

2. 按螺旋箍筋柱来计算。

(1)假定纵筋配筋率 $\rho'=0.045$，则得 $A_s'=\rho'A=0.045\times17.34\times10^4=7\ 803(\text{mm}^2)$。选用 15Φ25，查附表 1 得 $A_s'=7\ 363\ \text{mm}^2$。混凝土保护层厚度取 30 mm，得

$$d_{cor}=d-30\times2=470-60=410(\text{mm})$$
$$A_{cor}=\pi\frac{d_{cor}^2}{4}=3.14\times\frac{410^2}{4}=13.20\times10^4(\text{mm}^2)$$

(2)求 A_{ss0}

混凝土强度等级小于 C50，故 $\alpha=1.0$，则按公式(5.8)变形得

$$A_{ss0}=\frac{\frac{N}{0.9}-(f_cA_{cor}+f'_yA'_s)}{2f_y}$$

$$=\frac{\frac{4\ 900\times10^3}{0.9}-(14.3\times13.20\times10^4+300\times7\ 363)}{2\times270}$$

$$=2\ 496(\text{mm}^2)$$

$$A_{ss0}>0.25A'_s=0.25\times7\ 363=1\ 841(\text{mm}^2)$$

因此,满足构造要求。

(3)求螺旋筋间距 s

假定螺旋筋直径 $d=12$ mm,则单肢螺旋筋面积 $A_{ss1}=113.1\ \text{mm}^2$。螺旋筋间距 s 可通过公式 $A_{ss0}=\frac{\pi d_{cor}A_{ss1}}{s}$ 变形求得。

$$s=\frac{\pi d_{cor}A_{ss1}}{A_{ss0}}=\frac{3.14\times410\times113.1}{2\ 496}=58.34(\text{mm})$$

取 $s=55$ mm,以满足不小于 40 mm,并不大于 80 mm 及 $0.2d_{cor}$ 的要求。

(4)求间接钢筋柱的轴向力设计值 N

根据所配置的螺旋筋 $d=12$ mm,$s=55$ mm,重新计算间接钢筋的换算截面面积,N_{u1} 重新根据公式(5.8)计算。

$$A_{ss0}=\frac{\pi d_{cor}A_{ss1}}{s}=\frac{3.14\times410\times113.1}{55}=2\ 647(\text{mm}^2)$$

$$N_{u1}=0.9(f_cA_{cor}+f'_yA'_s+2\alpha f_yA_{ss0})$$

$$=0.9\times(14.3\times13.20\times10^4+300\times7\ 363+2\times1\times270\times2\ 647)$$

$$=4\ 973.3(\text{kN})$$

配筋率:

$$\rho'=\frac{A'_s}{A}=\frac{7\ 363}{17.43\times10^4}=4.22\%$$

满足 $3\%<\rho'<5\%$。

根据公式(5.5)得

$$N_{u2}=0.9\varphi(f_cA+f'_yA'_s)$$

$$=0.9\times0.964[14.3\times(17.34\times10^4-7\ 363)+300\times7\ 363]$$

$$=3\ 976.41(\text{kN})$$

$$N_{u2}=3\ 976.41\ \text{kN}<N_{u1}=4\ 973.3\ \text{kN}$$

$$1.5N_{u2}=1.5\times3\ 976.41=5\ 964.61(\text{kN})>N_{u1}=4\ 973.3\ \text{kN}$$

说明该柱能承受的轴心受压承载力设计值 $N_u=4\ 973.3$ kN,此值大于轴心压力设计值 $N=4\ 900$ kN,故满足要求。

【例题 5-5】 某圆形截面轴心受压构件直径 $d=400$ mm,计算长度 $l_0=2.75$ m。混凝土强度等级为 C25,纵向钢筋采用 HRB335 级钢筋,箍筋采用 HPB300 级钢筋,轴心压力组合设计值 $N_d=1\ 640$ kN。Ⅰ类环境条件,安全等级为二级,试按照螺旋箍筋柱进行设计和截面复核。

解: 混凝土抗压强度设计值 $f_c=11.9$ MPa,HRB335 级钢筋抗压强度设计值 $f'_y=300$ MPa,

HPB300 级钢筋抗拉强度设计值 $f_y=270$ MPa。轴心压力计算值 $N=\gamma_0 N_d=1\ 640$ kN。

1. 截面设计

由于截面为圆形，长细比 $\lambda=l_0/d=2\ 750/400=6.88<12$，故可按螺旋箍筋柱设计。

(1)计算所需的纵向钢筋截面积

查表 3.3，取纵向钢筋的混凝土保护层厚度 $c=20$ mm，则可得到

核心面积直径　$d_{cor}=d-2c=400-2\times 20=360(\text{mm})$

柱截面面积　$A=\dfrac{\pi d^2}{4}=\dfrac{3.14\times 400^2}{4}=125\ 600(\text{mm}^2)$

核心面积　$A_{cor}=\dfrac{\pi d_{cor}{}^2}{4}=\dfrac{3.14\times 360^2}{4}=101\ 736(\text{mm}^2)>\dfrac{2}{3}A=83\ 733(\text{mm}^2)$

假定纵向钢筋配筋率 $\rho'=0.012$，则可得到

$$A'_s=\rho' A_{cor}=0.012\times 101\ 736=1\ 221(\text{mm}^2)$$

现选用 6Φ16，查附表 1 得 $A'_s=1\ 206\ \text{mm}^2$。

(2)确定箍筋的直径和间距 s

根据公式(5.8)且取 $N_u=N=1\ 640$ kN，可得到螺旋箍筋换算截面面积 A_{ss0} 为

$$A_{ss0}=\frac{\dfrac{N_u}{0.9}-(f_c A_{cor}+f'_y A'_s)}{2f_y}=\frac{\dfrac{1\ 640\ 000}{0.9}-(11.9\times 101\ 736+300\times 1\ 206)}{2\times 270}$$
$$=463(\text{mm}^2)>0.25A'_s(=0.25\times 1\ 206=302\ \text{mm}^2)$$

现选Φ6，单肢箍筋的截面积 $A_{ss1}=28.3\ \text{mm}^2$。这时，螺旋箍筋所需的间距为

$$s=\frac{\pi d_{cor} A_{ss1}}{A_{ss0}}=\frac{3.14\times 360\times 28.3}{463}=69(\text{mm})$$

由构造要求知，间距 s 应满足 $s\leqslant d_{cor}/5(=72\ \text{mm})$ 和 $s\leqslant 80$ mm，同时为施工方便，s 应大于 40 mm，故取 $s=60$ mm。

截面构造布置如图 5.18 所示。

2. 截面复核

经检查，截面构造布置(图 5.18)符合构造要求。

$$A_{cor}=101\ 736\ \text{mm}^2,\quad A'_s=1\ 206\ \text{mm}^2,\quad \rho'=1\ 206/101\ 736=1.19\%>0.5\%$$

$$A_{ss0}=\frac{\pi d_{cor} A_{ss1}}{s}=\frac{3.14\times 360\times 28.3}{60}=533.2(\text{mm}^2)$$

根据公式(5.8)得

$$\begin{aligned}N_u&=0.9(f_c A_{cor}+2\alpha f_y A_{ss0}+f'_y A'_s)\\&=0.9\times(11.9\times 101\ 736+2\times 1\times 275\times 533.2+300\times 1\ 206)\\&=1\ 674.35\times 10^3(\text{N})=1\ 674.35(\text{kN})>N(=1\ 640\ \text{kN})\end{aligned}$$

检查混凝土保护层是否会剥落，根据公式(5.5)得

$$\begin{aligned}N'_u&=0.9\varphi(f_c A+f'_y A'_s)=0.9\times 1(11.9\times 125\ 600+300\times 1\ 206)\\&=1\ 670.80\times 10^3(\text{N})=1\ 670.80(\text{kN})\end{aligned}$$

$$1.5N'_u=1.5\times 1\ 670.80=2\ 506.2(\text{kN})>N_u(=1\ 670.80\ \text{kN})$$

故混凝土保护层不会剥落。

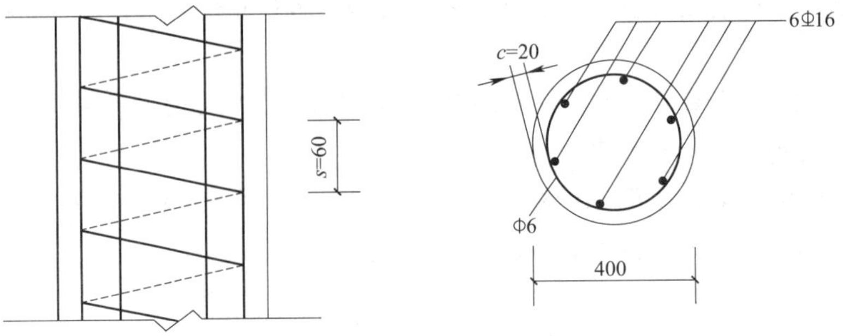

图 5.18　截面设计布置(单位:mm)

学习项目三　偏心受压构件

一、引　　文

在实际工程中,完全轴心受压构件几乎是不存在的,而偏心受压构件是十分普遍的,因而结构中多数的柱都是偏心受压构件。形成受压构件偏心的主要原因,除有一些压力本身就是偏心的以外,还在于受压杆件在承担轴向压力的同时,还要承担弯矩的作用,形成压弯作用导致其偏心。

偏心受压构件是指轴向力的作用点位于截面形心之外的构件。也是最常见的结构构件之一。例如,桥梁结构中的拱桥主拱[图 5.19(a)]桥墩、单层工业厂房的排架柱[图 5.19(b)]、混凝土框架结构中的框架柱[图 5.19(c)]等,均属于偏心受压构件。

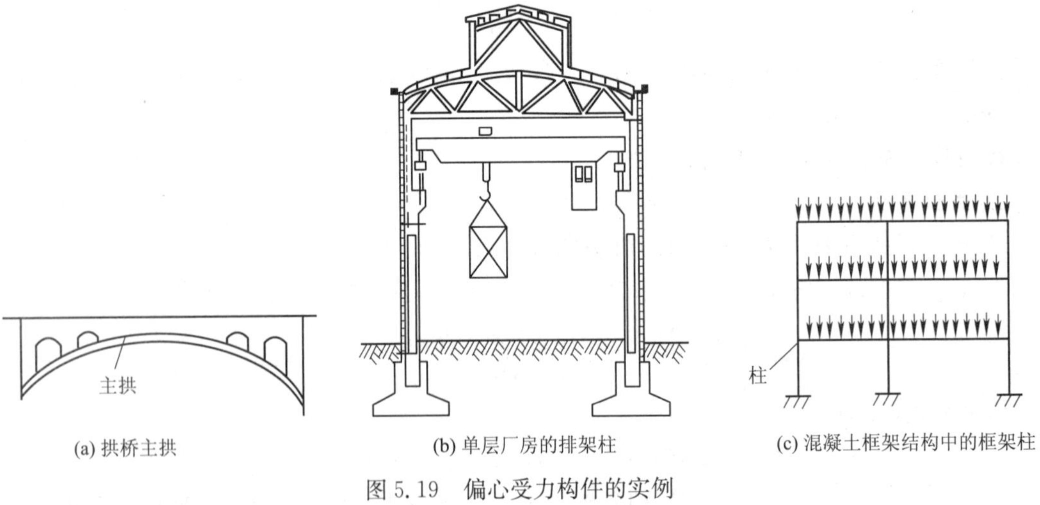

图 5.19　偏心受力构件的实例

偏心受力构件的截面一般采用矩形形式。也可根据需要作成 I 形、T 形、L 形或十字形。

矩形截面柱构造简单,但其材料的利用率不如 I 形及 T 形柱。I 形及 T 形偏心受压构件,如果翼缘厚度太小,会使受拉翼缘过早出现裂缝,影响构件的承载力和耐久性。再考虑到翼缘及腹板的稳定,一般翼缘的厚度不宜小于 120 mm,腹板厚度不宜小于 100 mm,对于地震区的结构构件,腹板的厚度还宜再加大些。

偏心受力构件中一般配有纵向受力钢筋和环状的横向箍筋,如图 5.20 及图 5.21 所示。纵向钢筋布置在弯矩作用方向。箍筋的布置方式根据截面的形状和纵筋的位置及根数来确定。配置纵向钢筋的一侧，构件截面尺寸大于 400 mm，且纵向受力钢筋多于 3 根时，或截面尺寸未超过 400 mm，但纵向受力钢筋多于 4 根时，还应增加附加箍筋。偏心受力构件中的箍筋除了起到和轴心受力构件中的箍筋相同的作用外，对于承受较大横向剪力的构件，箍筋还可以帮助混凝土抗剪。偏心受力构件中对钢筋直径、间距、混凝土保护层厚度等的基本要求和轴心受压构件相同。

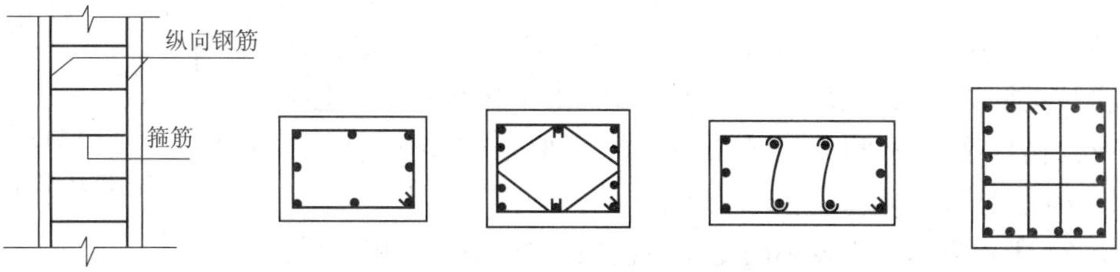

图 5.20　矩形截面纵筋及箍筋的布置

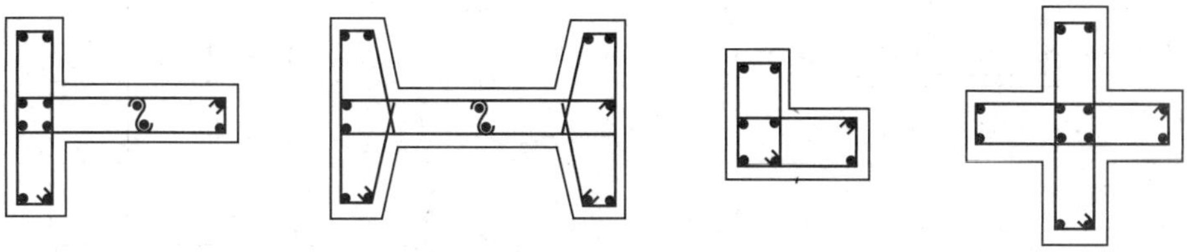

图 5.21　复杂形状截面纵筋及箍筋的布置

二、相关理论知识

(一)偏心受压构件的试验研究

1. 大偏心受压试验结果及破坏形态

图 5.22 所示的系一偏心距较大的受压短柱(简称大偏心受压短柱)的偏心受压试验结果。

当荷载较小时，构件处于弹性阶段，受压区及受拉区混凝土和钢筋的应力都较小，构件中部的水平挠度随荷载线性增长。随着荷载的不断增大，受拉区的混凝土首先出现横向裂缝而退出工作，远离轴向力一侧钢筋的应力及应变增速加快；接着受拉区的裂缝不断增多并向受压

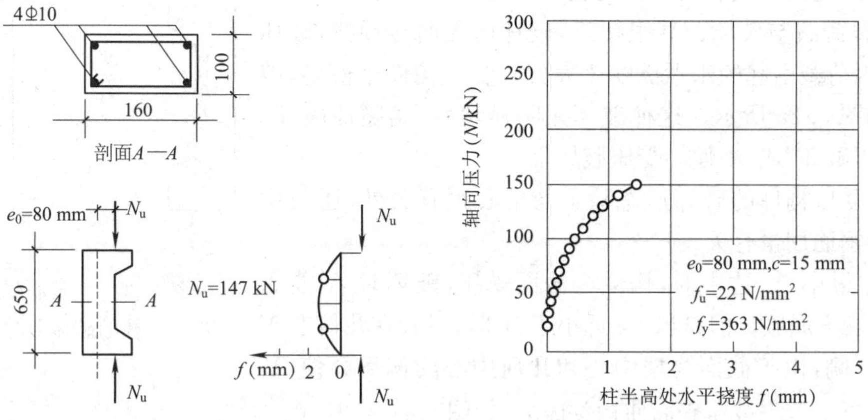

图 5.22　偏心距较大时受压短柱试验结果(单位:mm)

区延伸，受压区高度逐渐减小，受压区混凝土应力增大。当远离轴向力一侧钢筋应变达到屈服应变时，钢筋屈服，截面处形成一主裂缝。当受压一侧的混凝土压应变达到其极限抗压应变时，受压区较薄弱的某处出现纵向裂缝，混凝土被压碎而使构件破坏。此时，靠近轴向力一侧的钢筋也达到抗压屈服强度，破坏形态如图 5.23 所示，混凝土压碎区大致呈三角形。这种破坏的过程和特征与适筋的双筋受弯构件类似，有明显的破坏预兆，属塑性破坏。由于其破坏是始于受拉钢筋先屈服，然后受压钢筋屈服，最后受压区混凝土被压碎而导致构件破坏，故称为“受拉破坏”或“大偏心受压破坏”。

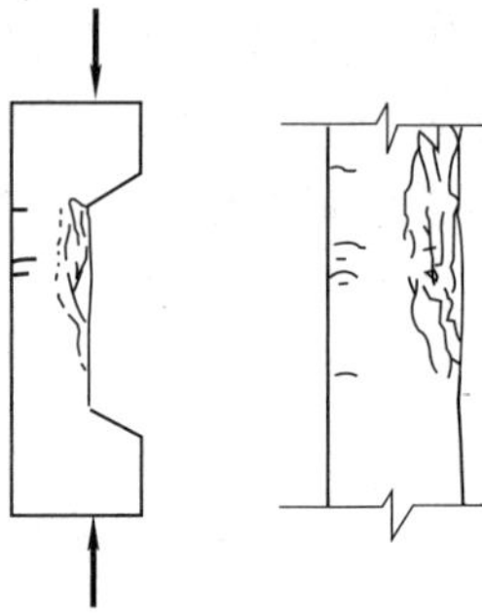

图 5.23　大偏心受压短柱的破坏形态

2. 小偏心受压试验结果及破坏形态

图 5.24 所示为偏心距较小的受压短柱（简称小偏心受压短柱）的偏心受压试验结果。

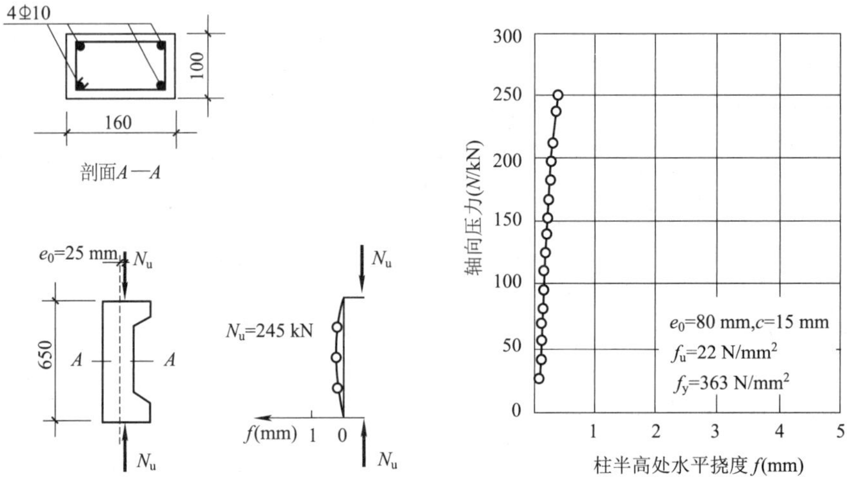

图 5.24　偏心距较小时受压短柱试验结果（单位：mm）

随着荷载的增大，靠近轴向力一侧的混凝土压应力不断增大，直至达到其抗压强度而破坏。此时该侧的钢筋应力也达到抗压屈服强度，而远离轴向力一侧的混凝土及钢筋的应力均较小。构件破坏时受压区段较长，开裂荷载与破坏荷载很接近，破坏前无明显预兆，破坏时，构件因荷载引起的水平挠度比大偏心受压构件小得多，破坏形态如图 5.25 所示。这种破坏无明显预兆，属脆性破坏，称为“受压破坏”或“小偏心受压破坏”。

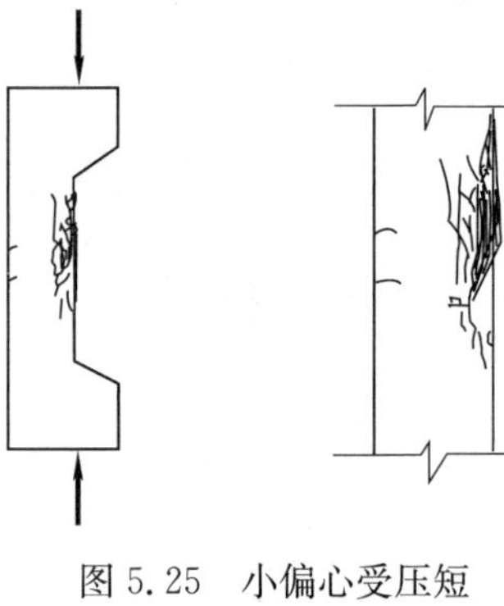

图 5.25　小偏心受压短柱的破坏形态

偏心受压构件的破坏形态除了与偏心距有关外，还与构件的纵向钢筋用量有关。

当 e_0 很小 A_s 适中时，构件全截面受压，破坏时 A'_s 能屈服，A_s 一般不屈服。但是当 A_s 远小于 A'_s 时，尽管在几何上 N 靠近 A'_s 一侧，由于截面物理中心和几何中心的偏离会使 A_s 一侧的混凝土首先被压碎而使构件破坏，如图 5.26(a)所示。

当 e_0 较小 A_s 适中时，破坏时 A_s 可能受拉但不会屈服，如图 5.26(b)所示。当 e_0 较大、A_s 较大时，尽管偏心距较大，但因受拉钢筋较多，破坏时 A_s 仍可能不屈服，如图 5.26(c)所示。

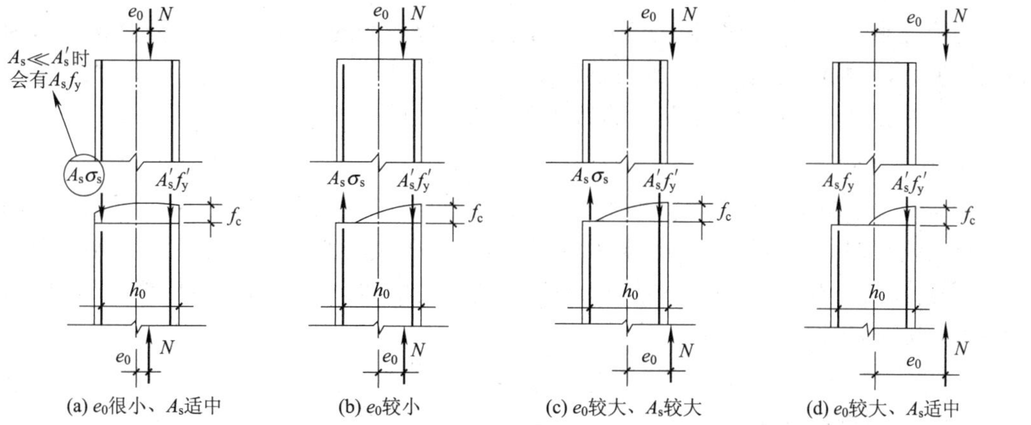

图 5.26　不同偏心距、不同配筋时偏压构件的破坏形态

当 e_0 较大 A_s 适中时，过大的偏心距会使 N 在 A_s 中产生较大的拉应力，使得 A_s 先屈服，然后压区混凝土被压碎，构件破坏如图 5.26(d)所示。

根据图 5.26 中各种情况下构件的破坏特征可以作出判断：图 5.26(a)、(b)、(c)所示的破坏为受压破坏或称小偏心受压破坏；图 5.26(d)所示的破坏为受拉破坏或称大偏心受压破坏。图 5.26(a)更接近轴心受压，而图 5.26(d)更接近受弯。

3. N-M 相关曲线

对具有相同截面尺寸、相同高度、相同配筋、相同材料强度但偏心距 e_0 不同的构件进行偏心受压试验，可得到破坏时每个构件所承受的不同轴向力 N 和弯矩 M，如图 5.27 所示。该试验曲线表明，在“小偏心受压破坏”时，随着轴向力 N 的增大，构件的抗弯能力减小；而在“大偏心受压破坏”时，轴向力 N 的增大反而会提高构件的抗弯承载力。这主要是因为轴向力在截面上产生的压应力抵消了部分由弯矩引起的拉应力，推迟了受拉破坏的过程。界限破坏时，构件的抗弯承载力达到最大值。图 5.27 中的 A 点，弯矩 $M=0$，属轴心受压破坏；B 点，$N=0$，属于纯受弯破坏；C 点，即属界限破坏。从 N-M 试验相关曲线中可看出，受拉破坏时构件的抗弯承载力比同等条件的纯受弯构件大，而受压破坏时构件的抗压承载力又比同等条件的轴心受压构件小(图 5.27)。

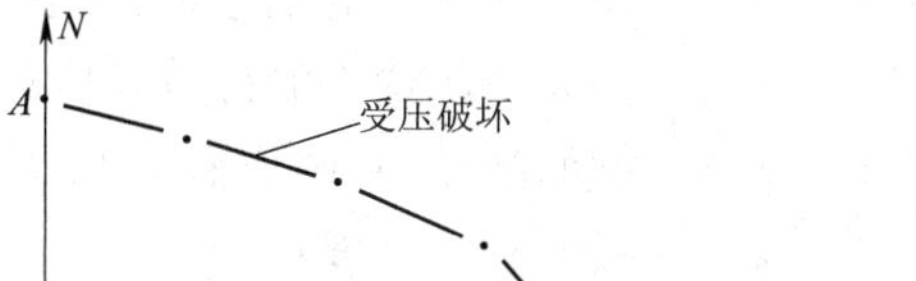

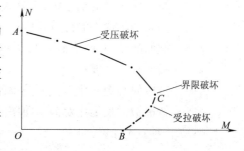

图 5.27　N-M 试验相关曲线

4. 大、小偏心受压的界限判别

由偏心受压短柱所示的试验结果分析可知，在大偏心受压构件破坏时，受拉钢筋应力能达到抗拉屈服强度，而小偏心受压构件破坏则不能，那么理论上在大、小偏心受压破坏之间必然存在着一种界限状态，称为界限破坏，即当受拉钢筋达到屈服应变 ε_y 时，受压区边缘混凝土达到极限压应变 ε_{cu}，受压区高度 x_{cb}，这种特殊状态称为区分大小偏心受压的界限。在界限破坏下，构件在受拉钢筋屈服的同时，受压区边缘混凝土达到极限压应变值而被压碎。此时受拉区已有较明显的横向主裂缝，混凝土压碎区段的范围介于大、小偏心受压破坏之间。界限破坏可作为区分大小偏心受压破坏的界限。

大、小偏心受压之间的根本区别是截面破坏时受拉钢筋是否屈服，即受拉钢筋的应变是否超过屈服应变 $\varepsilon_y = f_y / E_s$。

试验表明，当 $x < x_{cb}$ 时，为大偏心受压破坏，受拉钢筋的应变 $\varepsilon < \varepsilon_y$；当 $x > x_{cb}$ 时，为小偏心受压破坏，受拉钢筋的应变分别为 $\varepsilon < \varepsilon_y$ 和 $\varepsilon = 0$。

（二）有关偏心受压构件分析计算的两个因素

1. 附加偏心距 e_a

考虑到工程中实际存在着荷载作用位置的不确定性、混凝土质量的不均匀性、配筋的不对称性以及施工偏差等因素的影响，实际偏心受压构件的偏心距 e_0 值会增大或减小。即使是轴心受压构件，也不存在 $e_0 = 0$ 的情形。显然，偏心距的增加会使截面的偏心弯矩 M 增大，考虑这种不利影响，现取：

$$e_i = e_0 + e_a \tag{5.9}$$

式中　e_i——实际的初始偏心距；

e_0——轴向力的偏心距，$e_0 = M/N$；

e_a——附加偏心距。

不同规范对 e_a 的取值各不相同，《混凝土结构设计规范》把 e_a 取为 20 mm 和偏心方向的截面最大尺寸的 1/30 二者中的较大值。

2. 偏心距增大系数 η

对偏心受压短柱可不考虑纵向弯曲的影响，面对偏心受压长柱应考虑纵向弯曲的影响。《混凝土结构设计规范》采用把初始偏心距 e_i 值乘以一个大于 1 的偏心距增大系数 η 来近似考虑结构侧移和构件挠曲引起的二阶弯矩的影响，即

$$e_i + f = \eta e_i \tag{5.10}$$

$$\eta = 1 + \frac{1}{1\,400\,\dfrac{e_i}{h_0}} \left(\frac{l_0}{h}\right)^2 \xi_1 \xi_2 \tag{5.11}$$

式中　e_i——设计计算时的偏心距，按公式(5.9)计算；

l_0——偏心受压构件的计算长度；

h——截面高度，对圆形截面取 $d = h$，对环形截面取外直径 $D = h$；

h_0——截面有效高度；

ξ_1——考虑偏心距变化对截面曲率的影响系数；

ξ_2——考虑构件长细比对截面曲率的影响系数。

ξ_1 可按下列公式计算：

$$\xi_1 = \frac{0.5 f_c A}{N} \leqslant 1 \tag{5.12}$$

ξ_1 也可按下式近似计算：

$$\xi_1 = 0.2 + 2.7 \frac{e_i}{h_0} \leqslant 1 \tag{5.12a}$$

式中　N——轴向力设计值；

A——构件截面面积，对 T 形、工字形截面均取 $A = bh + 2(b'_f - b)h'_f$；

f_c——混凝土的轴心抗压强度设计值。

当 $\xi_1 > 1$ 时，取 $\xi_1 = 1$。

ξ_2 可按下式计算：

$$\xi_2 = 1.15 - 0.01\frac{l_0}{h} \leqslant 1 \tag{5.13}$$

当 $l_0/h \leqslant 15$ 时，取 $\xi_2 = 1.0$。

公式(5.11)适用于矩形、T 形、工字形、圆形及环形截面偏心受压构件，且该式仅适用于短柱和 $l_0/h \leqslant 30$ 的长柱。当长细比 $l_0/h \leqslant 5$(即 $l_0/i_0 \leqslant 17.5$)时，可以不考虑纵向弯曲的影响，即取 $\eta = 1.0$。

(三)矩形截面偏心受压构件正截面承载力计算公式

矩形截面偏心受压构件有对称配筋和不对称配筋两类，实用上对称配筋截面居多。无论是对称配筋或不对称配筋，计算时均应判别大、小偏心的界限，分别用其计算公式对截面进行计算。

由于偏心受压正截面破坏特征与受弯构件正截面破坏特征是类似的，故其正截面受压承载力计算仍采用了与受弯构件正截面承载力计算相同的基本假定，混凝土压应力图形也采用等效矩形应力分布图形，其强度为 $\alpha_1 f_c$，混凝土受压区计算高度 $x = \beta_1 x_c$，α_1 和 β_1 的取值同前。

1. 大、小偏心受压的界限判别

《混凝土结构设计规范》规定当混凝土受压区相对高度 $\xi \leqslant \xi_b$ 时，截面为大偏心受压破坏；当 $\xi > \xi_b$ 时，截面为小偏心受压破坏。

根据分析可知，在一般情况下，当 $\eta e_i > 0.3h_0$ 时，可先按大偏心受压情况计算；当 $\eta e_i \leqslant 0.3h_0$ 时，可先按小偏心受压情况计算。最后计算出 ξ，重新判别大小偏心结果。若判别大小偏心结果同前述假定不符，则需重新计算。

2. 大偏心受压时截面的承载力($\xi \leqslant \xi_b$)

1)计算公式

当截面为大偏心受压破坏时，在承载能力极限状态下截面的实际应力图形和计算应力图形如图 5.28(a)、(b)所示。受拉区混凝土退出工作，全部拉力由钢筋承担，受拉钢筋应力达到其抗拉设计强度 f_y；受压区混凝土应力达到 $\alpha_1 f_c$，一般情况下，受压钢筋能达到其抗压设计强度 f'_y。根据计算应力图形[图 5.28(b)]，由力和力矩的平衡条件，可以得到下面基本计算公式：

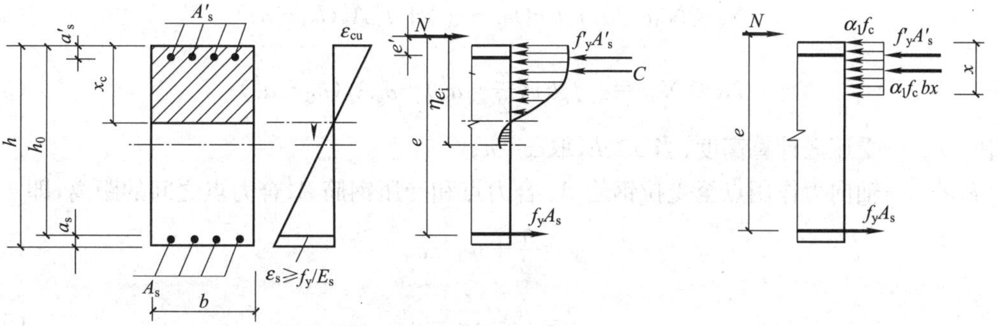

(a) 截面应变分布和应力分布　　(b) 等效应力图形

图 5.28　大偏心受压计算图形

$$N \leqslant N_u = \alpha_1 f_c bx + f'_y A'_s - f_y A_s \tag{5.14}$$

对受拉钢筋合力点取矩，得

$$Ne \leqslant N_u e = \alpha_1 f_c bx(h_0 - \frac{x}{2}) + f_y' A_s'(h_0 - a_s') \tag{5.15}$$

式中　N_u——受压承载力轴向力设计值；

e——轴向力作用点至受拉钢筋 A_s 合力点之间的距离；$e = \eta e_i + \frac{h}{2} - a_s$；

η——偏心距增大系数，由式(5.11)计算；

x——混凝土受压区计算高度。

2)适用条件

为了保证截面为大偏心受压破坏，破坏时受拉钢筋应力能达到其屈服强度，必须满足下列条件：

$$\xi \leqslant \xi_b \tag{5.16}$$

或

$$x \leqslant x_b = \xi_b h_0 \tag{5.16a}$$

为保证截面破坏时，受压钢筋应力能达到其抗压设计强度，和双筋受弯构件相同，要求满足

$$x \geqslant 2a_s' \tag{5.16b}$$

当 $x < 2a_s'$时，说明受压钢筋未屈服，仿照双筋受弯构件的办法，取 $x = 2a_s'$，对受压钢筋A_s'合力点取矩，得

$$Ne' \leqslant N_u e' = f_y A_s(h_0 - a_s') \tag{5.17}$$

$$e' = \eta e_i - \frac{h}{2} + a_s' \tag{5.18}$$

式中　e'——轴向力作用点至受压钢筋 A_s'合力点之间的距离。

3. 小偏心受压时截面的承载力($\xi > \xi_b$)

1)计算公式

对小偏心受压构件，截面可能大部分受压，小部分受拉，如图 5.29(a)所示，也可能全截面受压，如图 5.29(b)所示。靠近轴向力 N 作用的一侧混凝土先被压碎，受压钢筋 A_s'的应力达到屈服强度 f_y'，而另一侧钢筋 A_s 可能受拉或受压，但均不屈服。计算时，受压区混凝土应力图形仍简化为等效矩形图形，如图 5.29(a)、(b)所示。根据力和力矩平衡条件可得

$$N \leqslant N_u = \alpha_1 f_c bx + f_y' A_s' - \sigma_s A_s \tag{5.19}$$

$$Ne \leqslant N_u e = \alpha_1 f_c bx(h_0 - \frac{x}{2}) + f_y' A_s'(h_0 - a_s') \tag{5.20}$$

或

$$Ne \leqslant N_u e = \alpha_1 f_c bx(\frac{x}{2} - a_s') + \sigma_s A_s(h_0 - a_s') \tag{5.21}$$

式中　x——受压区计算高度，当 $x > h$，取 $x = h$；

e、e'——轴向力作用点至受拉钢筋 A_s 合力点和受压钢筋 A_s'合力点之间的距离，即

$$e = \frac{h}{2} + \eta e_i - a_s \tag{5.22}$$

$$e' = \frac{h}{2} - \eta e_i - a_s' \tag{5.23}$$

σ_s——远离偏心力一侧纵向钢筋 A_s 的应力值，以受拉为正，其值按式(5.24)确定：

$$\sigma_s = \frac{\xi - \beta_1}{\xi_b - \beta_1} f_y = \frac{x - \beta_1 h_0}{\xi_b h_0 - \beta_1 h_0} f_y \tag{5.24}$$

其中　β_1——系数，当混凝土强度等级不超过 C50 时，β_1 取 0.8，当混凝土强度等级为

C80 时，β_1 取 0.74，其间按线性内插法确定。

σ_s 值应满足条件：　　　　　$-f'_y \leqslant \sigma_s \leqslant f_y$

当 $\sigma_s = -f'_y$，且 $f'_y = f_y$时，可得 $\xi = 2\beta_1 - \xi_b$，故当 $\xi \geqslant 2\beta_1 - \xi_b$ 时，钢筋应力 σ_s 达到抗压屈服强度 f'_y。

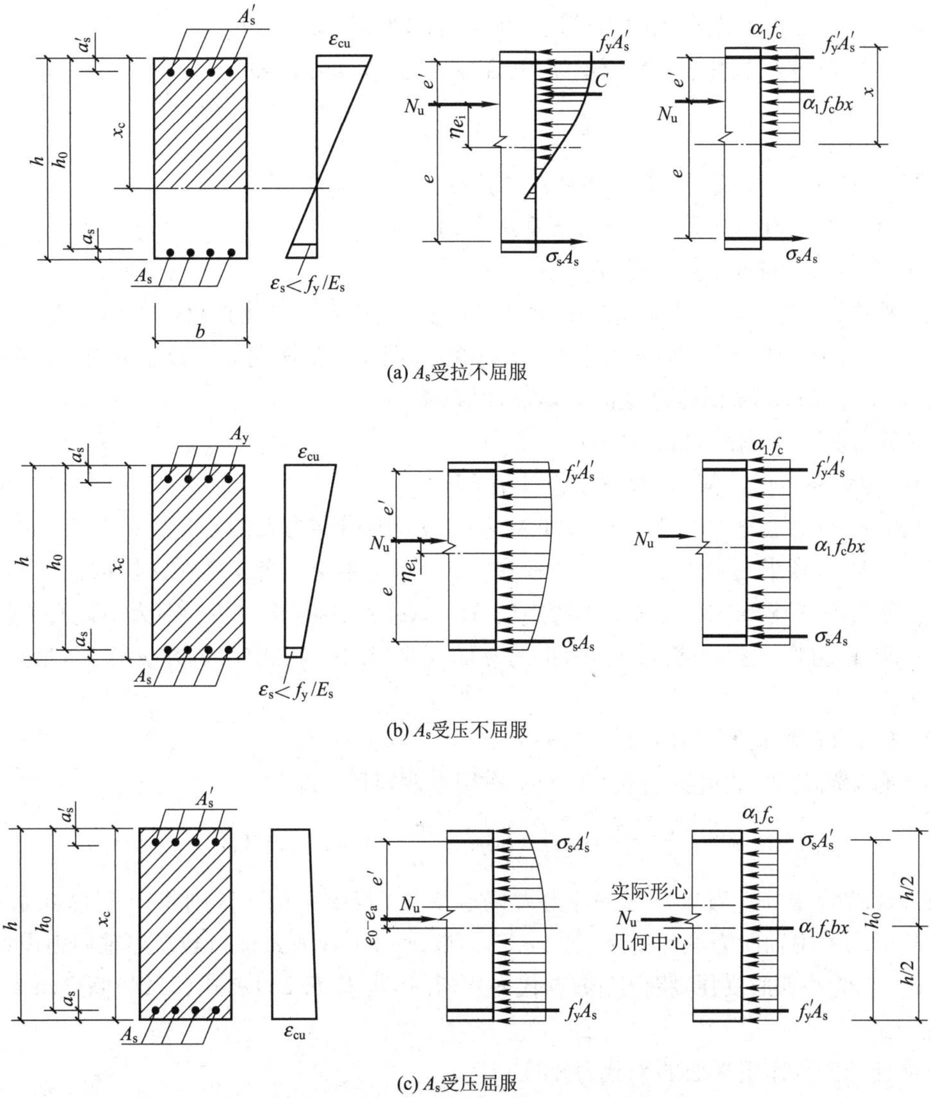

(a) A_s受拉不屈服

(b) A_s受压不屈服

(c) A_s受压屈服

图 5.29　小偏心受压计算图形

2)适用条件

小偏心受压破坏计算公式的适用条件为

① $\xi > \xi_b$ 或 $x > \xi_b h_0$；

② $x \leqslant h$，因为混凝土受压区高度不可能超过截面高度；

③ $-f'_y \leqslant \sigma_s \leqslant f_y$。

对小偏心受压构件，一般情况下，破坏发生在靠近轴向力 N 一侧，称为正向破坏，但当轴向力 N 很大、偏心距 e_0 很小(一般当 $N \geqslant \alpha_1 f_c bh$，$e_0 \leqslant 0.15h_0$ 时)，且 A_s 的数量又较少时，破坏有可能发生在离轴向力较远一侧，称为反向破坏。承载力计算时，除按上述正向破坏计算外，还应对反向破坏进行验算。

根据截面应力图[图 5.29(c)]，对 A'_s 取矩得

$$Ne' \leqslant \alpha_1 f_c bh\left(h'_0-\frac{h}{2}\right)+f'_y A_s(h'_0-a_s) \tag{5.25}$$

式中　h'_0——A'_s合力点至离纵向力较远一侧边缘的距离，即 $h'_0=h-a_s$；

e'——轴向力作用点至受压钢筋 A'_s合力点之间的距离，即

$$e'=\frac{h}{2}-a'_s-(e_0-e_a)$$

如果公式(5.25)不满足，则应增加 A_s 的用量。

(四)偏心受压构件正截面承载力计算公式的应用

1. 矩形截面不对称配筋的计算方法

在承载力复核时，一般已知截面尺寸 $b\times h$，混凝土强度等级及钢材品种(f_c、f_y、f'_y)，截面配筋 A_s 和 A'_s，构件长细比，轴向力设计值 N 和偏心距 e_0，验算截面是否能承受该轴向压力 N 值，或已知 N 值时，求截面能承受的弯矩设计值 M。

1)弯矩作用平面内的承载力复核

(1)已知轴向力设计值 N，求弯矩设计值 M

先按大偏心受压公式(5.14)求 x，如果 $x\leqslant\xi_b h_0$，则构件为大偏心受压；当 $x>2a'_s$时，将 x 和由式(5.11)求得的 η 代入式(5.15)和式(5.9)求 e 和 e_0；当 $x\leqslant 2a'_s$时，取 $x=2a'_s$，代入式(5-17)和式(5.9)求 e'和 e_0，最后得弯矩值 $M=Ne_0$。如果 $x>\xi_b h_0$，则为小偏心受压，应按式(5.19)求 x，再将 x 和由式(5.11)求得的 η 代入式(5.20)和式(5.9)求 e 和 e_0，最后得弯矩值$M=Ne_0$。

(2)已知偏心距 e_0，求轴向力设计值 N

因截面配筋已知，故可按图 5.28 对 N 作用点取矩得

$$\alpha_1 f_c bx\left(\eta e_i-\frac{h}{2}+\frac{x}{2}\right)=f_y A_s\left(\eta e_i+\frac{h}{2}-a_s\right)-f'_y A'_s\left(\eta e_i-\frac{h}{2}+a'_s\right) \tag{5.26}$$

按式(5.26)求 x。当 $x\leqslant x_b$ 时，为大偏心受压，若 $x>2a'_s$时，则将 x 及已知数据代入式(5.14)可求解出轴向力设计值 N；若 $x\leqslant 2a'_s$，取 $x=2a'_s$代入式(5.14)求出轴向力设计值 N。当 $x>x_b$ 时，为小偏心受压，将已知数据代入式(5.19)、式(5.20)和式(5.24)联立求解轴向力设计值 N。

2)垂直于弯矩作用平面的承载力复核

无论是设计题或截面复核题，是大偏心受压还是小偏心受压，除了在弯矩作用平面内依照偏心受压进行计算外，都要验算垂直于弯矩作用平面的轴心受压承载力。目的是对于偏心受压构件还要保证垂直于弯矩作用平面的轴心抗压承载能力，此时可按轴心受压构件计算，考虑 φ 值，并取 b 为截面高度，计算长细比 l_0/b。

【例题 5-6】　已知：$N=1\ 200$ kN，$b=400$ mm，$h=600$ mm，$a_s=a'_s=45$ mm，构件计算长度 $l_0=4$ m，混凝土强度等级为 C40，钢筋为 HRB400(Ⅲ级)，A_s 选用 4⌀20($A_s=1\ 256\ mm^2$)，A'_s 选用 4⌀22($A'_s=1\ 520\ mm^2$)。求该截面在 h 方向能承受的弯矩设计值。

解：(1)按大偏心受压求 x

根据公式(5.14)得

$$x=\frac{N-f'_yA'_s+f_yA_s}{\alpha_1 f_c b}=\frac{120\times10^4-360\times1\ 520+360\times1\ 256}{1.0\times19.1\times400}=145(\text{mm})$$

$$h_0=h-a_s=600-45=555(\text{mm})$$

$x=145\ \text{mm}<\xi_b h_0=0.518\times555=287(\text{mm})$，属于大偏心受压情况。

(2)求偏心距 e_0

由于 $x=145\ \text{mm}>2a'_s=2\times45=90(\text{mm})$，说明受压钢筋能达到屈服强度。

根据公式(5.15)得

$$e=\frac{\alpha_1 f_c bx(h_0-\frac{x}{2})+f'_yA'_s(h_0-a'_s)}{N}$$

$$=\frac{1.0\times19.1\times400\times145\times(555-\frac{145}{2})+360\times1\ 520\times(555-45)}{120\times10^4}=678(\text{mm})$$

$$\eta e_i=e-\frac{h}{2}+a_s=678-\frac{600}{2}+45=423(\text{mm})$$

由于 $l_0/h=4\ 000/600=6.67>5$，先取 $\eta=1$ 计算，则 $e_i=423$ mm。

根据公式(5.12)得

$$\xi_1=\frac{0.5f_cA}{N}=\frac{0.5\times19.1\times400\times600}{1\ 200\times10^3}=1.91>1，则取\ \xi_1=1$$

$$l_0/h=6.67<15，则取\ \xi_2=1$$

根据公式(5.11)得

$$\eta=1+\frac{1}{1\ 400\times\frac{e_i}{h_0}}\left(\frac{l_0}{h}\right)^2\xi_1\xi_2=1+\frac{1}{1\ 400\times\frac{423}{555}}\left(\frac{4\ 000}{600}\right)^2\times1\times1=1.04$$

前面取的 $\eta=1$，与此计算的 η 值相差不到 5%，可按 $\eta=1$ 计算，则 $e_i=423$ mm。

《混凝土结构设计规范》(GB 50010—2010)规定 e_a 的取值取 20 mm 和偏心方向截面尺寸的 1/30 两者中的较大值：

$$e_a=\max\{20,600/30\}=20\ \text{mm}$$

则
$$e_0=e_i-e_a=423-20=403(\text{mm})$$

(3)求截面承受的弯矩 M

$$M=Ne_0=1\ 200\ 000\times403=483.6(\text{kN}\cdot\text{m})$$

(4)垂直于弯矩平面的承载力验算

已知 $l_0/b=4\ 000/400=10$，查表 5.1 得 $\varphi=0.98$，根据公式(5.5)得

$$N_u=0.9\varphi[f_cA+f'_y(A_s+A'_s)]$$
$$=0.9\times0.98[19.1\times400\times600+360(1\ 256+1\ 520)]=4\ 925(\text{kN})>1\ 200\ \text{kN}$$

满足要求。该截面在 h 方向能承受的弯矩设计值为：$M=483.6\ \text{kN}\cdot\text{m}$。

【例题 5-7】 已知：$b=500$ mm，$h=700$ mm，$a_s=a'_s=45$ mm，混凝土强度等级为 C35，采用 HRB400 钢筋，A_s 选用 6Φ25($A_s=2\ 945\ \text{mm}^2$)，A'_s选用 4Φ25($A'_s=1\ 964\ \text{mm}^2$)，构件计算长度 $l_0=12.25$ m，轴向力的偏心距 $e_0=460$ mm。求截面能承受的轴向力设计值 N。

解：(1)判断大、小偏心

已知 $l_0/h=12\ 250/700=17.5$，$e_0=460$ mm，$e_a=700/30=23$ mm(>20 mm)，$h_0=h-$

$a_s=700-45=655$(mm)。

根据公式(5.9)得

$$e_i=e_0+e_a=460+23=483(\text{mm})$$

根据公式(5.12a)得

$$\xi_1=0.2+2.7\times\frac{e_i}{h_0}=0.2+2.7\times\frac{483}{655}=2.19>1\text{，则取 }\xi_1=1$$

$$l_0/h=17.5>15$$

根据公式(5.13)得

$$\xi_2=1.15-0.01\times\frac{l_0}{h}=1.15-0.01\times\frac{12\,250}{700}=0.975<1$$

根据公式(5.11)得

$$\eta=1+\frac{1}{1\,400\times\frac{e_i}{h_0}}\left(\frac{l_0}{h}\right)^2\xi_1\xi_2=1+\frac{1}{1\,400\times\frac{483}{655}}\times\left(\frac{12\,250}{700}\right)^2\times1\times0.975=1.289$$

根据《混凝土结构设计规范》规定的一般情况判定得

$$\eta e_i=1.289\times483=623(\text{mm})>0.3h_0=0.3\times655=196.5(\text{mm})$$

故按大偏心受压计算。

(2)求受压区高度 x

根据公式(5.26)得

$$\alpha_1 f_c bx(\eta e_i-\frac{h}{2}+\frac{x}{2})=f_yA_s(\eta e_i+\frac{h}{2}-a_s)-f'_yA'_s(\eta e_i-\frac{h}{2}+a'_s)$$

$$1.0\times16.7\times500\times x\times\left(623-\frac{700}{2}+\frac{x}{2}\right)=360\times2\,945\times\left(623+\frac{700}{2}-45\right)-$$

$$360\times1\,964\times\left(623-\frac{700}{2}+45\right)$$

移项整理：$$x^2+546x-181\,803=0$$

求解：$$x=233\text{ mm}$$

$$2a'_s=2\times45=90(\text{mm})<x<x_b=\xi_bh_0=0.518\times655=339(\text{mm})$$

故为大偏心受压。

(3)求轴向力设计值 N

根据公式(5.14)得

$$\begin{aligned}N_u&=\alpha_1 f_c bx+f'_yA'_s-f_yA_s\\&=1.0\times16.7\times500\times233+360\times1\,964-360\times2\,945=1\,592.4(\text{kN})\end{aligned}$$

(4)垂直于弯矩平面的承载力验算

已知 $l_0/b=12\,250/500=24.5$，查表5.1得 $\varphi=0.64$。根据公式(5.5)得

$$\begin{aligned}N_u&=0.9\varphi[f_cA+f'_y(A_s+A'_s)]\\&=0.9\times0.64[16.7\times500\times700+360(1\,964+2\,945)]=4\,385(\text{kN})\end{aligned}$$

该截面能承受的轴向力设计值 $N=1\,592.4$ kN。

【例题 5-8】 已知在荷载作用下柱的轴向力设计值 $N=2\,400$ kN，柱截面尺寸 $b=450$ mm，$h=600$ mm，$a_s=a'_s=35$ mm，构件长度 $l_0=7.2$ m，混凝土强度等级为C20，采用HRB335钢筋，A_s 选用 4Φ16($A_s=804\text{ mm}^2$)，A'_s 选用 4Φ25($A'_s=1\,964\text{ mm}^2$)。求该截面在 h 方向能承受

的弯矩设计值。

解:(1)判别大、小偏心

先按大偏心受压计算,根据公式(5.14),求 x 值得

$$x=\frac{N-f'_yA'_s+f_yA_s}{\alpha_1 f_c b}=\frac{2\ 400\times10^3-300\times1\ 964+300\times804}{1.0\times9.6\times450}=475(\text{mm})$$

$$h_0=h-a_s=600-35=565(\text{mm})$$

根据公式(5.16a)判断得

$$x=475\ \text{mm}>\xi_b h_0=0.55\times565=311(\text{mm}),\text{属于小偏心受压情况}$$

(2)按小偏心受压重新求 x 值

因混凝土强度等级为 C20<C50,故 β_1 取 0.8。根据公式(5.19)和公式(5.24)整理可得

$$\frac{x}{h_0}=\frac{N-f'_yA'_s-\frac{0.8}{\xi_b-0.8}f_yA_s}{\alpha_1 f_c bh_0-\frac{1}{\xi_b-0.8}f_yA_s}=\frac{2\ 400\ 000-300\times1\ 964-\frac{0.8\times300\times804}{0.55-0.8}}{1.0\times9.6\times450\times565-\frac{300\times804}{0.55-0.8}}=0.758$$

则
$$x=0.758h_0=0.758\times565=428(\text{mm})$$

$$\xi_b h_0=0.55\times565=310.75(\text{mm})<x<h=600\ \text{mm}$$

(3)求偏心距 e_0

由于　$x<(2\beta_1-\xi_b)h_0=(2\times0.8-0.55)\times565=1.05\times565=593(\text{mm})$

根据公式(5.20)有

$$e=\frac{\alpha_1 f_c bx\left(h_0-\frac{x}{2}\right)+f'_yA'_s(h_0-a'_s)}{N}$$

$$=\frac{1.0\times9.6\times450\times428\times\left(565-\frac{428}{2}\right)+300\times1\ 964\times(565-35)}{2\ 400\ 000}=401(\text{mm})$$

根据公式(5.22)变形得

$$\eta e_i=e-\frac{h}{2}+a_s=401-\frac{600}{2}+35=136(\text{mm})$$

$$l_0/h=7\ 200/600=12$$

先取 $\eta=1$ 计算,则 $e_i=136$。根据式(5.12a)、式(5.13)和式(5.11)求 η 值。

$$\xi_1=0.2+2.7\frac{e_i}{h_0}=0.2+2.7\times\frac{136}{565}=0.85<1$$

由于 $l_0/h=12<15$,则 $\xi_2=1$。有

$$\eta=1+\frac{1}{1\ 400\times\frac{e_i}{h_0}}\left(\frac{l_0}{h}\right)^2\xi_1\xi_2=1+\frac{1}{1\ 400\times\frac{136}{565}}\times\left(\frac{7\ 200}{600}\right)^2\times0.85\times1=1.363$$

由于所求 $\eta=1.36$ 与原先取的 $\eta=1$ 相差较大,故要按 $\eta=1.36$ 重新计算。由 $\eta e_i=136$ mm,则 $e_i=100$ mm。

$$\xi_1=0.2+2.7\frac{e_i}{h_0}=0.2+2.7\times\frac{100}{565}=0.678<1$$

由于 $l_0/h=12<15$，则 $\xi_2=1$。有

$$\eta=1+\frac{1}{1\,400\times\frac{e_i}{h_0}}\left(\frac{l_0}{h}\right)^2\xi_1\xi_2=1+\frac{1}{1\,400\times\frac{100}{565}}\times\left(\frac{7\,200}{600}\right)^2\times0.678\times1=1.394$$

所求 $\eta=1.39$ 与 $\eta=1.36$ 相差不到 5%，故可取 $\eta=1.36$ 计算，$e_i=136/1.36=100$ mm。$e_a=\max\{20, h/30\}=\max\{20, 600/30\}=20$ mm。

$$e_0=e_i-e_a=100-20=80(\text{mm})$$

(4)求截面在 h 方向上能承受的弯矩设计值

$$M=Ne_0=2\,400\,000\times80=192(\text{kN}\cdot\text{m})$$

(5)垂直于弯矩平面的承载力验算

已知 $l_0/b=7\,200/450=16$，查表 5.1 得 $\varphi=0.87$。根据公式(5.5)得

$$\begin{aligned}N_u&=0.9\varphi[f_cA+f'_y(A_s+A'_s)]\\&=0.9\times0.87\times[9.6\times450\times600+300\times(1\,964+804)]=2\,679.7(\text{kN})>2\,400\text{ kN}\end{aligned}$$

所以满足要求。

2. 矩形截面对称配筋的计算方法

在实际工程中，常见的单层厂房排架柱、多层房屋框架柱等偏心应力受压构件，在不同荷载组合下，柱子可能承受变号弯矩，在变号弯矩作用下，截面的纵向钢筋也将变号，受拉变成受压，受压变成受拉。因此，当按对称配筋设计，求出的纵筋总量比按不对称设计求出的纵筋总量增加不多时，为便于设计和施工，截面常采用对称配筋。此外，为了保证吊装不出差错，装配式柱一般也宜采用对称配筋。对称配筋的计算也包括截面选择和承载力校核两部分内容。

在对称配筋时，只要在非对称配筋计算公式中令 $f_y=f'_y$，$A_s=A'_s$，$a_s=a'_s$，则

$$N_u=\alpha_1 f_c bx \tag{5.27}$$

【例题 5-9】 已知偏心压力设计值 $N=1\,300$ kN，轴向力的偏心距 $e_0=90$ mm，$b=400$ mm，$h=500$ mm，$a_s=a'_s=35$ mm，混凝土强度等级为 C30，采用 HRB335 钢筋，对称配筋，钢筋选用 2Φ16($A_s=A'_s=402\text{ mm}^2$)，构件计算长度 $l_0=7.5$ m。试校核该截面能否承担该偏心压力。

解：(1)判断大、小偏心

$$l_0/h=7\,500/500=15,\quad e_0=90\text{ mm},\quad e_a=\max\{20, h/30\}=\max\{20, 500/30\}=20\text{ mm}$$

$$h_0=h-a_s=500-35=465(\text{mm})$$

根据公式(5.9)得

$$e_i=e_0+e_a=90+20=110(\text{mm})$$

根据式(5.12a)、式(5.13)和式(5.11)求 η 值：

$$\xi_1=0.2+2.7\times\frac{e_i}{h_0}=0.2+2.7\times\frac{110}{465}=0.839<1$$

$$l_0/h=15,\quad \xi_2=1.15-0.01\times\frac{l_0}{h}=1.15-0.01\times\frac{7\,500}{500}=1$$

$$\eta=1+\frac{1}{1\,400\times\frac{e_i}{h_0}}\left(\frac{l_0}{h}\right)^2\xi_1\xi_2=1+\frac{1}{1\,400\times\frac{110}{465}}\times\left(\frac{7\,500}{500}\right)^2\times0.839\times1=1.57$$

根据《混凝土结构设计规范》规定的一般情况判定得

$$\eta e_i = 1.57 \times 110 = 172.7(\text{mm}) > 0.3h_0 = 0.3 \times 465 = 139.5(\text{mm})$$

初步判断为大偏心受压截面，故按大偏心受压计算。

(2)求受压区高度 x

根据公式(5.26)，得

$$\alpha_1 f_c bx\left(\eta e_i - \frac{h}{2} + \frac{x}{2}\right) = f_y A_s\left(\eta e_i + \frac{h}{2} - a_s\right) - f'_y A'_s\left(\eta e_i - \frac{h}{2} + a'_s\right)$$

$$1.0 \times 14.3 \times 400 \times x \times \left(172.7 - \frac{500}{2} + \frac{x}{2}\right)$$

$$= 300 \times 402 \times \left(172.7 + \frac{500}{2} - 35\right) - 300 \times 402 \times \left(172.7 - \frac{500}{2} + 35\right)$$

移项整理、求解：　$x = 233\ \text{mm}$

$$2a'_s = 2 \times 45 = 90(\text{mm}) < x < x_b = \xi_b h_0 = 0.550 \times 655 = 360(\text{mm})$$

故为大偏心受压。

(3)求轴向力设计值 N_u

根据公式(5.27)得

$$N_u = \alpha_1 f_c bx = 1.0 \times 14.3 \times 400 \times 233 = 1\ 332.8(\text{kN}) > 1\ 300\ \text{kN}$$

故满足要求。

(4)垂直于弯矩平面的承载力验算

已知 $l_0/b = 7\ 500/400 = 18.75$，查表 5.1 得 $\varphi = 0.79$。根据公式(5.5)得

$$N_u = 0.9\varphi(Af_c + f'_y A'_s)$$
$$= 0.9 \times 0.79 \times (14.3 \times 400 \times 500 + 300 \times 402 \times 2) = 2\ 205.0(\text{kN}) > 1\ 300\ \text{kN}$$

因为满足 $N \leqslant N_u$，所以该截面能承担此偏心压力，结构安全。

三、相关案例——桥梁墩台计算

某桥梁墩台的实际工程可简化为一偏心受压柱。截面尺寸 $b \times h = 300\ \text{mm} \times 400\ \text{mm}$，采用 C20 混凝土，HRB335 级钢筋，柱子计算长度 $l_0 = 3\ 000\ \text{mm}$，承受弯矩设计值 $M = 150\ \text{kN} \cdot \text{m}$，轴向压力设计值 $N = 260\ \text{kN}$，$a_s = a'_s = 40\ \text{mm}$，采用对称配筋。试求纵向受力钢筋的截面面积 $A_s(A_s = A'_s)$。

解:混凝土强度等级为 C20，查表 2.3 可知，$f_c = 9.6\ \text{N/mm}^2$，查表 3.5 可知，$\alpha_1 = 1.0$；选用钢筋为 HRB335 级，查表 2.9 可知，$f_y = 300\ \text{N/mm}^2$；查表 3.6 可知，$\xi_b = 0.550$。

(1)求初始偏心距 e_i

$$e_0 = M/N = 150 \times 10^6 / 260 \times 10^3 = 577(\text{mm})$$

e_a 按《混凝土结构设计规范》规定取值，即

$$e_a = \max(20, h/30) = \max(20, 400/30) = 20(\text{mm})$$

根据公式(5.9)得

$$e_i = e_0 + e_a = 577 + 20 = 597(\text{mm})$$

(2)求偏心距增大系数

根据式(5.12)、式(5.13)和式(5.11)求 η 值：

$$l_0/h = 3\ 000/400 = 7.5 > 5$$

$$\zeta_1 = \frac{0.5 f_c A}{N} = \frac{0.5 \times 9.6 \times 300 \times 400}{260 \times 10^3} = 2.22 > 1.0$$

取 $\zeta_1=1.0$。

$$\zeta_2=1.15-0.01\times\frac{l_0}{h}=1.15-0.01\times\frac{3\ 000}{400}=1.075>1$$

取 $\zeta_2=1.0$。

$$\eta=1+\frac{1}{1\ 400\times\frac{e_i}{h_0}}\left(\frac{l_0}{h}\right)^2\zeta_1\zeta_2=1+\frac{1}{1\ 400\times\frac{597}{400}}\times\left(\frac{3\ 000}{400}\right)^2\times1.0\times1.0=1.027$$

(3)判断大、小偏心受压

根据式(5.27)变形得

$$x=\frac{N}{\alpha_1 f_c b}=\frac{260\times10^3}{1.0\times9.6\times300}=90.3(\text{mm})<\xi_b h_0=0.55\times(400-40)=198(\text{mm})$$

根据公式(5.16a)判定为大偏心受压。

(4)求 $A_s(=A_s')$

根据式(5.22)得

$$e=\eta e_i+\frac{h}{2}-a_s=1.027\times597+\frac{400}{2}-40=773(\text{mm})$$

$x=90.3\text{ mm}>2a_s'=80\text{ mm}$,满足公式适应条件。则有

$$A_s=A_s'=\frac{Ne-\alpha_1 f_c bx\left(h_0-\frac{x}{2}\right)}{f_y'(h_0-a_s')}$$

$$=\frac{260\times10^3\times773-1.0\times9.6\times300\times90.3\left(360-\frac{90.3}{2}\right)}{300(360-40)}$$

$$=1\ 241(\text{mm}^2)$$

(5)验算配筋率

$$A_s=A_s'=1\ 241\text{ mm}^2>0.2\%\times bh=0.2\%\times300\times400=240\text{ mm}^2$$

故配筋满足要求。

(6)验算垂直弯矩作用平面的承载力

$$l_0/h=3\ 000/300=10>8$$

根据式(5.3)得

$$\varphi=\frac{1}{1+0.002\left(\frac{l_0}{b}-8\right)^2}=\frac{1}{1+0.002(10-8)^2}=0.992$$

根据公式(5.5)得

$$N_u=0.9\varphi(Af_c+f_y'A_s')$$
$$=0.9\times0.992\times(9.6\times300\times400+300\times1\ 241)$$
$$=1\ 360\ 895(\text{N})=1\ 361\text{ kN}>N=260\text{ kN}$$

故垂直弯矩作用平面的承载力满足要求。每侧纵筋选配4Φ20($A_s=A_s'=1\ 256\text{ mm}^2$),箍筋选用Φ8@250,如图5.30所示。

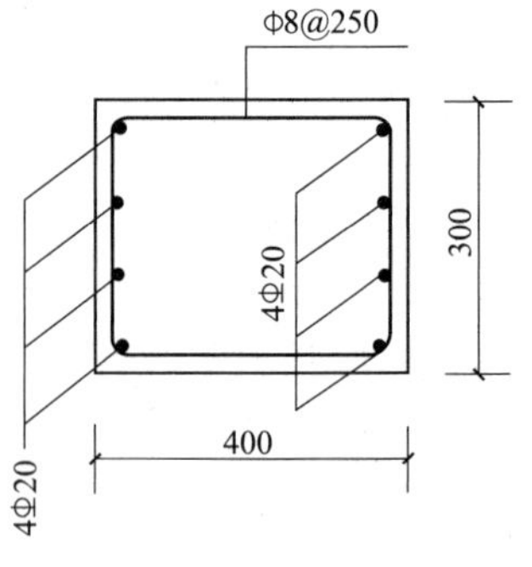

图5.30 截面配筋(单位:mm)

思考题

5-1　什么是偏心受压构件？

5-2　大、小偏心受压破坏有何本质区别？判定的界限条件是什么？

5-3　简述大偏心破坏的受力特点及破坏特征。

5-4　偏心受压短柱和长柱的破坏有什么区别？

习　题

5-1　已知某教学楼为多层现浇钢筋混凝土框架结构，截面尺寸 $b=350$ mm，$h=350$ mm，楼层高 $H=3.9$ m，$l_0=1.0H$，底层中柱承受轴向力设计值 $N=1\ 400$ kN，采用 C20 混凝土，钢筋为 HRB400 级。试求配置纵筋及箍筋。

5-2　根据建筑要求，某现浇柱截面尺寸 $b=300$ mm，$h=300$ mm，计算高度 $l_0=2.8$ m，底层中柱承受轴向力设计值 $N=950$ kN，采用 C30 混凝土，柱内配置了 4 根直径 22 mm 的 HRB400 级钢筋。判断截面是否安全。

5-3　已知偏心压力设计值 $N=300$ kN，弯矩 $M=159$ kN·m，截面尺寸 $b=300$ mm，$h=400$ mm，$a_s=a_s'=35$ mm，混凝土强度等级为 C20，采用 HRB335 钢筋，$l_0/h=6$。试求钢筋截面面积 A_s 和 A_s'。

单元六　预应力混凝土结构

学习导读

预应力钢筋混凝土为一种用途广泛的混凝土制品。为了避免钢筋混凝土结构的裂缝过早出现，充分利用高强度材料，人们在长期的生产实践中创造了预应力混凝土结构。它具有抗弯拉性能高、抗裂性能强和耐久性好等特点，已被土木工程行业广泛应用。

本单元主要介绍预应力混凝土结构的概念、预应力施加方法、预应力混凝土结构的构造要求及预应力损失。

能力目标

1. 具有分析预应力钢筋物理力学性能的能力；
2. 具备分析张拉预应力损失的能力；
3. 具备分析预应力混凝土构件构造的能力。

知识目标

1. 掌握预应力钢筋的分类；
2. 掌握预应力的损失；
3. 掌握预应力混凝土构件的构造要求；
4. 掌握预应力混凝土构件的设计。

学习项目一　预应力混凝土概述

一、引　　文

在普通钢筋混凝土结构中，由于混凝土极限拉应变低，故在使用荷载作用下，构件受拉区混凝土易出现裂缝，而此时钢筋的拉应力却不高（相应的拉应变也很小），构件中的钢筋强度得不到充分利用，更别谈使用高强度钢筋了。为了充分利用高强度材料，人们把预应力运用到钢筋混凝土结构中去，亦即在外荷载作用到构件上之前，预先用某种方法，在构件上（主要在受拉区）施加压力，构成预应力钢筋混凝土结构。

二、相关理论知识

（一）预应力混凝土的概念

所谓预应力混凝土结构，是在结构构件受外力荷载作用前，先人为地对它施加压力，由此产生的预应力状态可减小或抵消外荷载所引起的拉应力，即借助于混凝土较高的抗压强度来弥补其抗拉强度的不足，达到推迟受拉区混凝土开裂的目的。以钢筋混凝土制成的结构，因以张拉钢筋的方法来达到预压应力，所以也称预应力钢筋混凝土结构。

现以预应力简支梁的受力情况（图 6-1 ）说明预应力的基本原理。在外荷载作用前，预先在梁的受拉区施加一对大小相等、方向相反的偏心预压力 N，使得梁截面下边缘混凝土产生预压应力 σ_c[图 6-1(a)]。当外荷载 q 作用时，截面下边缘将产生拉应力 σ_{ct}[图 6-1(b)]。在二者共同作用下，梁的应力分布为上述两种情况的叠加，梁的下边缘应力可能是数值很小的拉应力[图 6.1(c)]，也可能是压应力。也就是说，由于预压力的作用，可部分抵消或全部抵消外荷载所引起的拉应力，因而延缓了混凝土构件的开裂。

预应力混凝土与普通混凝土相比，具有以下特点：

(1)构件的抗裂度和刚度提高。由于预应力钢筋混凝土中预应力的作用，当构件在使用阶段外荷载作用下产生拉应力时，首先要抵消预压应力。这就推迟了混凝土裂缝的出现并限制了裂缝的发展，从而提高了混凝土构件的抗裂度和刚度。

(2)构件的耐久性增加。预应力混凝土能避免或延缓构件出现裂缝，而且能限制裂缝的扩大，构件内的预应力筋不容易锈蚀，延长了使用期限。

(3)自重减轻。由于采用高强度材料，构件截面尺寸相应减小，自重减轻。

(4)节省材料。预应力混凝土可以发挥钢材的强度，钢材和混凝土的用量均可减少。

(5)预应力混凝土施工，需要专门的材料和设备、特殊的工艺，造价较高。

由此可见，预应力混凝土从本质上改善了钢筋混凝土结构受力性能，因而具有技术革命的意义。

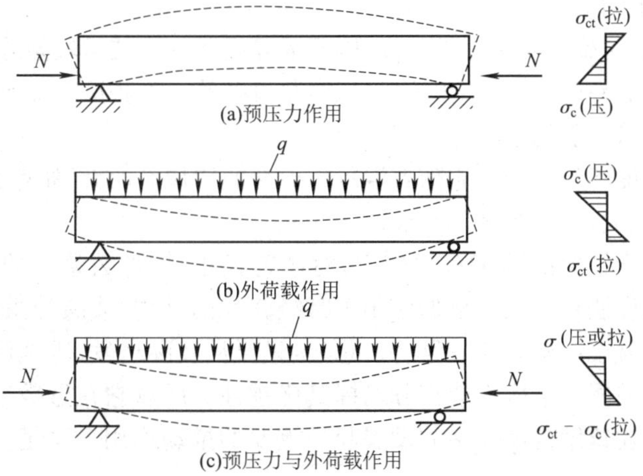

图 6.1　预应力混凝土简支梁受力情况

(二)预应力混凝土结构的基本原理

预应力原理的应用我们并不陌生，在日常事物中的例子也很多。例如在建筑工地用砖钳装卸砖，被钳住的一叠水平砖块不会掉落；用环箍紧箍木桶，木桶盛水而不漏，等等，这些都是运用预应力原理的事例。

预应力混凝土即事先人为地在混凝土或钢筋混凝土中引入内部应力，且其数值和分布恰好能将使用荷载产生的应力抵消到一个合适程度的混凝土，因而使混凝土构件在使用荷载作用下不致开裂或推迟开裂，或者使裂缝宽度减小。这种预先给混凝土引入内部应力的结构，就称为预应力混凝土结构。

（三）预应力混凝土结构的优缺点

1. 预应力混凝土的优点

（1）提高了构件的抗裂度和刚度。对构件施加预应力后，构件在使用荷载作用下可不出现裂缝，或使裂缝出现大大推迟，有效地改善了构件的使用性能，提高了构件的刚度，增加了结构的耐久性。

（2）可以节省材料，减少自重。预应力混凝土由于采用高强材料，因而可减小构件截面尺寸，节省钢材与混凝土用量，降低结构物的自重。这对自重比例很大的大跨径桥梁来说，更有着显著的优越性。大跨度和重荷载结构采用预应力混凝土结构一般是经济合理的。

（3）可以减小混凝土梁的竖向剪力和主拉应力。预应力混凝土梁的曲线钢筋（束），可使梁中支座附近的竖向剪力减小；又由于混凝土截面上预压应力的存在，可使荷载作用下的主拉应力也相应减小。这有利于减小梁的腹板厚度，使预应力混凝土梁的自重进一步减小。

（4）结构质量安全可靠。施加预应力时，钢筋（束）与混凝土都同时经受了一次强度检验。如果在张拉钢筋时构件质量表现质量良好，那么，在使用时也可以认为是安全可靠的。因此有人称预应力混凝土结构是经过预先检验的结构。

（5）预应力可作为结构构件连接的手段，促进了大跨度结构新体系与施工方法的发展。

此外，预应力混凝土结构的耐疲劳性能也较高。因为具有强大预应力的钢筋，在使用阶段加荷或卸荷所引起的应力变化幅度相对较小，所以引起疲劳破坏的可能性也小。这对承受荷载的桥梁结构来说是很有利的。

2. 预应力混凝土的缺点

（1）工艺较复杂，对施工质量要求甚高，因而需要配备一支技术较熟练的专业队伍。

（2）需要有一定的专门设备，如张拉机具、灌浆设备等。先张法需要有张拉台座，后张法还要耗用数量较多、质量可靠的锚具等。

（3）预应力反拱度不易控制。它随着混凝土徐变的增加而加大，如存梁时间过久再进行安装就可能使反拱度很大，造成桥面不平顺。

（4）预应力混凝土结构的开工费用较大，对于跨径小、构件数量少的工程，成本较高。但是，以上缺点是可以设法克服的。例如应用于跨径较大的结构，或跨径虽不大，但构件数量很多时，采用预应力混凝土结构就比较经济。总之，只要从实际出发，因地制宜地进行合理设计和妥善安排，预应力混凝土结构就能充分发挥其优越性。所以它在近数十年来得到了迅猛的发展，尤其对桥梁和建筑结构新体系的发展起了重要的推动作用。这是一种极有发展前途的工程结构。

（四）预应力混凝土的分类

预应力混凝土按预加应力的方法可分为先张法预应力混凝土和后张法预应力混凝土；按预加应力的程度可分为全预应力混凝土和部分预应力混凝土；按预应力钢筋与混凝土的黏结状况可分为有黏结预应力混凝土和无黏结预应力混凝土；按预应力筋的位置可分为体内预应力混凝土和体外预应力混凝土。

1. 先张法预应力混凝土和后张法预应力混凝土

根据张拉预应力钢筋和浇捣混凝土的先后顺序，可分为先张法和后张法。

（1）先张法预应力混凝土

先张法的主要工序是：①钢筋就位[图 6.2(a)]；②张拉预应力钢筋[图 6-2(a)]；③临时锚

固钢筋，浇筑混凝土[图 6-2(b)]；④切断预应力筋[图 6-2(c)]，混凝土受压，此时混凝土强度约为设计强度的 75%。采用先张法时，预应力的建立主要依靠钢筋与混凝土之间的黏结力。该方法适用于以钢丝或 $d<16$ mm 钢筋配筋的中、小型构件，如小型预应力混凝土 T 形梁等。

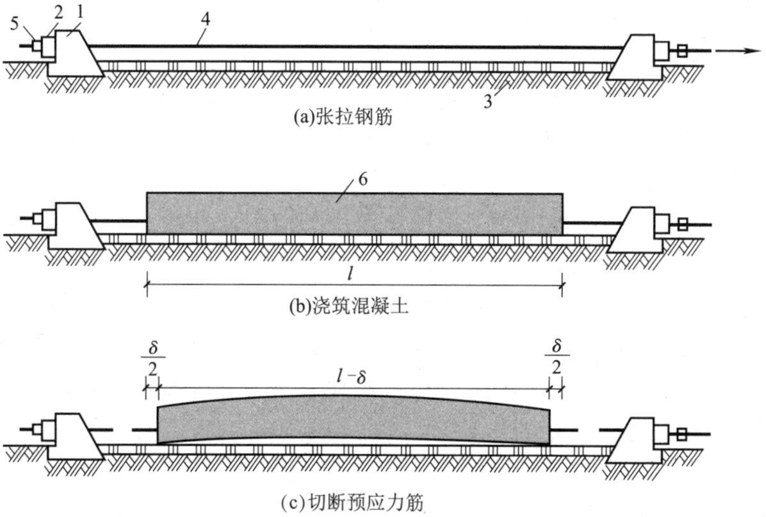

图 6.2　先张法预应力混凝土构件施工工序

1—台座承力结构；2—横梁；3—台面；4—预应力筋；5—锚固夹具；6—预应力混凝土构件

先张法施加预应力方法的缺点是一次性投资较大，需要较大的台座或钢模等固定设备，预应力筋曲线布置比较困难。

(2)后张法预应力混凝土

后张法的主要工序是：①制作构件，预留孔道(塑料管或铁管)[图 6-3(a)]；②穿筋[图 6.3(a)]；③张拉预应力钢筋[图 6.3(b)]；④锚固钢筋，孔道灌浆[图 6.3(c)]。采用后张法时，预应力的建立主要依靠构件两端的锚固装置。该法适用于钢筋或钢绞线配筋的大型预应力构件，如预应力混凝土连续箱形梁等。

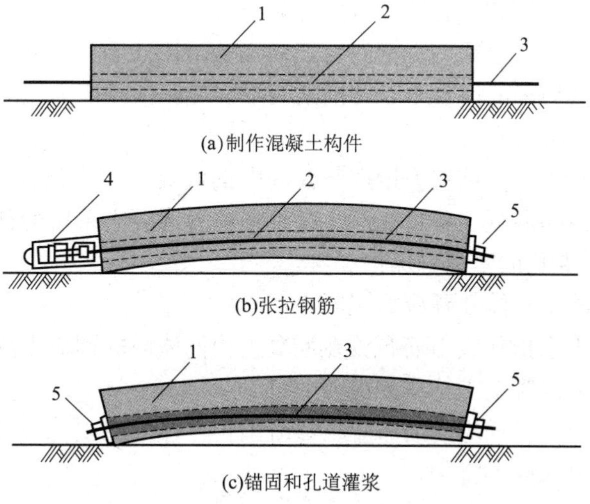

图 6.3　后张法预应力混凝土构件施工工序

1—混凝土构件；2—预留孔道；3—预应力筋；4—千斤顶；5—锚具

后张法施加预应力方法的缺点是工序多，预留孔道占截面面积大。施工复杂，压力灌浆费时，造价高。

2. 全预应力混凝土和部分预应力混凝土

对于预应力混凝土结构，可依据其预应力度不同，划分为若干等级。1970 年国际预应力混凝土协会（CEB-FIP）和欧洲混凝土委员会曾建议将配筋混凝土分为 4 个等级：Ⅰ级（全预应力混凝土）、Ⅱ级（有限预应力混凝土）、Ⅲ级（部分预应力混凝土）和Ⅳ级（普通钢筋混凝土）。

（1）全预应力混凝土

全预应力混凝土系指预应力混凝土结构在最不利荷载效应组合作用下，混凝土中不允许出现拉应力。

全预应力混凝土具有抗裂性好和刚度大等优点。但也存在着以下缺点：①抗裂要求高。预应力钢筋的配筋量取决于抗裂要求，而不是取决于承载力的需要，导致预应力钢筋配筋量增大。②张拉应力高。对锚具和张拉设备要求高，锚具下混凝土受到较大的局部压力，需配置较多的钢筋网片或螺旋筋。③反拱不易控制，施加预压力时，构件会产生过大反拱。

（2）部分、有限预应力混凝土

部分预应力混凝土系指预应力混凝土结构在最不利荷载效应组合作用下，容许混凝土受拉区出现拉应力或裂缝，但必须控制裂缝宽度。有限预应力混凝土是指在最不利荷载效应组合作用下，容许混凝土受拉区出现拉应力但在长期持续荷载作用下不允许出现裂缝。

部分预应力混凝土既克服了全预应力混凝土的缺点，又可以用预应力改善钢筋混凝土构件的受力性能，使开裂推迟，增加刚度并减轻自重。与全预应力混凝土结构相比，部分预应力混凝土结构虽然抗裂性能稍差，刚度稍小，但只要能满足使用要求，仍然是允许的。越来越多的研究成果和工程实践表明，采用部分预应力混凝土结构是合理的。可以认为，部分预应力混凝土结构的出现是预应力混凝土结构设计和应用的一个重要发展。

3. 有黏结预应力混凝土和无黏结预应力混凝土

有黏结预应力混凝土系指预应力钢筋与其周围的混凝土有可靠的黏结强度，使得在荷载作用下预应力钢筋与其周围的混凝土有共同的变形。先张法预应力混凝土和后张法预应力混凝土均为有黏结预应力混凝土。

无黏结预应力混凝土系指预应力钢筋与其周围的混凝土没有任何黏结强度，在荷载作用下预应力钢筋与其周围的混凝土各自变形。这种预应力混凝土采用的预应力筋全长涂有特制的防锈油脂，并套有防老化的塑料管保护。

4. 体内预应力混凝土和体外预应力混凝土

体内预应力混凝土系指预应力筋布置在混凝土构件体内的预应力混凝土。先张法预应力混凝土和后张法预应力混凝土等均属此类。

体外预应力混凝土系指预应力筋布置在混凝土构件体外的预应力混凝土，如图 6.4 所示。混凝土斜拉桥与悬索桥属此类特例。

（五）预应力混凝土结构的应用范围

预应力混凝土结构由于提高了抗裂度和刚度，可以采用高强钢材，因而结构横截面可减小，结构自重随之减小，可以应用在大跨度结构工程上。例如非预应力屋架一般跨度做到

18 m,但预应力混凝土屋架跨度可达二三十米,甚至更大;再例如大型屋面板,普通钢筋混凝土跨度一般做到 6 m,但预应力混凝土跨度可达 12 m;普通钢筋混凝土吊车梁跨度一般做到 6 m,但预应力混凝土吊车梁跨度可达 18 m。此外,大型油库、水池等抗渗要求较高的结构,采用预应力混凝土都能取得良好的效果。

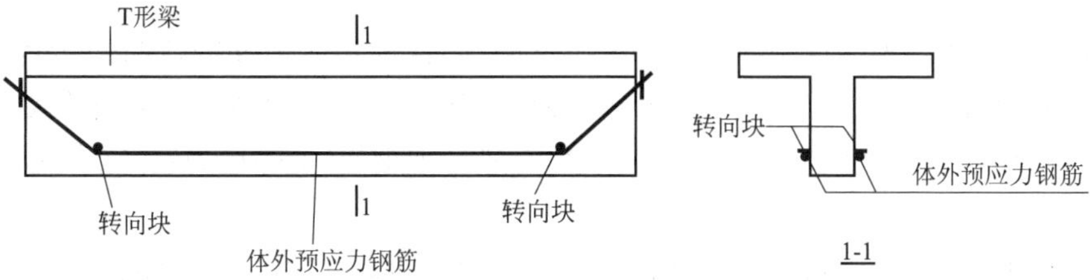

图 6.4　体外预应力混凝土

(六)施加预应力的方法

1. 先张法

先张法是先在台座上按设计规定的拉力张拉预应力筋,并用锚具临时锚固在台座上。然后架设模板、绑扎普通钢筋骨架、浇筑构件混凝土。待混凝土达到要求强度(不低于设计强度的 70%)后放张(即将临时锚固松开或将钢筋切断),让钢筋的回缩力通过钢筋与混凝土间的黏结作用传递给混凝土,使混凝土获得预压应力。

先张法所用的预应力筋束,一般可采用高强钢丝、钢绞线和直径较小的冷拉钢筋等,不专设永久锚具,借助于混凝土的黏结力,以获得较好的自锚性能。先张法施工工序简单,筋束靠黏结力自锚,不必耗费特制的锚具,临时固定所用的锚具(一般称为工具式锚具或夹具)可以重复使用。在大批量生产时,先张法构件比较经济,质量也比较稳定,但先张法一般仅宜生产直线配筋的中小型构件。大型构件因需配合弯矩与剪力沿梁长度的分布而采用曲线配筋,这将使施工设备和工艺复杂化,且需配备庞大的张拉台座,同时因构件尺寸大,起重、运输也不方便。

2. 后张法

后张法是先浇筑构件混凝土,待混凝土结硬后,再张拉筋束的方法。先浇筑构件混凝土,并在其中预留穿束孔道(或设套管),待混凝土达到要求强度后,将筋束穿入预留孔道内,将千斤顶支承于混凝土构件端部,张拉筋束,使构件也同时受到反力压缩。待张拉到控制拉力后,使用特制的锚具将筋束锚固于混凝土构件上,使混凝土获得并保持其预压应力。最后,在预留孔道内压注水泥浆,以保护筋束不致锈蚀,并使筋束与混凝土黏结成为整体。所以有时也称这种做法的预应力混凝土为有黏结预应力混凝土。

由上可知,施工工艺不同,建立预应力的方法也不同。后张法是靠工作锚具来传递和保持预加应力的;先张法则是靠黏结力来传递并保持预加应力的。

(七)预应力混凝土材料

1. 预应力钢筋

与普通混凝土构件不同,钢筋在预应力构件中,从构件制作到构件破坏,始终处于高应力状态,故对钢筋有较高的质量要求。预应力混凝土结构对钢筋的性能要求是:

(1)高强度。预应力混凝土构件通过张拉预应力钢筋,在混凝土中建立预压应力。在制作和使用过程中,由于多种原因使预应力钢筋的张拉应力产生应力损失。为了在扣除应力损失以后，仍然能使混凝土建立起较高的预应力值，需要采用较高的张拉应力，因此，预应力钢筋必须采用高强度钢材。

(2)较好的黏结性能。在受力传递长度内钢筋与混凝土间的黏结力是先张法构件建立预应力的前提，因此必须有足够的黏结强度。当采用光面高强钢丝时，表面应经"刻痕"或"压波"等措施处理后方能使用。

(3)较好的塑性。为实现预应力结构的延性破坏，保证预应力筋的弯曲和转折要求，预应力筋必须具有足够的塑性，即预应力筋必须满足一定的拉断延伸率和弯折次数的要求。

我国目前用于预应力混凝土结构中的钢材有热处理钢筋、消除应力钢丝(有光面、螺旋肋、刻痕)和钢绞线三大类。

热处理钢筋具有强度高、松弛小等特点。它以盘圆形式供货，可省掉冷拉、对焊等工序，大大方便施工。

高强钢丝用高碳钢轧制成盘圆后经过多次冷拔而成。它多用于大跨度构件，如大跨度桥梁等。

钢绞线一般由多股高强钢丝经绞盘拧成螺旋状而形成，多在后张法预应力构件中采用。

2. 混凝土

预应力混凝土构件对混凝土的基本要求是：

(1)高强度。预应力混凝土需要采用较高强度的混凝土才能建立起较高的预压应力，有效地减小构件截面尺寸，减轻构件自重，节约材料。对于先张法构件，高强度的混凝土具有较高的黏结强度，可减少构件端部应力传递长度；对于后张法构件，采用高强度混凝土可承受构件端部较高的局部压应力。

(2)收缩和徐变小。可以减少由于收缩徐变引起的预应力损失。

(3)快硬和早强。可以尽早地施加预应力，提高台座、模具和夹具的周转率，加快施工进度，降低管理费用。

3. 孔道及灌浆材料

后张法混凝土构件的预留孔道是通过制孔器来形成的，常用的制孔器有两类：一类为抽拔式制孔器，即在预应力混凝土构件中根据设计要求预留制孔器具，待混凝土初凝后抽拔出制孔器具，形成预留孔道。常用橡胶抽拔管作为抽拔式制孔器。另一类为埋入式制孔器，即在预应力混凝土构件中根据设计要求永久埋置制孔器(管道)，形成预留孔道。常用铁皮管或金属波纹管作为埋入式制孔器。

目前，常用的留孔方法是预留金属波纹管。金属波纹管是由薄钢带用卷管机压波后卷成的，具有重量轻、刚度好、弯折和连接简便、与混凝土黏结性好等优点，是预留后张预应力钢筋孔道的理想材料。

对于后张预应力混凝土构件，为避免预应力筋腐蚀，保证预应力筋与其周围混凝土共同变形，应向孔道中灌入水泥浆。要求水泥浆应具有一定的黏结强度，且收缩也不能过大。

学习项目二　张拉控制应力和预应力损失

一、引　　文

张拉控制应力 σ_{con} 的取值，直接影响预应力混凝土的使用效果。如果 σ_{con} 值取值过低，则预应力钢筋经过各种损失后，对混凝土产生的预压应力过小，不能有效地提高预应力混凝土构件的抗裂度和刚度。σ_{con}值定得越高，混凝土获得的预压应力也越大，预应力的效果就越好，可以达到节约材料的效果，但也会带来其他一些问题。

二、相关理论知识

(一)张拉控制应力(σ_{con})

在制作预应力混凝土构件时，张拉设备(如千斤顶油压表)所控制的总张拉力除以预应力钢筋截面面积所得到的应力值称为张拉控制应力，用σ_{con}表示。

为了充分发挥预应力的优势，张拉控制应力宜高一些，使混凝土建立较高的预压应力，可以节约预应力钢筋，减小截面尺寸。但张拉控制应力过高，可能出现下列问题：

σ_{con}过高，裂缝出现时的预应力钢筋应力将接近于其抗拉设计强度，使构件破坏前缺乏足够的预兆，延性较差；σ_{con}过高，将使预应力筋的应力松弛增大；当进行超张拉时(为了减小摩擦损失及应力松弛损失)，σ_{con}过高可能使个别钢筋(丝)超过屈服(抗拉)强度，产生永久变形(脆断)。因此，预应力钢筋的张拉应力必须加以控制。

σ_{con}的限值应根据构件的具体情况，按照预应力钢筋种类及施加预应力的方法予以确定，见表6.1。

表6.1　张拉控制应力限值σ_{con}

钢筋种类	张拉方法	
	先张法	后张法
消除应力钢丝、钢绞线	$0.75f_{ptk}$	$0.75f_{ptk}$
热处理钢筋	$0.70f_{ptk}$	$0.65f_{ptk}$

设计预应力构件时，表6.1所列限值可根据具体情况和施工经验作适当调整，如满足下列条件时可将σ_{con}提高$0.05f_{ptk}$：

(1)要求提高构件在施工阶段的抗裂性能而在使用阶段受压区内设置的预应力钢筋；

(2)要求部分抵消由于应力松弛、摩擦、钢筋分批张拉以及预应力钢筋与张拉台座间的温差因素产生的预应力损失。

为了充分发挥预应力筋的作用，克服预应力损失，σ_{con}不宜过小，《混凝土结构设计规范》(GB 50010—2010)规定张拉控制应力限值不应小于$0.4f_{ptk}$。

(二)预应力损失

预应力钢筋张拉完毕或经历一段时间后，由于张拉工艺、材料性能和锚固等因素的影响，预应力钢筋中的拉应力值将逐渐降低，这种现象称为预应力损失。预应力损失计算正确与否对结构构件的极限承载力影响很小，但对使用荷载下的性能(反拱、挠度、抗裂度及裂缝宽度)有着相当大的影响。损失估计过小，导致构件过早开裂。正确估算和尽可能减小预应力损失是设计预应力混凝土结构构件的重要问题。

在预应力混凝土结构发展初期，由于没有高强材料并对预应力损失认识不足而屡遭失败，因此，必须在设计和制作过程中充分了解引起预应力损失的各种因素。《混凝土结构设计规范》提出了6项预应力损失，下面分项讨论引起这些预应力损失的原因以及减小预应力损失的措施。

1. 张拉端锚具变形和预应力筋内缩引起的预应力损失σ_{l1}

预应力钢筋锚固在台座或构件上时，由于锚具、垫板与构件之间的缝隙被挤紧，或者由于钢筋和螺帽在锚具内的滑移，使预应力钢筋回缩，引起预应力损失σ_{l1}。

1)当为直线预应力钢筋时，σ_{l1}可按下式进行计算：

$$\sigma_{l1}=\frac{a}{l}E_s \tag{6.1}$$

式中 a——张拉端锚具变形和预应力筋内缩值(以 mm 计)，可按表 6.2 采用，也可根据实测数据确定；

l——张拉端到锚固端之间的距离(mm)，先张法为台座或钢筋长度，后张法为构件长度；

E_s——预应力钢筋弹性模量(N/mm^2)。

表 6.2 锚具变形和预应力筋内缩值 a(mm)

锚具类别		a(mm)
支承式锚具(钢丝束墩头锚具等)	螺帽缝隙	1
	每块后加垫板的缝隙	1
夹片式锚具	有顶压时	5
	无顶压时	8～10

注：表中的锚具变形和预应力筋内缩值也可根据实测数据确定。

2)当为曲线预应力钢筋时，由于受到曲线形孔道反向摩擦力的影响，使构件各截面所产生的损失值不同，离张拉端越远，其值越小。至张拉端某一距离 l_f 时，预应力损失降为零，此距离即为反向摩擦长度。在该长度范围内的钢筋变形应等于锚具变形及钢筋内缩值。《混凝土结构设计规范》对圆弧形预应力筋，且其对应圆心角 θ 不大于 30°时的情况给出了距离端部为 x 处的σ_{l1}值计算公式：

$$\sigma_{l1}=2\sigma_{con}l_f\left(\frac{\mu}{r_c}+\kappa\right)\left(1-\frac{x}{l_f}\right) \tag{6.2}$$

式中 r_c——圆曲线预应力筋的曲率半径(m)；

x——张拉端至计算截面的水平距离(m)；

μ——预应力筋的与孔道壁的摩擦系数，按 6-3 取值；

κ——孔道每米长度局部偏差的摩擦系数，按 6-3 取值；

l_f——反向摩擦影响长度(m)，可按下式计算：

$$l_f=\sqrt{\frac{aE_s}{1\,000\sigma_{con}}\cdot\frac{1}{\left(\frac{\mu}{r_c}+\kappa\right)}} \tag{6.3}$$

锚具的损失只考虑张拉端，对于锚固端，由于锚具在张拉过程中已被挤紧，故不考虑其引起的预应力损失。

表 6.3 摩擦因数 κ 及 μ 值

孔道成型方式	κ	μ	
		钢绞线、钢丝束	预应力螺纹钢筋
预埋金属波纹管	0.001 5	0.25	0.50
预埋塑料波纹管	0.001 5	0.15	—
预埋钢管	0.001 0	0.30	—
抽芯成型	0.001 4	0.55	0.60

减小 σ_{l1} 损失的措施：①合理选择锚具和夹具，使锚具变形小或预应力回缩值小。②尽量减小垫块的块数。③增加台座长度。④对直线预应力钢筋可采用一端张拉方法。⑤采用超张拉，可部分地抵消锚固损失。

2. 预应力筋与孔道壁之间摩擦引起的预应力损失 σ_{l2}

在后张法预应力混凝土结构构件的张拉过程中，由于预留孔道偏差、内壁不光滑及预应力筋表面粗糙等原因，使预应力筋在张拉时与孔道壁之间产生摩擦。随着计算截面距张拉端距离的增大，预应力钢筋的实际预拉应力将逐渐减小。各截面实际受拉应力与张拉控制应力之间的这种应力差值，称为摩擦损失。

σ_{l2} 可按下式进行计算：

$$\sigma_{l2}=\sigma_{\rm con}\left(1-\frac{1}{e^{\kappa x+M\theta}}\right) \tag{6.4}$$

式中　$\sigma_{\rm con}$——预应力钢筋的控制张拉应力；

x——预应力筋张拉端至计算截面的水平投影距离(m)；

μ——预应力筋的与孔道壁的摩擦系数，按表 6.3 取值；

κ——孔道每米长度局部偏差的摩擦系数，按表 6.3 取值；

θ——张拉端至计算截面曲线孔道部分切线的夹角(弧度)。

当 $\kappa x+\mu\theta\leqslant 0.2$ 时，σ_{l2} 可简化为

$$\sigma_{l2}=(\kappa x+\mu\theta)\sigma_{\rm con} \tag{6.5}$$

减小 σ_{l2} 损失的措施：①采用两端张拉。预应力筋经两端张拉后，靠近锚固段一侧预应力筋的应力损失大为减小，损失最大截面转移到构件中部。②采用“超张拉”工艺(图 6.5)，即第一次张拉至 $1.1\sigma_{\rm con}$，持续 2 min，再卸载至 $0.85\sigma_{\rm con}$，持续 2 min，再张拉至 $\sigma_{\rm con}$。可见采用超张拉工艺，预应力筋实际应力沿构件比较均匀，而且预应力损失也大为降低。③在接触材料表面涂水溶性润滑剂，以减小摩擦系数。④提高施工质量，减小钢筋位置偏差。

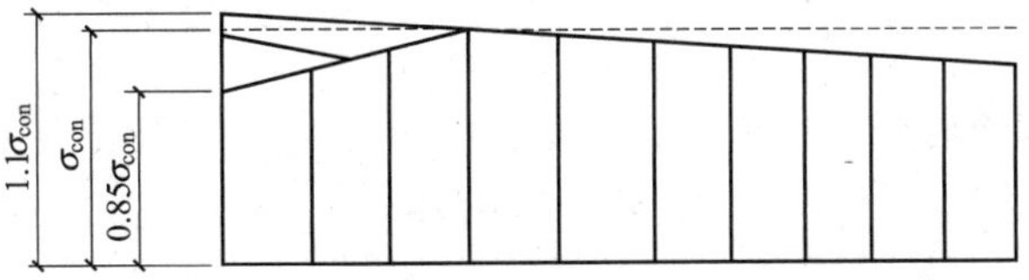

图 6.5　超张拉建立的应力分布

3. 混凝土加热养护时，受张拉的钢筋与承受拉力设备之间温差引起的预应力损失 σ_{l3}

为了缩短先张法构件的生产周期，常在浇捣混凝土后，进行蒸汽养护。升温时，新浇的混凝土尚未结硬，钢筋受热膨胀，但是两端的台座是固定不变的，即台座间距离保持不变，因而张拉后的钢筋就松了。

降温时，混凝土已结硬并和钢筋结成整体，显然，钢筋应力不能恢复到原来的张拉值，于是产生了预应力损失。

设张拉时钢筋与台座的温度均为 t_1，混凝土加热养护时最高温度为 t_2，混凝土加热养护时，预应力筋与张拉台座之间的温差为 Δt ℃，σ_{l3} 可按下式进行计算：

$$\sigma_{l3}=\alpha(t_2-t_1)E_{\rm s}=\alpha\Delta tE_{\rm s}=2\Delta t \tag{6.6}$$

式中　α——钢筋的线膨胀系数，一般可取为 1×10^{-5}/℃；

$E_{\rm s}$——预应力钢筋的弹性模量，取 2×10^5 MPa；

Δt——预应力筋与张拉台座之间的温差(℃)。

减小 σ_{l3} 的措施:①两阶段升温养护。即首先按设计允许的温差(一般不超过 20 ℃)养护,待混凝土强度达到 10 N/mm^2 以后,再升温至养护温度。混凝土强度达到 10 N/mm^2 后,可认为预应力筋与混凝土之间已结硬成整体,能一起伸缩,故第二阶段无预应力损失。②对于在钢模上张拉预应力钢筋的先张法构件,因钢模和构件一起加热养护,所以,可不考虑此项温度损失。

4. 预应力钢筋应力松弛引起的预应力损失 σ_{l4}

钢筋在高应力下,具有随时间而增长的塑性变形性能。当钢筋的应力保持不变时,随时间而增长的塑性变形称为徐变;当钢筋长度保持不变时,随时间而增长的应力降低称为松弛。

钢筋的徐变和松弛都会引起预应力钢筋中的应力损失。因而可将由钢筋松弛和徐变引起的损失,统称为应力松弛损失。一般来说,预应力混凝土构件中,松弛是主要的。

《混凝土结构设计规范》规定,σ_{l4} 可按下式进行计算:

(1)普通松弛消除应力钢丝、钢绞线:

$$\sigma_{l4}=0.4\left(\frac{\sigma_{con}}{f_{ptk}}-0.5\right)\sigma_{con} \tag{6.7}$$

(2)低松弛消除应力钢丝、钢绞线:

当 $\sigma_{con}\leqslant 0.7f_{ptk}$ 时

$$\sigma_{l4}=0.125\left(\frac{\sigma_{con}}{f_{ptk}}-0.5\right)\sigma_{con} \tag{6.8}$$

当 $0.7f_{ptk}<\sigma_{con}\leqslant 0.8f_{ptk}$ 时,

$$\sigma_{l4}=0.2\left(\frac{\sigma_{con}}{f_{ptk}}-0.575\right)\sigma_{con} \tag{6.9}$$

(3)中强度预应力钢丝:

$$\sigma_{l4}=0.08\sigma_{con} \tag{6.10}$$

(4)预应力螺纹钢筋:

$$\sigma_{l4}=0.03\sigma_{con} \tag{6.11}$$

当 $\frac{\sigma_{con}}{f_{ptk}}\leqslant 0.5$ 时,预应力筋的应力松弛损失可取为零。

减小应力松弛损失的措施是:①采用短时间超张拉方法。②采用低松弛的高强钢材。

5. 混凝土收缩和徐变引起的预应力损失 σ_{l5}

混凝土在正常温度条件下结硬时产生体积收缩,而在预压力作用下,混凝土又发生沿压力方向的徐变。收缩、徐变都使构件的长度缩短,预应力钢筋也随之回缩,造成预应力损失 σ_{l5}。当构件中配置有非预应力钢筋时,非预应力钢筋将产生压应力 σ_{l5}。由于收缩和徐变是伴随产生的,且二者的影响因素相似,同时,收缩和徐变引起钢筋应力的变化规律也是相似的,因此,可将二者产生的预应力损失合并考虑。σ_{l5} 可按下式进行计算。

先张法构件:

$$\sigma_{l5}=\frac{60+340\frac{\sigma_{pc}}{f'_{cu}}}{1+15\rho} \tag{6.12}$$

$$\sigma'_{l5}=\frac{60+340\dfrac{\sigma'_{pc}}{f'_{cu}}}{1+15\rho'} \tag{6.13}$$

后张法构件：

$$\sigma_{l5}=\frac{55+300\dfrac{\sigma_{pc}}{f'_{cu}}}{1+15\rho} \tag{6.14}$$

$$\sigma'_{l5}=\frac{55+300\dfrac{\sigma'_{pc}}{f'_{cu}}}{1+15\rho'} \tag{6.15}$$

式中　σ_{l5}、σ'_{l5}——受拉区、受压区预应力筋中由于混凝土收缩徐变所产生的预应力损失；

σ_{pc}、σ'_{pc}——受拉区、受压区预应力钢筋合力点处的混凝土法向压应力；

f'_{cu}——施加预应力时的混凝土立方体抗压强度；

ρ、ρ'——受拉区、受压区预应力筋与非预应力筋的配筋率。对先张法构件，$\rho=(A_p+A_s)/A_0$，$\rho'=(A'_p+A'_s)/A_0$；对后张法构件，$\rho=(A_p+A_s)/A_n$　$\rho'=(A'_p+A'_s)/A_n$；对于对称配置预应力筋和普通钢筋的构件，配筋率 ρ、ρ' 应按钢筋总截面面积的一半计算；

A_s、A'_s——受拉区、受压区纵向普通钢筋的截面面积；

A_p、A'_p——受拉区、受压区纵向预应力筋的截面面积；

A_n、A_0——混凝土净截面面积和混凝土换算截面面积。

混凝土收缩和徐变引起的预应力损失在预应力总损失中所占比重较大，减少此项损失的措施为：①控制混凝土法向压应力，使其值不大于 $0.5f'_{cu}$。②采用高强度的水泥，以减少水泥用量。③采用级配良好的骨料及掺加高效减水剂，减少水灰比。④振捣密实，加强养护。

6. 用螺旋式预应力筋作配筋的环形构件(如水池、水管等)，由于混凝土的局部挤压引起的预应力损失 σ_{l6}

对于后张法环形构件，如水池、水管等，预加应力方法是先拉紧预应力钢筋并外缠于池壁或管壁上，而后在外表喷涂砂浆作为保护层。当施加预应力时，预应力钢筋的径向挤压使混凝土局部产生挤压变形，因而引起预应力损失。

σ_{l6} 的大小与环形构件的直径成反比。当环形构件直径大于 3 m 时，此损失可忽略不计；当直径小于或等于 3 m 时，可取 $\sigma_{l6}=30\ \text{N/mm}^2$。

(三)预应力损失值的组合

上述各项预应力损失不是同时产生的，而是按不同的张拉方法分批产生的。通常把混凝土预压结束前产生的预应力损失称为第一批预应力损失(σ_{lI})，预压结束后产生的预应力损失称为第二批预应力损失(σ_{lII})。预应力混凝土构件在各阶段预应力损失值的组合可按表6-4进行。

表 6.4　各阶段预应力损失值的组合

预应力损失值的组合	先张法构件	后张法构件
混凝土预压前(第一批)的损失 σ_{lI}	$\sigma_{l1}+\sigma_{l2}+\sigma_{l3}+\sigma_{l4}$	$\sigma_{l1}+\sigma_{l2}$
混凝土预压后(第二批)的损失 σ_{lII}	σ_{l5}	$\sigma_{l4}+\sigma_{l5}+\sigma_{l6}$

注：先张法构件由于预应力筋应力松弛引起的损失值 σ_{l4} 在第一批和第二批损失中所占的比例，如需区分，可根据实际情况确定。

考虑到应力损失计算值与实际损失尚有误差，为了保证预应力构件抗裂性能。《混凝土结构设计规范》规定了总预应力损失的最小值，即当计算所得的总预应力损失值 $\sigma_l = \sigma_{l\text{I}} + \sigma_{l\text{II}}$ 小于下列数值时，应按下列数值取用：对于先张法构件：100 N/mm^2；对于后张法构件：80 N/mm^2。

知识拓展——多跨连续梁的预应力损失控制

在实际工程中，预应力连续梁结构应用非常广泛，其施工多采用后张拉工艺。对于张拉长度较长的连续梁结构，钢筋与孔道壁的摩擦引起的预应力损失是主要的，对梁控制截面的有效应力影响较大。减少多跨连续梁摩擦损失的有效措施是采用超张拉技术。预应力钢筋与孔道壁摩擦产生的预应力损失变化曲线如图 6.6 所示。图中 $ABCD$ 为预应力摩擦损失的趋势线。从中可以看出，由于预应力钢筋与孔道之间的摩擦力作用，预应力钢筋的有效应力随着截面离张拉端距离的增加而下降。而预应力钢筋有效应力理想的分布应是直线 ECF。为了使预应力钢筋的有效预应力接近理想，可采用超张拉后再放松锚固的方法来增加远离张拉端截面预应力钢筋的有效预应力，此时预应力钢筋的有效预应力分布如图 6.6 中的曲线 $EBCD$。远端截面的有效应力由原来的($\sigma_{con} - \sigma_l$)提高到($\beta\sigma_{con} - \sigma_l$)，间接减少了由摩擦所造成的损失，获得较理想的有效应力。

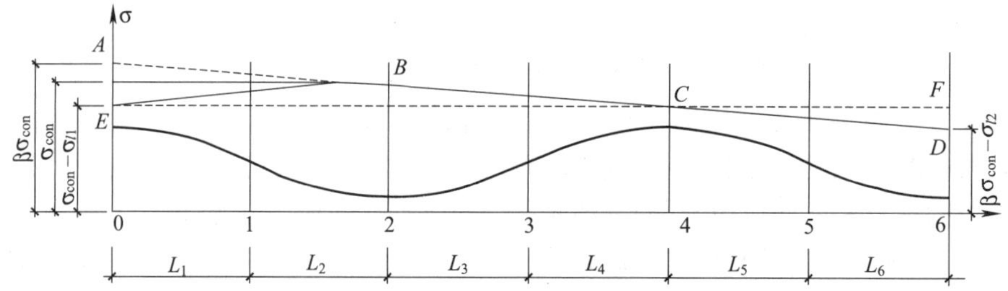

图 6.6　超张拉示意图

应用超张拉的另一个好处是把张拉端锚具内缩变形所造成预应力损失的不利因素转化为有利因素。它使预应力钢筋实施超张拉后在张拉端形成的高应力得到缓解，使结构端部不至于长期处于高压状态。可见锚具的变形对结构是有利的。因此，可以通过调节超张拉系数和张拉端锚具的变形量来获得预期的有效应力，提高预应力钢筋的效能。

学习项目三　预应力混凝土构件的构造要求

一、引　文

预应力混凝土结构构件的构造要求，除应满足普通钢筋混凝土结构的有关规定外，还应根据预应力张拉工艺、锚固措施、预应力钢筋种类的不同，满足其他要求。

二、相关理论知识

(一)一般规定

预应力混凝土构件的截面形式应根据构件的受力特点进行合理选择。对于轴心受拉构件，通常采用正方形或矩形截面；对于受弯构件，宜选用 T 形、I 形或其他空心截面。此外，沿受弯构件纵轴，其截面形式可以根据受力要求改变，如预应力混凝土矩形梁，其跨中可采用薄壁 I 形截面，而在支座处，为了承受较大的剪力以及能有足够的面积布置曲线预应力钢筋和锚具，往往要加宽截面厚度。和相同受力情况的普通混凝土构件的截面尺寸相比，预应力构件的截面尺寸可以设计得小些，因为预应力构件具有较大的抗裂度和刚度。决定截面尺寸时，既要考虑构件承载力，又要考虑抗裂度和刚度的需要，而且还必须考虑施工时模板制作、钢筋、锚具的布置等要求。截面的宽高比宜小，翼缘和腹部的厚度也不宜大。梁高通常可取普通钢筋混凝土梁高的 70%。

预应力混凝土结构的混凝土强度等级不应低于 C30；当采用钢绞线、钢丝、热处理钢筋作预应力钢筋时，混凝土强度等级不宜低于 C40。预应力钢筋宜采用预应力钢绞线、钢丝，也可采用热处理钢筋。

当跨度和荷载不大时，预应力纵向钢筋可用直线布置，如图 6.7(a)所示，施工时采用先张法或后张法均可；当跨度和荷载较大时，预应力钢筋可用曲线布置，如图 6.7(b)所示，施工时一般采用后张法；当构件有倾斜受拉边的梁时，预应力钢筋可用折线布置，如图 6.7(c)所示，施工时一般采用先张法。

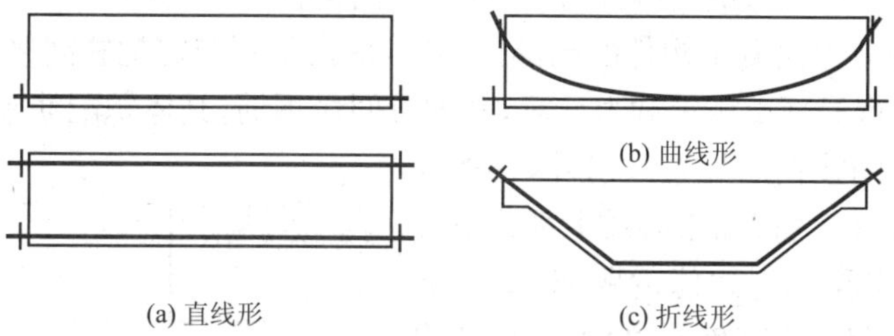

图 6.7　预应力钢筋的布置

为了在预应力混凝土构件制作、运输、堆放和吊装时防止预拉区出现裂缝或减小裂缝宽度，可在构件上部(即预拉区)布置适量的非预应力钢筋。当受拉区部分钢筋施加预应力已能满足构件使用阶段的抗裂度要求时，则按承载力计算所需的其余受拉钢筋允许采用非预应力钢筋。

(二)先张法构件的构造要求

先张法预应力钢筋之间的净间距应根据浇筑混凝土、施加预应力及钢筋锚固等要求确定。预应力钢筋之间的净间距不应小于其公称直径或等效直径的 1.5 倍，且应符合下列规定：对热处理钢筋及钢丝，不应小于 15 mm；对三股钢绞线，不应小于 20 mm；对 7 股钢绞线，不应小于 25 mm。

对先张法预应力混凝土构件，预应力钢筋端部周围的混凝土应采取下列加强措施：

(1)对单根配置的预应力钢筋，其端部宜设置长度不小于 150 mm 且不少于 4 圈的螺旋筋；当有可靠经验时，亦可利用支座垫板上的插筋代替螺旋筋，但插筋数量不应少于 4 根，其长度不宜小于 120 mm。

(2)对分散布置的多根预应力钢筋，在构件端部 $10d$(d 为预应力钢筋的公称直径)范围内应设置 3～5 片与预应力钢筋垂直的钢筋网。

(3)对采用预应力钢丝配筋的薄板，在板端 100 mm 范围内应适当加密横向钢筋。

对槽形板类构件，应在构件端部 100 mm 范围内沿构件板面设置附加横向钢筋，其数量不应少于 2 根。对预制肋形板，宜设置加强其整体性和横向刚度的横肋。端横肋的受力钢筋应弯入纵肋内。当采用先张长线法生产有端横肋的预应力混凝土肋形板时，应在设计和制作上采取防止放张预应力时端横肋产生裂缝的有效措施。

在预应力混凝土箱梁、T 梁等构件靠近支座的斜向主拉应力较大部位，宜将一部分预应力钢筋弯起。

对预应力钢筋在构件端部全部弯起的受弯构件或直线配筋的先张法构件，当构件端部与下部支承结构焊接时，应考虑混凝土收缩、徐变及温度变化所产生的不利影响，宜在构件端部可能产生裂缝的部位设置足够的非预应力纵向构造钢筋。

(三)后张法构件的构造要求

(1)后张法预应力钢丝束、钢绞线束的预留孔道应符合下列规定：

① 对预制构件，孔道之间的水平净间距不宜小于 50 mm；孔道至构件边缘的净间距不宜小于 30 mm，且不宜小于孔道直径的一半。

② 在框架梁中，预留孔道在竖直方向的净间距不应小于孔道外径，水平方向的净间距不应小于 1.5 倍孔道外径；从孔壁算起的混凝土保护层厚度，梁底不宜小于 50 mm，梁侧不宜小于 40 mm。

③ 预留孔道的内径应比预应力钢丝束或钢绞线束外径及需穿过孔道的连接器外径大 10～15 mm。

④ 在构件两端及跨中应设置灌浆孔或排气孔，其孔距不宜大于 12 m。

⑤ 凡制作时需要预先起拱的构件，预留孔道宜随构件同时起拱。

(2)对后张法预应力混凝土构件的端部锚固区，应按下列规定配置间接钢筋：

① 应按规定进行局部受压承载力计算，并配置间接钢筋，其体积配筋率不应小于 0.5%。

② 在局部受压间接钢筋配置区以外，在构件端部长度 l 不小于 $3e$(e 为截面重心线上部或下部预应力钢筋的合力点至邻近边缘的距离)但不大于 $1.2h$(h 为构件端部截面高度)、高度为 $2e$ 的附加配筋区范围内，应均匀配置附加箍筋或网片，其体积配筋率不应小于 0.5%，如图 6.8 所示。

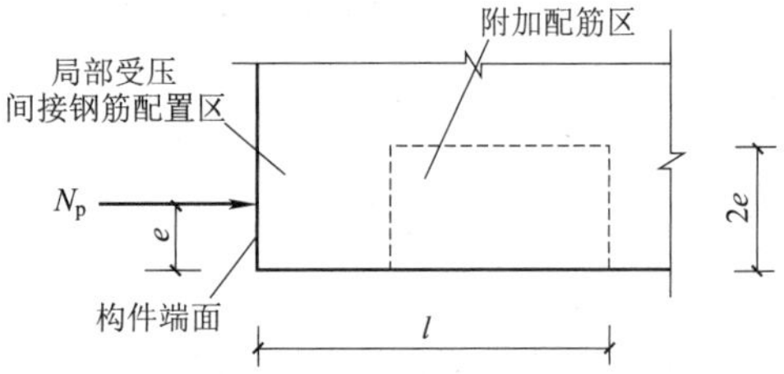

图 6.8　防止沿孔道劈裂的配筋范围

(3)在后张法预应力混凝土构件端部宜按下列规定布置钢筋：

① 宜将一部分预应力钢筋在靠近支座处弯起，弯起的预应力钢筋宜沿构件端部均匀布置。

② 当构件端部预应力钢筋需集中布置在截面下部或集中布置在上部和下部时，应在构件端部 $0.2h$(h 为构件端部截面高度)范围内设置附加竖向焊接钢筋网、封闭式箍筋或其他形式的构造钢筋。

(4)当构件在端部有局部凹进时，应增设折线构造钢筋，如图 6.9 所示，或其他有效的构造钢筋。

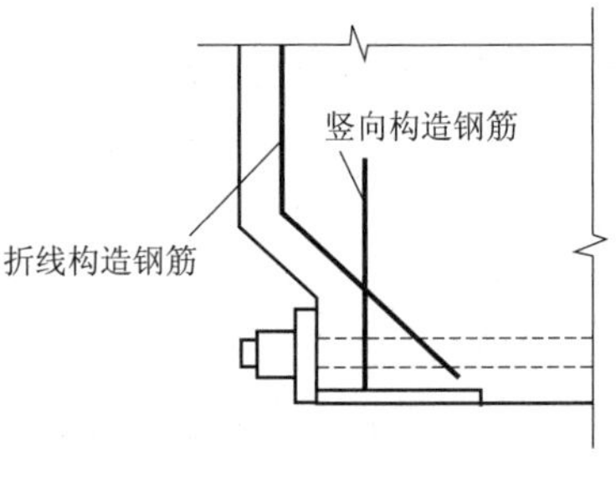

图 6.9　端部凹进处构造配筋

(5)后张法预应力混凝土构件中，曲线预应力钢丝束、钢绞线束的曲率半径不宜小于 4 m；对折线配筋的构件，在预应力钢筋弯折处的曲率半径可适当减小。

(6)在后张法预应力混凝土构件的预拉区和预压区中，应设置纵向非预应力构造钢筋；在预应力钢筋弯折处，应加密箍筋或沿弯折处内侧设置钢筋网片。

(7)构件端部尺寸应考虑锚具的布置、张拉设备的尺寸和局部受压的要求，必要时应适当加大。在预应力钢筋锚具下及张拉设备的支承处，应设置预埋钢垫板并按规定设置间接钢筋和附加构造钢筋。

对外露金属锚具，应采取可靠的防锈措施。

三、相关案例——大吨位箱梁预制施工

某客运专线桥梁施工中大吨位箱梁预制施工流程如图 6.10 所示。

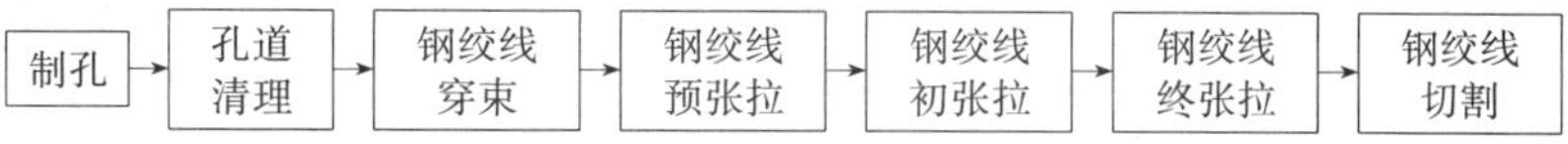

图 6.10　某客专大吨位箱梁预制施工流程图

1. 钢绞线运输及存放要求

钢绞线在运输过程中，要防止出现死弯，其最小弯曲半径不得小于 1 m。钢绞线的存放地点应保持干燥、清洁。钢绞线距地面高度应不小于 20 cm，并加以覆盖，防止雨水和油污侵蚀。钢绞线按批号堆码，挂牌标识，严禁乱堆、乱放。

2. 钢绞线制束

工艺流程：备料→人工开盘→下料→编束。

(1)钢绞线下料。应按设计孔道长度加张拉设备长度，并考虑锚圈外不少于 100 mm 的总长度下料。下料应采用砂轮机平放切割。断后平放在地面上，采取措施防止钢绞线散头。

(2)编束钢绞线切割完后须按各束理顺，并间隔 1.5 m 用铁丝捆扎编束，同一束钢绞线应顺畅不扭结，同一孔道穿束应整束整穿；同束钢绞线应尽量做到是同一盘内的钢绞线。

(3)钢绞线下料质量要求：下料后的钢绞线长度允许偏差为±20 mm，不得有死弯，不得沾染油污、污泥。每束钢绞线根数应与施工图一致。

3. 穿束

拆模后，将锚垫板上及喇叭管扩大部分内粘附的混凝土清除干净。现场人工配合卷扬机把钢绞线穿进波纹管。

穿束时拖拉方向和钢束穿入方向均应与锚具锚垫板垂直。穿束完成后应用专用的塑料布把钢绞线包裹好，避免锚具、预应力筋受雨水、养护用水浇淋，引起锈蚀。

4. 预应力钢绞线张拉

该箱梁分三次张拉：预张拉、初张拉、终张拉三个阶段。

(1)张拉前，千斤顶、油表和油泵应按规定的要求标定合格，张拉油表采用 1.0 级的压力表；混凝土强度及弹性模量达到张拉的设计要求。

(2)预制梁带模预张拉时，模板应松开，不应对梁体压缩造成阻碍，张拉数量及张拉力值应符合设计要求。

(3)初张拉应在梁体混凝土强度达到设计值的 80%和模板拆除后进行。初张拉后，梁体方可移出台位。

(4)全部预施应力时，混凝土强度和混凝土弹性模量应达到设计要求，混凝土龄期不少于 10 d。

(5)预施力采用两端同步张拉，并符合设计张拉顺序。预施应力过程中应保持两端的伸长量基本一致。

(6)预施应力张拉程序：张拉以油表读数控制应力，以伸长值校核，钢绞线实际伸长值的允许偏差为计算伸长值的±6%；张拉程序应按图纸规定的进行，若图纸无要求可按以下程序张拉：

① 移出台位前张拉控制

移出台位前张拉：0→0.2σ_k(测量伸长值起始读数)→ 预张拉控制应力(测量伸长值，静停 5 min)→锚固。

② 终张拉控制

未张拉的钢绞线张拉程序：0→0.2σ_k（测量伸长值起始读数）→1.0σ_k（测量伸长值，静停5 min）→回油→测量回缩值。

经早期张拉过的钢绞线张拉程序：0→早期张拉控制应力（测量伸长值起始读数）→1.0σ_k（测量伸长值，静停5 min）→回油→测量回缩值。

(7)张拉控制应力的确定：张拉控制应力以施工图纸的要求为依据；在试生产期间应至少对2片梁体进行各种预应力瞬时损失测试，以确定预应力的实际损失，必要时应由设计方对张拉控制力进行调整；正常生产后每100片进行1次瞬时损失测试，最后确定张拉控制应力的大小。

(8)张拉操作工艺：按每束根数与相应的锚具配套，带好夹片，将钢绞线从千斤顶中心穿过。张拉时当钢绞线的初始应力达0.2σ_k时停止供油。检查夹片情况完好后，画线做标记；向千斤顶油缸充油并对钢绞线进行张拉。张拉值的大小以油压表的读数为主，以预应力钢绞线的伸长值作为校核，实际张拉伸长值与理论伸长值应控制在6%范围内，每端锚具回缩量应控制在6 mm以内；油压达到张拉吨位后关闭主油缸油路，并保持5 min，测量钢绞线伸长量加以校核。在保持5 min以后，若油压稍有下降，须补油到设计吨位的油压值。千斤顶回油，夹片自动锁定则该束张拉结束，及时作好记录。

(9)张拉质量要求：每孔后张预制梁不允许断丝及滑丝，一旦发生应立即更换。两端夹片回缩值不大于6 mm(不包括工作夹片与工具锚夹片之间钢绞线弹性回缩值)。同一夹片高低差不超过1 mm。

(10)安全要求：高压油管使用前应作耐压试验，不合格的不能使用。油压泵上的安全阀应调至最大工作油压下能自动打开的状态。油压表安装必须紧密满扣，油泵与千斤顶之间采用的高压油管连同油路的各部接头均须完整紧密，油路畅通，在最大工作油压下保持5 min以上均不得漏油，若有损坏者应及时修理更换。张拉时，千斤顶后面不准站人，也不得踩高压油管；张拉时发现张拉设备运转声音异常，应立即停机检查维修。锚具、夹具均应设专人妥善保管，避免锈蚀、遭受机械损伤或散失。施工时在终张拉完后按设计文件要求对锚具进行防锈处理。

5. 切割

终张拉完毕24 h，经检查确认无滑丝后。采用气割割除多余钢绞线或砂轮切割，严禁采用电弧焊切割；钢绞线切割处为距工作夹片尾部50～60 mm处当采用气割时应用湿石棉纱环裹钢绞线四周，以降低夹片处钢绞线温度，避免断、滑丝；钢绞线切割后如发现滑丝。应及时换束处理。放松钢绞线时两端不得站人。作业时两端用标识牌明示。

学习项目四　预应力混凝土构件的设计

一、引　　文

在对预应力混凝土构件进行了受力性能分析之后，方可进行预应力混凝土构件的截面设计。

二、相关理论知识

预应力混凝土构件设计的一般规定：

1. 使用阶段计算

(1)承载力计算

正截面承载力计算包括轴心受拉构件、受弯构件；斜截面承载力计算主要为受弯构件。

以预应力轴心受拉构件为例，当加荷至构件破坏时，全部荷载由预应力钢筋和非预应力钢筋承担，破坏时截面的计算图如图 6.11 所示。进行构件设计时，为了保证构件不至因为承载力不足而破坏，应使外荷载在构件中产生的轴向拉力 $N_t \leqslant N_{tu}$。使用阶段承载力按下式计算：

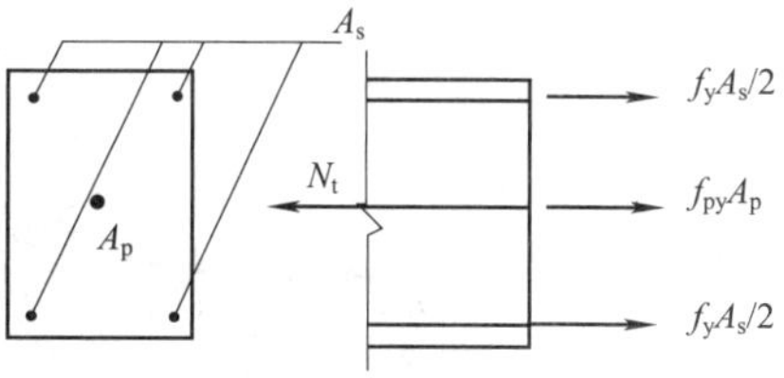

图 6.11　预应力构件轴心受拉使用阶段承载力计算图式

$$N_t = N_{tu} = f_y A_s + f_{py} A_p \tag{6.16}$$

(2)裂缝控制验算

裂缝控制等级为一级时，要求严格不裂；裂缝控制等级为二级时，要求一般不裂。裂缝控制等级为一、二级时，都需要进行抗裂度验算。裂缝等级为三级时，允许开裂，但需要进行裂缝宽度验算。

2. 施工阶段验算

施工阶段验算主要是指进行构件制作、运输、吊装等施工阶段承载力、抗裂或裂缝度验算。

以预应力轴心受拉构件为例，当放松预应力钢筋(先张法)或张拉预应力钢筋完毕(后张法)时，混凝土将受到最大的预压应力 σ_{cc}，这时混凝土强度通常仅达到设计强度的 75%，构件强度是否足够，应予验算。它包括两个方面：

张拉(或放松)预应力钢筋时，构件的承载力验算

混凝土的预压应力应符合下列条件：

$$\sigma_{cc} \leqslant 0.8 f'_{ck} \tag{6.17}$$

式中　f'_{ck}——放松预应力钢筋或张拉完毕时混凝土的轴心抗压强度标准值；

σ_{cc}——放松预应力钢筋或张拉完毕时，混凝土承受的预压应力。

先张法构件按第一批损失出现后计算 σ_{cc}，即

$$\sigma_{cc} = \frac{(\sigma_{con} - \sigma_{l1}) A_p}{A_0} \tag{6.18}$$

后张法构件按不考虑损失值计算 σ_{cc}，即

$$\sigma_{cc} = \frac{\sigma_{con} A_p}{A_0}$$

3. 构件端部锚固区的局部受压验算(略)

知识拓展——某特大桥现场施工图

某特大桥现场预应力 T 梁施工如图 6.12 和图 6.13 所示，现场墩柱施工如图 6.14 所示。

图 6.12　现场预应力 T 梁实景图

图 6.13　现场预应力 T 梁运输及安装图

图 6.14　现场墩柱施工图

思考题

6-1　什么是预应力混凝土?

6-2　预应力混凝土的分类有哪些?

6-3　什么是张拉控制应力?

6-4　什么是预应力损失?

6-5　哪些因素构成预应力损失?

6-6　减小摩擦损失的措施有哪些?

单元七　砌体结构

学习导读

目前，砌体结构在桥梁、住宅建筑、多层民用建筑等方面被大量采用。随着新技术的发展，砌体结构由最初的普通砖、石材料逐渐演变成了现在的煤矸石烧结砖、蒸汽养护粉煤灰砖、煤渣砖、灰砂砖以及各种承重和非承重空心砖。砌体结构设计方法也得到很大的发展和广泛应用。

能力目标

1. 具备分析砌体材料物理力学性能的能力；
2. 具备砌体承载力计算的能力。

知识目标

1. 掌握砌体的构造；
2. 掌握砌体的分类；
3. 掌握砌体的强度与变形；
4. 掌握砌体承载力的计算。

学习项目一　砌体结构的基本知识

一、引　　文

在土木工程中，砌体结构构筑物在日常生活并不少见，这是由于砌体结构存在着这样的优点：材料来源广泛，易于就地取材；有很好的耐火性和较好的耐久性，使用年限长；砌体特别是砖砌体的保温、隔热性能好，节能效果比较明显；相比钢筋混凝土结构，采用砌体结构可以节约水泥和钢材，并且砌体砌筑时不需要模板及特殊的技术设备，可以节省木材；当采用砌块或大型板材作墙体时，可以减轻结构自重、加快施工进度、进行工业化生产和施工。砌体结构相关内容的学习是从事土木工程施工人员不可缺少的一部分。

二、相关理论知识

(一)砌体的材料和种类

1. 砌体的块材

(1)砖

我国目前用于砌体结构的砖主要可分为烧结砖和非烧结砖两大类。烧结砖又可分为烧结普通砖与烧结多孔砖，一般是由黏土、煤矸石、页岩或粉煤灰等为主要原料，压制成土坯后经烧制而成。烧结普通砖重度在 16～18 kN/m^3，具有较高的强度，良好的耐久性和保温隔热性能，且生产工艺简单、砌筑方便，故生产应用最为普遍，但因为占用和毁坏农田，在一些大中城市现已逐渐被禁止使用。

烧结多孔砖是指孔洞率不小于 25%，孔的尺寸小而数量多，多用于承重部位的砖。多孔砖分为 P 型砖、M 型砖以及相应的配砖。此外，用黏土、页岩、煤矸石等原料还可经焙烧成孔洞较大、孔洞率大于 35%的烧结空心砖，多用于砌筑围护结构。一般烧结多孔砖重度在11～14 kN/m^3，而大孔空心砖重度则在 9～11 kN/m^3。多孔砖与实心砖相比，可以减轻结构自重、节省砌筑砂浆、减少砌筑工时，此外其原料用量与耗能亦可相应减少。

非烧结砖包括蒸压灰砂砖和蒸压粉煤灰砖。蒸压灰砂砖是以石灰和砂为主要原料，经坯料制备、压制成形、蒸压养护而成的实心砖，简称灰砂砖。蒸压粉煤灰砖是以粉煤灰、石灰为主要原料，掺加适量石膏和集料，经坯料制备、压制成型、高压蒸汽养护而成的实心砖，简称粉煤灰砖。蒸压灰砂砖、蒸压粉煤灰砖的规格尺寸与烧结普通砖相同，如图 7.1 所示。

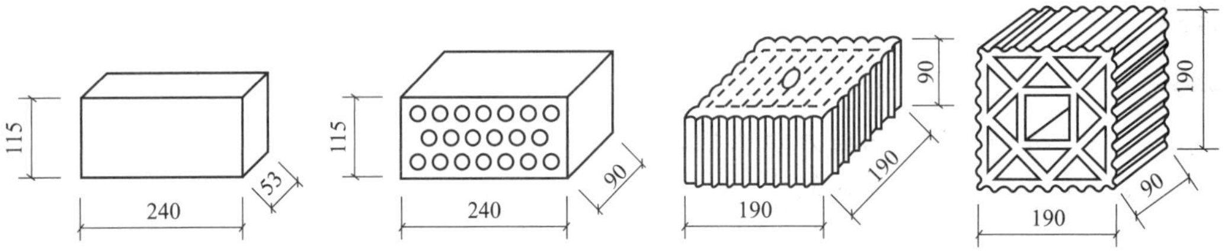

（a）烧结普通砖　（b）P型多孔砖　（c）M型多孔砖　（d）空心砖

图 7.1　部分地区空心砖的规格(单位:mm)

砖的强度等级按试验实测值来进行划分，具体见表 7.1、表 7-2。烧结普通砖、烧结多孔砖的强度等级有 MU30、MU25、MU20、MU15 和 MU10，其中 MU 表示砌体中的块体，其后数字表示块体的抗压强度值，单位为 MPa。

表 7.1　烧结普通砖强度等级指标(MPa)

强度等级	抗压强度平均值 $\overline{f}\geqslant$	变异系数 $\delta\leqslant0.21$	变异系数 $\delta\leqslant0.21$
		抗压强度标准值 f_k	单块最小抗压强度值 f_{min}
MU30	30.0	22.0	25.0
MU25	25.0	18.0	22.0
MU20	20.0	14.0	16.0
MU15	15.0	10.0	12.0
MU10	10.0	6.5	7.5

表 7.2　烧结多孔砖强度等级指标

强度等级	抗压强度(MPa)		抗折荷重(kN)	
	平均值不小于	单块最小值不小于	平均值不小于	单块最小值不小于
MU30	30.0	22.0	13.5	9.0
MU25	25.0	18.0	11.5	7.5
MU20	20.0	14.0	9.5	6.0
MU15	15.0	10.0	7.5	4.5
MU10	10.0	6.5	5.5	3.0

(2)砌块

砌块一般指混凝土空心砌块、加气混凝土砌块及硅酸盐实心砌块。此外还有用黏土、煤矸石等为原料,经焙烧而制成的烧结空心砌块,如图 7.2 所示。

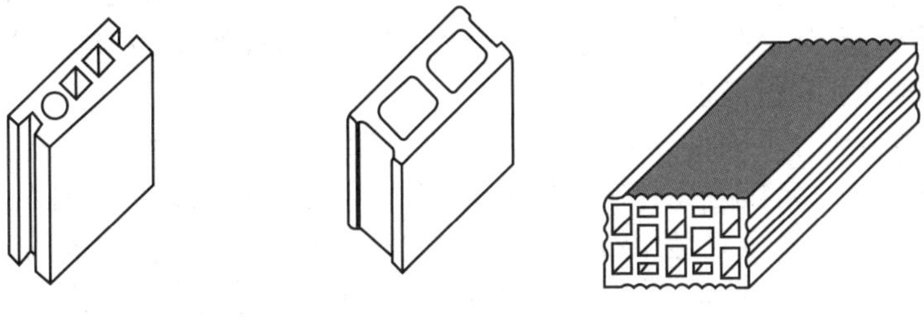

(a) 混凝土中空心砌块　(b) 混凝土小型砌块　(c) 烧结空心砌块

图 7.2　砌块材料

砌块按尺寸大小可分为小型、中型和大型三种,我国通常把砌块高度为 180～350 mm 的称为小型砌块,高度为 360～900 mm 的称为中型砌块,高度大于 900 mm 的称为大型砌块。我国目前在承重墙体材料中使用最为普遍的是混凝土小型空心砌块,它是由普通混凝土或轻集料混凝土制成,主要规格尺寸为 390 mm×190 mm×190 mm,空心率一般在 25%～50%,一般简称为混凝土砌块或砌块,如图 7.3 所示。混凝土空心砌块的重力密度一般在 12～18 kN/m^3。采用较大尺寸的砌块代替小块砖砌筑砌体,可减轻劳动量并可加快施工进度,是墙体材料改革的一个重要方向。

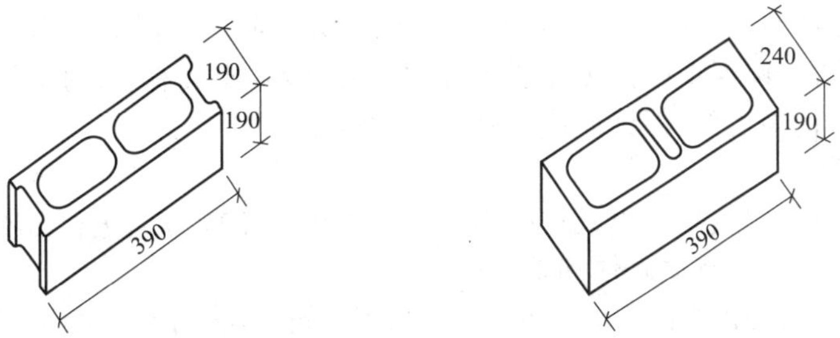

图 7.3　小型砌块(单位:mm)

加气混凝土砌块由加气混凝土和泡沫混凝土制成,其重度一般在 4～6 kN/m^3。由于自重轻、加工方便,故可按使用要求制成各种尺寸,且可在工地进行切锯,因此广泛应用于工业与民用建筑的围护结构。

混凝土空心砌块的强度等级是根据标准试验方法,按毛截面面积计算的极限抗压强度值来划分的。混凝土小型空心砌块的强度等级为 MU20、MU15、MU10、MU7.5 和 MU5 五个等级。

砌块砌体也应分皮错缝搭接。排列砌块是设计工作中的一个重要环节,要求砌块类型最少,排列规律整齐,避免竖向通缝。排列空心砌块时还应做到对孔,对齐上下砌块的肋部,以利于传递荷载。

(3)石材

天然建筑石材重度多大于 18 kN/m^3,具有很高的抗压强度,良好的耐磨性、耐久性和耐水性,表面经加工后具有较好的装饰性,可在各种工程中用于承重和装饰,且其资源分布较广、蕴藏量丰富,是所有块体材料中应用历史最为悠久、最为广泛的土木工程材料之一。

砌体中的石材应选用无明显风化的石材,因石材的大小和规格不一,通常用边长为 70 mm 的立方体试块进行抗压试验,取 3 个试块破坏强度的平均值来确定石材强度的等级。石材的强度等级划分为 MU100、MU80、MU60、MUS0、MU40、MU30 和 MU20。

2. 砌块的砂浆

将砖、石、砌块等块体材料黏结成砌体的砂浆即砌筑砂浆，它由胶结料、细集料和水配制而成，为改善其性能，常在其中添加掺入料和外加剂。砂浆的作用是将砌体中的单个块体连成整体，并抹平块体表面，从而促使其表面均匀受力，同时填满块体间的缝隙，减少砌体的透气性，提高砌体的保温性能和抗冻性能。

砂浆按胶结料成分不同可分为水泥砂浆、混合砂浆以及不含水泥的石灰砂浆。水泥砂浆是由水泥、砂和水按一定配合比拌制而成的，混合砂浆是在水泥砂浆中加入一定量的熟化石灰膏拌制成的砂浆，而石灰砂浆是用石灰与砂和水按一定配合比拌制而成的砂浆。工程上常用的砂浆为水泥砂浆和混合砂浆，临时性砌体结构砌筑时多采用石灰砂浆。

对于混凝土小型空心砌块砌体，应采用由胶结料、细集料、水及根据需要掺入的掺合料、外加剂等组分，按照一定比例，采用机械搅拌的专门用于砌筑混凝土砌块的砌筑砂浆。

砂浆的强度等级根据其试块的抗压强度确定。试验时应采用同类块体作为砂浆试块底模，由边长为 70.7 mm 的立方体标准试块，在温度为 15～25 ℃环境下硬化，且龄期为 28 d，其抗压强度即作为砂浆的强度等级。

砌筑砂浆的强度等级分为 M15、M10、M7、M5 和 M2.5。其中 M 表示砂浆，其后数字表示砂浆的强度大小(单位为 MPa)。混凝土小型空心砌块砌筑砂浆的强度等级用 Mb 标记(b 表示 block)，以区别于其他砌筑砂浆，其强度等级有 Mb30、Mb25、Mb20、Mb15、Mb10、Mb7.5 和 Mb5，其后数字同样表示砂浆的强度大小(单位为 MPa)。当验算施工阶段，砂浆尚未硬化的新砌体，其强度可按砂浆强度为零来确定。

对于砌体所用砂浆，总的要求是：砂浆应具有足够的强度，以保证砌体结构物的强度；砂浆应具有适当的保水性，以保证砂浆硬化所需要的水分；砂浆应具有一定的可塑性，即和易性应良好，以便于砌筑、提高工效、保证质量和提高砌体强度。

3. 砌体的分类

砌体可按照所用材料、砌法以及在结构中所起作用等不同方面进行分类。按照所用材料不同，砌体可分为砖砌体、砌块砌体和石砌体。

由砖和砂浆砌筑而成的整体称为砖砌体。在房屋建筑中，砖砌体常用作一般单层和多层工业与民用建筑的内外墙、柱、基础等承重结构以及多(高)层建筑的围护墙与隔墙等自承重结构等。

实心砖砌体墙常用的砌筑方法有一顺一丁(砖长面与墙长度方向平行的为顺砖，砖短面与墙长度方向平行的为丁砖)、三顺一丁或梅花丁，如图 7.4 所示。

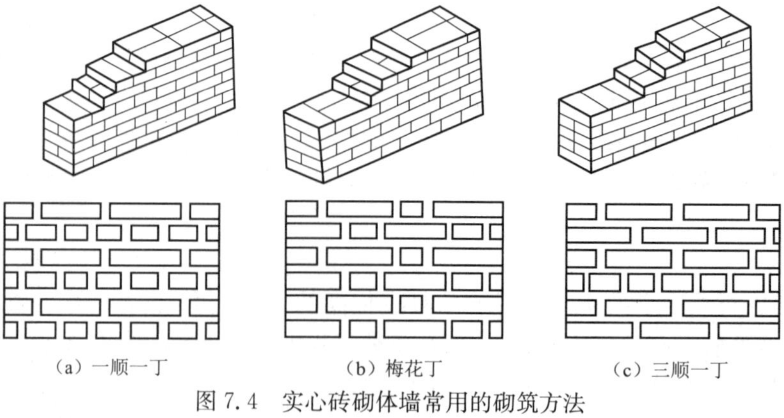

(a) 一顺一丁　　(b) 梅花丁　　(c) 三顺一丁

图 7.4　实心砖砌体墙常用的砌筑方法

砌筑要求：横平竖直、灰缝饱满，避免竖向通缝。

(1)砌块砌体

由砌块和砂浆砌筑而成的整体称为砌体，目前常用的砌块砌体以混凝土空心砌块砌体为主，其中包括以普通混凝土为块体材料的普通混凝土空心砌块砌体和以轻骨料混凝土为块体材料的轻骨料混凝土空心砌块砌体。

砌块按尺寸大小的不同分为小型、中型和大型三种。小型砌块尺寸较小、型号多、尺寸灵活，施工时可不借助吊装设备而用手工砌筑，适用面广、但劳动量大。中型砌块尺寸较大，适于机械化施工，便于提高劳动生产率，但其型号少、使用不够灵活。大型砌块尺寸大，有利于生产工厂化、施工机械化，可大幅提高劳动生产率、加快施工进度，但需要有相当的生产设备和施工能力。

(2)石砌体

由天然石材和砂浆砌筑而成的整体材料称为石砌体。石材是最古老的土木工程材料之一，用石材建造的砌体结构物具有很高的抗压强度，良好的耐磨性和耐久性，且石砌体表面经加工后美观且富于装饰性。石砌体具有永久保存的可能性，人们用它来建造重要的建筑物和纪念性的结构物。另外，石砌体中的石材资源分布广、蕴藏量丰富、便于就地取材、生产成本低，故古今中外在修建城垣、桥梁、房屋、道路和水利等工程中多有应用。

(3)配筋砌体

为提高砌体强度、减少其截面尺寸、增加砌体结构(或构件)的整体性，可在砌体中配置钢筋或钢筋混凝土，即采用配筋砌体，如图 7.5、图 7-6 所示。

在砌体受压时，网状配筋可约束和限制砌体的横向变形以及竖向裂缝的开展和延伸，从而提高砌体的抗压强度。网状配筋砖砌体可用作承受较大轴心压力或偏心距较小的较大偏心压力的墙、柱。

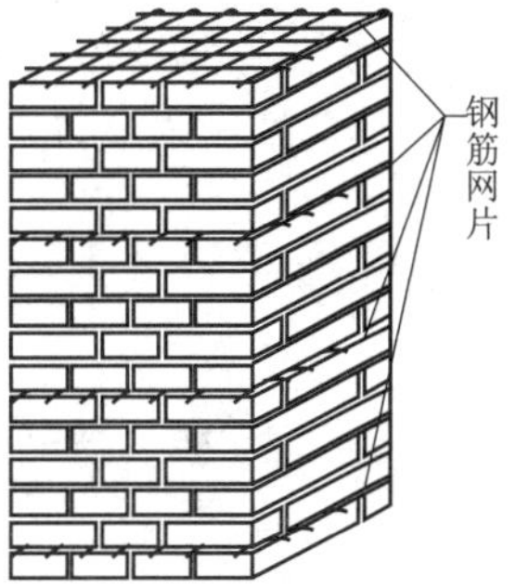

图 7.5　配筋砌体

组合砖砌体是由砖砌体和钢筋混凝土面层或钢筋砂浆面层构成的整体材料。工程应用上有两种形式，一种是采用钢筋混凝土或钢筋砂浆作面层的砌体，这种砌体可以用作承受偏心距较大的偏心压力的墙、柱；另一种是在砖砌体的转角、交接处以及每隔一定距离设置钢筋混凝土构造柱，并在各层楼盖处设置钢筋混凝土圈梁，使砖砌体墙与钢筋混凝土构造柱、圈梁组成一个共同受力的整体结构。组合砖砌体建造的多层砖混结构房屋的抗振性能较无筋砌体砖混结构房屋的抗振性能有显著改善，同时它的抗压和抗剪强度亦有一定程度的提高。

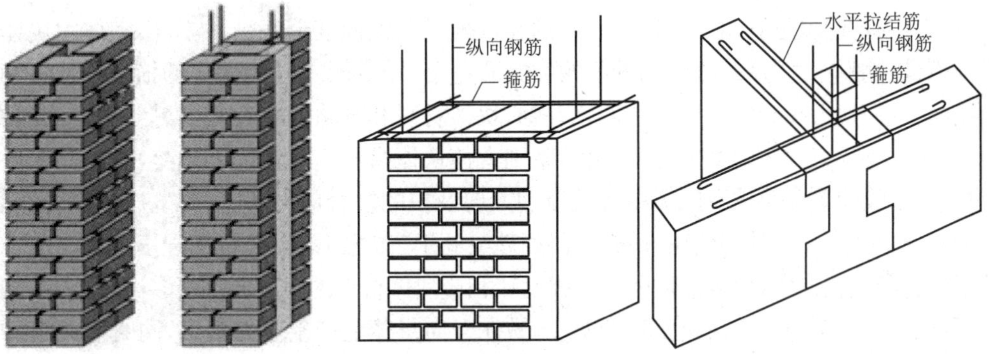

(a) 横向配置钢筋网　(b) 纵向配置钢筋的组合砌体　(c) 组合砌体配筋

图 7.6　配筋砌体的配筋类型

(二)砌体的力学性能

1. 砌体的抗压强度

(1)砌体受压破坏机理

试验研究表明,砌体轴心受压从加载直到破坏,按照裂缝的出现、发展和最终破坏,大致经历三个阶段。第Ⅰ阶段:荷载不增加,裂缝也不会继续扩展,裂缝仅仅是单砖裂缝。第Ⅱ阶段:若不继续加载,裂缝也会缓慢发展。第Ⅲ阶段:荷载增加不多、裂缝也会迅速发展,如图 7.7、图 7-8 所示。

图 7.7　砌体轴心受压

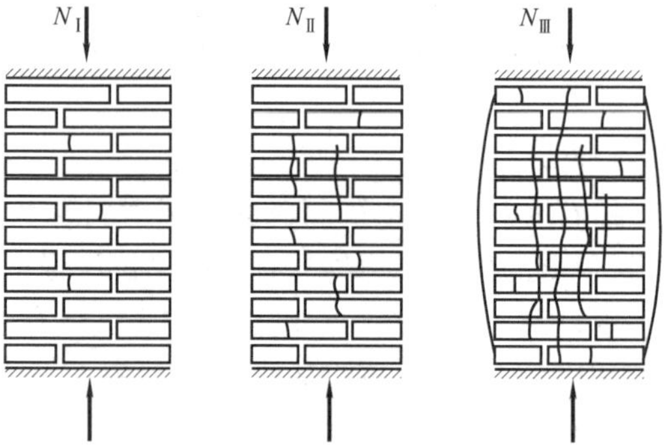

图 7.8　砌体轴心受压三个阶段

砌体是由块体与砂浆砌筑而成,砌体在压力作用下,其强度将取决于砌体中块体和砂浆的受力状态,这是与单一匀质材料的受压强度是不同的。在砌体试验时,测得的砌体强度是远低于块体的抗压强度,这是因其砌体中单个块体所处的复杂应力状态所造成的,如图 7.9 所示。

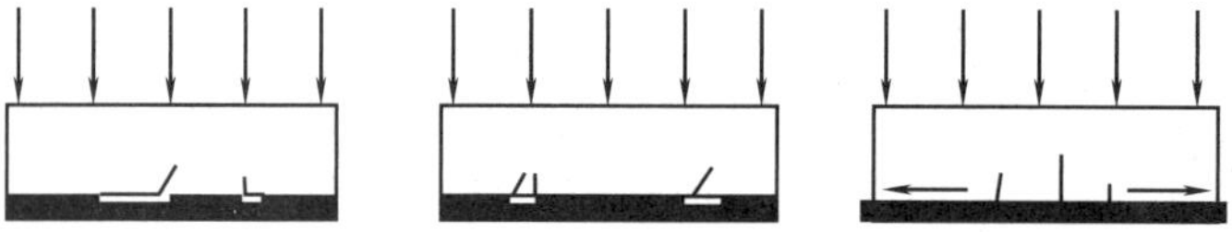

(a) 块体表面不规整　(b) 砂浆表面不平　(c) 砂浆变形

图 7.9　块体的抗压强度

首先,由于砌体中的块体材料本身的形状不完全规则的平整而灰缝厚度不一且不一定均匀饱满密实,故使得单个块体材料在砌体内受压不均匀,且在受压的同时还处于受弯和受剪状态。由于砌体中块体的抗弯和抗剪能力一般都较差,故砌体内第一批裂缝出现在单个块体材料内。

其次,当砌体受压时,由于砌块与砂浆的弹性模量及横向变形系数并不同,砌体中块体材料的弹性模量一般均比强度等级低的砂浆的弹性模量大。在砌体受压时块体的横向变形将小于砂浆的横向变形,但由于砌体中砂浆的硬化黏结,块体材料和砂浆间存在切向黏结力,在此黏结力作用下,块体将约束砂浆的横向变形,而砂浆则有使块体横向变形增加的趋势,并由此在块体内产生拉应力,故而单个块体在砌体中处于压、弯、剪及拉的复合应力状态,其抗压强度降低;相反砂浆的横向变形由于块体的约束而减小,因而砂浆处于三向受压状态,抗压强度提高。由于块体与砂浆的这种交互作用,使得砌体的抗压强度比相应块体材料的强度要低很多。

再次,砌体的竖向灰缝不饱满、不密实,易在竖向灰缝上产生应力集中,同时竖向灰缝内的砂浆和砌块的黏结力也不能保证砌体的整体性。因此,在竖向灰缝上的单个块体内将产生拉应力和剪应力的集中,从而加快块体的开裂,引起砌体强度的降低。

(2)影响砌体抗压强度的主要因素

①块体与砂浆的强度

块体与砂浆的强度等级是确定砌体强度最主要的因素。一般来说,砌体强度将随块体和砂浆强度的提高而提高,且单个块体的抗压强度在某种程度上决定了砌体的抗压强度,块体抗压强度高时,砌体的抗压强度也较高,但砌体的抗压强度并不会与块体和砂浆强度等级的提高同比例增高。对于砌体结构中所用砂浆,其强度等级越高,砂浆的横向变形越小,砌体的抗压强度也将有所提高。

②砂浆的性能

除了强度以外,砂浆的保水性、流动性和变形能力均对砌体的抗压强度有影响。砂浆的流动性大与保水性好时,容易铺成厚度均匀和密实性良好的灰缝,可降低单个块体内的弯剪应力,从而提高砌体强度。但使用流动性过大的砂浆,如掺入了过多的塑化剂,砂浆在硬化后的变形率大,反而会降低砌体的强度。

对于纯水泥砂浆,其流动性差,且保水性也较差,不易铺成均匀的灰缝层,影响砌体的强度,所以同一强度等级的混合砂浆砌筑的砌体强度要比相应纯水泥砂浆砌体高。

③块体的尺寸、形状与灰缝的厚度

块体的尺寸、几何形状及表面的平整程度对砌体的抗压强度的影响也较为明显。砌体强度随块体高度的增大而加大,随块体长度的增大而降低。而当块体的形状越规则,表面越平整时,块体的受弯、受剪作用越小,单块块体内的竖向裂缝将推迟出现,故而砌体的抗压强度可得到提高。

砂浆灰缝的作用在于将上层砌体传下来的压力均匀地传到下层去。应控制灰缝的厚度,使其处于既容易铺砌均匀密实,厚度又尽可能的薄。实践证明,对于砖和小型砌块砌体,灰缝厚度应控制在 8～12 mm。

④砌筑质量

砌筑质量的影响因素是多方面的,砌体砌筑时水平灰缝的饱满度、水平灰缝厚度、块体材料的含水率以及砌筑方法等关系着砌体质量的优劣。

例如,在砌筑砖砌体时,砖应在砌筑前提前 1～2 d 浇水湿透。砌体的抗压强度将随块体材料砌筑时的含水率的增大而提高,而采用干燥的块体砌筑的砌体比采用饱和含水率块体砌筑的砌体的抗压强度约下降 15%。

(3)砌体的抗压强度设计值

烧结普通砖、烧结多孔砖砌体的抗压强度设计值按表 7.3 采用。

表 7.3　烧结普通砖和烧结多孔砖砌体的抗压强度设计值(MPa)

砖强度等级	砂浆强度等级					砂浆强度
	M15	M10	M7.5	M5	M2.5	0
MU30	3.94	3.27	2.93	2.59	2.26	1.15
MU25	3.60	2.98	2.68	2.37	2.06	1.05
MU20	3.22	2.67	2.39	2.12	1.84	0.94
MU15	2.79	2.31	2.07	1.83	1.60	0.82
MU10	—	1.89	1.69	1.50	1.30	0.67

注:当烧结多孔砖的孔洞率大于 30%时,表中数值应乘以 0.9。

混凝土普通砖和混凝土多孔砖砌体的抗压强度设计值按表 7.4 采用。

表 7.4　混凝土普通砖和混凝土多孔砖砌体的抗压强度设计值(MPa)

强度等级	砂浆强度等级					砂浆强度
	Mb20	Mb15	Mb10	Mb7.5	Mb5	0
MU20	6.30	5.68	4.95	4.44	3.94	2.33
MU15	—	4.61	4.02	3.61	3.20	1.89
MU10	—	—	2.79	2.50	2.22	1.31
MU7.5	—	—	—	1.93	1.71	1.01
MU5	—	—	—	—	1.19	0.70

2. 砌体的抗拉、抗弯与抗剪强度

在实际工程中,因砌体具有良好的抗压性能,故多将砌体用作承受压力的墙、柱等构件。与砌体的抗压强度相比,砌体的轴心抗拉、弯曲抗拉以及抗剪强度都低很多。但有时也用它来承受轴心拉力、弯矩和剪力,如砖砌的圆形水池、承受土壤侧压力的挡土墙以及拱或砖过梁支座处承受水平推力的砌体等。

(1)砌体的轴心抗拉和弯曲抗拉强度

砌体轴心受拉时,依据拉力作用于砌体的方向,有三种破坏形态,如图 7.10 所示。

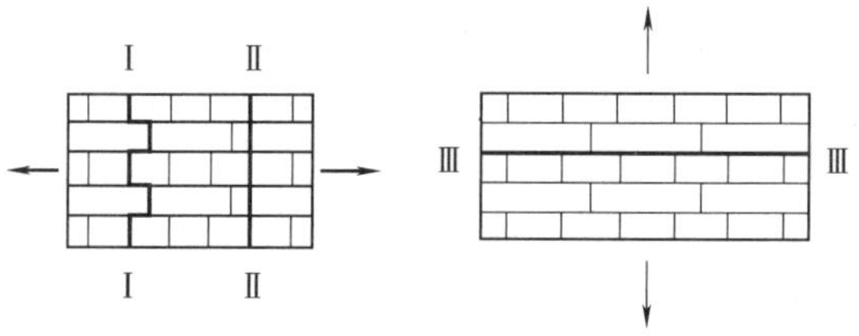

图 7.10　砌体结构轴心受拉

砌体结构弯曲受拉时,按其弯曲拉应力使砌体截面破坏的特征,同样存在三种破坏形态,即可分为沿齿缝截面受弯破坏、沿块体与竖向灰缝截面受弯破坏以及沿通缝截面受弯破坏三种形态,如图 7.11 所示。

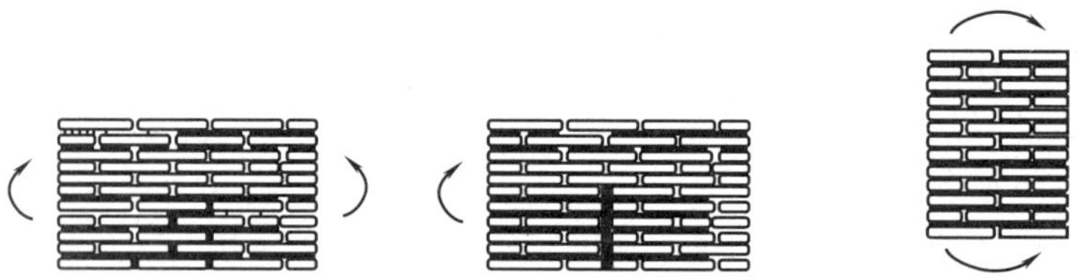

(a) 齿缝破坏　　(b) 块体破坏　　(c) 通缝破坏

图 7.11　砌体结构弯曲受拉

(2)砌体的抗剪强度

实际工程中,砌体截面上存在垂直压应力的同时往往同时作用剪应力,因此砌体结构的受剪是受压砌体结构的另一种重要的受力形式。

影响砌体抗剪强度的因素有很多,主要有砂浆的强度、垂直压应力的大小和施工质量等。

三、相关案例——屋面工程量计算

某办公楼屋面 24 cm 女儿墙轴线尺寸 12 m×50 m,平屋面构造如图 7.12 所示,试计算屋面工程量。[注:架空隔热层按实铺面积以 m^2 计算工程量,即 $S=(L_1-0.24\times2)\times(L_2-0.24\times2)$。通常架空隔热层的实铺面积只有当屋面施工完毕后才能确定,因此在预算时,一般可按女儿墙内墙内退 240 mm 计算估计面积。]

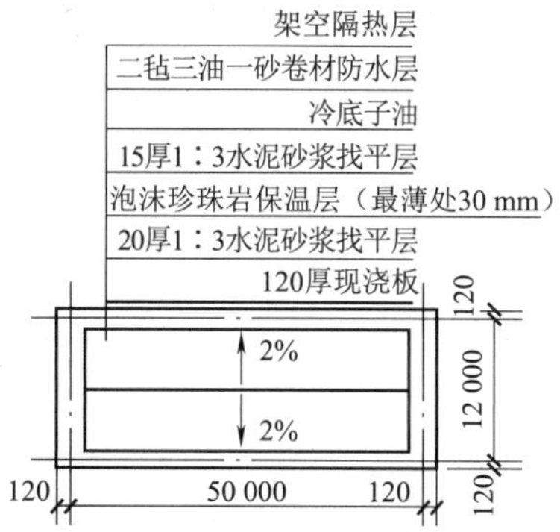

图 7.12　平屋面构造(单位:mm)

解:屋面坡度系数　　$k=\sqrt{1+0.02^2}=1.0002$

屋面水平投影面积

$$S=(50-0.24)\times(12-0.24)=49.76\times11.76=585.18(m^2)$$

(1)20 厚 1∶3 水泥砂浆找平层

$$S=585.18\times1.0002=585.29(m^2)$$

(2)泡沫珍珠岩保温层

$$V=585.15\times(0.03+2\%\times11.76\div2\div2)=51.96(m^3)$$

(3)15 厚 1∶3 水泥砂浆找平层

$$S=585.29\ m^2$$

(4)二毡三油一砂卷材屋面

$$S=585.29+(49.76+11.76)\times2\times0.25=616.05(m^2)$$

(5)架空隔热层

$$S=(49.76-0.24\times2)\times(11.76-0.24\times2)=555.88(m^2)$$

学习项目二　砌体结构构件的承载力计算

一、引　　文

根据现行国家标准《建筑结构可靠度设计统一标准》(GB 50068—2018),砌体结构采用以概率理论为基础的极限状态设计方法,以可靠指标度量结构构件的可靠度,采用分项系数的设计表达式进行计算。

二、相关理论知识

(一)砌体结构的计算原理

结构构件应根据承载能力极限状态和正常使用极限状态的要求,分别进行下列计算和验算。

(1)对所有结构构件均应进行承载力计算,必要时还应进行结构的滑移、倾覆或漂浮验算。

(2)对使用上需要控制变形的结构构件,应进行变形验算。

(3)对使用上要求不出现裂缝的构件,应进行抗裂验算;对使用上允许出现裂缝的构件,应进行裂缝宽度验算。

(二)砌体结构受压构件承载力计算

在砌体结构中,最常用的是受压构件,例如墙、柱等。砌体受压构件的承载力主要与构件的截面面积、砌体的抗压强度、轴向压力的偏心距以及构件的高厚比有关。构件的高厚比是构件的计算高度 H_0 与相应方向边长 h 的比值,用 β 表示,即 $\beta=H_0/h$。当构件的 $\beta\leqslant3$ 时称为短柱,反之称为长柱;对短柱的承载力可不考虑构件高厚比的影响(图 7.13)。

1. 受压短柱

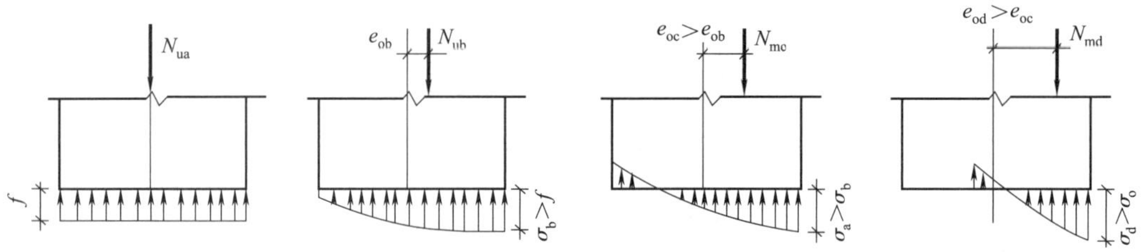

(a) 轴心受压　(b) 偏心距较小　(c) 偏心距略大　(d) 偏心距较大

图 7.13　砌体结构受压构件破坏形态

对轴心受压情况,其截面上的压应力为均匀分布,当构件达到极限承载力时,截面上的压应力达到砌体抗压强度 f。对偏心距较小的情况,此时虽为全截面受压,但因砌体为弹塑性材料,截面上的压应力分布为曲线,构件达到极限承载力时,轴向压力侧的压应力 σ_b 大于砌体抗压强度 f。随着轴向压力偏心距的继续增大,截面由出现小部分受拉区、大部分为受压区,逐渐过渡到受拉区开裂且部分截面退出工作的受力情况。此时,截面上的压应力随受压区面积的减小、砌体材料塑性的增大而有所增加,但构件的极限承载力减小。当受压区面积减小到一定程度时,砌体受压区将出现竖向裂缝导致构件破坏。

偏心受压砌体短柱的承载力计算:

$$N_u=\varphi_e fA \tag{7.1}$$

式中　N_u——轴向力承载力;

f——砌体的抗压强度设计值;

A——截面面积;

φ_e——偏心影响系数,其计算公式为

$$\varphi_e=\frac{1}{1+\left(\frac{e}{i}\right)^2} \tag{7.2}$$

其中　i——偏心受压砌体短柱的计算截面边长。

当为矩形截面时,影响系数 φ_e 按下式计算:

$$\varphi_e=\frac{1}{1+12\left(\frac{e}{h}\right)^2} \tag{7.3}$$

式中　h——矩形截面沿轴向力偏心方向的边长,当轴心受压时为截面较小边长。

当为 T 形或十字形截面时,影响系数 φ_e 按下式计算:

$$\varphi_e=\frac{1}{1+12\left(\frac{e}{h_T}\right)^2} \tag{7.4}$$

式中 h_T——T 形或十字形截面的折算厚度，$h_T=3.5i$。

2. 受压长柱

砌体受压构件的承载力按下式计算：

$$N\leqslant\varphi_0 fA \tag{7.5}$$

式中 N——轴向力设计值；

φ_0——高厚比 β 和轴向力的偏心距 e 对受压构件承载力的影响系数，可按公式计算或查表 7.5 和表 7.6。

表 7.5 影响系数 φ_0(砂浆强度等级≥M5)

β	$\frac{e}{h}$ 或 $\frac{e}{h_T}$						
	0	0.025	0.05	0.075	0.1	0.125	0.15
≤3	1	0.99	0.97	0.94	0.89	0.84	0.79
4	0.98	0.95	0.90	0.85	0.80	0.74	0.69
6	0.95	0.91	0.86	0.81	0.75	0.69	0.64
8	0.91	0.86	0.81	0.76	0.70	0.64	0.59
10	0.87	0.82	0.76	0.71	0.65	0.60	0.55
12	0.82	0.77	0.71	0.66	0.60	0.55	0.51
14	0.77	0.72	0.66	0.61	0.56	0.51	0.47
16	0.72	0.67	0.61	0.56	0.52	0.47	0.44
18	0.67	0.62	0.57	0.52	0.48	0.44	0.40
20	0.62	0.57	0.53	0.48	0.44	0.40	0.37

表 7.6 影响系数 φ_0(砂浆强度等级 M2.5)

β	$\frac{e}{h}$ 或 $\frac{e}{h_T}$						
	0	0.025	0.05	0.075	0.1	0.125	0.15
≤3	1	0.99	0.97	0.94	0.89	0.84	0.79
4	0.97	0.94	0.89	0.84	0.78	0.73	0.67
6	0.93	0.89	0.84	0.78	0.73	0.67	0.62
8	0.89	0.84	0.78	0.72	0.67	0.62	0.57
10	0.83	0.78	0.72	0.67	0.61	0.56	0.52
12	0.78	0.72	0.67	0.61	0.56	0.52	0.47
14	0.72	0.66	0.61	0.56	0.51	0.47	0.43
16	0.66	0.61	0.56	0.51	0.47	0.43	0.40
18	0.61	0.56	0.51	0.47	0.43	0.40	0.36
20	0.56	0.51	0.47	0.43	0.39	0.36	0.33

需要注意的问题：

(1)对矩形截面构件，当轴向力偏心方向的截面边长大于另一方向的边长时，除按偏心受压计算外，还应对较小边长方向按轴心受压进行验算。

(2)由于砌体材料的种类不同，构件的承载能力有较大的差异，因此计算影响系数或查表 7.5、表 7.6时，构件高厚比 β 按下列公式确定。

对矩形截面

$$\beta=\gamma_\beta \frac{H_0}{h} \tag{7.6}$$

对 T 形截面

$$\beta=\gamma_\beta \frac{H_0}{h_T} \tag{7.7}$$

式中　γ_β——不同材料砌体构件的高厚比修正系数,按表 7.7 采用;

H_0——受压构件的计算高度,按表 7.8 采用;

H_0——矩形截面轴向力偏心方向的边长,当轴心受压时为截面较小边长;

h_T——T 形截面的折算厚度,可近似按 $3.5i$ 计算,i 为截面回转半径。

表 7.7　高厚比修正系数 γ_β

砌体材料的类别	γ_β
烧结普通砖、烧结多孔砖	1.0
混凝土及轻骨料混凝土砌块	1.1
蒸压灰砂砖、蒸压粉煤灰砖、细料石、半细料石	1.2
粗料石、毛石	1.5

表 7.8　受压构件的计算高度 H_0

房屋类别			柱		带壁柱墙或周边拉接的墙		
			排架方向	垂直排架方向	$s>2H$	$2H\geqslant s>H$	$s\leqslant H$
有吊车的单层房屋	变截面柱上端	弹性方案	$2.5H_u$	$1.25H_u$	$2.5H_u$		
		刚性、刚弹性方案	$2.0H_u$	$1.25H_u$	$2.0H_u$		
	变截面柱下段		$1.0H_l$	$0.8H_l$	$1.0H_l$		
无吊车的单层和多层房屋	单跨	弹性方案	$1.5H$	$1.0H$	$1.5H$		
		刚弹性方案	$1.2H$	$1.0H$	$1.2H$		
	多跨	弹性方案	$1.25H$	$1.0H$	$1.25H$		
		刚弹性方案	$1.10H$	$1.0H$	$1.1H$		
	刚性方案		$1.0H$	$1.0H$	$1.0H$	$0.4s+0.2H$	$0.6s$

(3)由于轴向力的偏心距 e 较大时,构件在使用阶段容易产生较宽的水平裂缝,使构件的侧向变形增大,承载力显著下降,既不安全也不经济。因此,《混凝土结构设计规范》规定按内力设计值计算的轴向力的偏心距 $e\leqslant 0.6y$。y 为截面重心到轴向力所在偏心方向截面边缘的距离。

当轴向力的偏心距 e 超过 $0.6y$ 时,宜采用组合砖砌体构件;亦可采取减少偏心距的其他可靠工程措施。

【例题 7-1】一轴心受压砖柱,截面尺寸为 370 mm×490 mm,采用 MU10 烧结普通砖及 M2.5 混合砂浆砌筑,荷载引起的柱顶轴向压力设计值为 $N=155$ kN,柱的计算高度为 $H_0=4.2$ m。试验算该柱的承载力是否满足要求。

解:考虑砖柱自重后,柱底截面的轴心压力最大,取砖砌体重度为 19 kN/m³。

砖柱自重:

$$G=1.2\times19\times0.37\times0.49\times4.2=17.4(\text{kN})$$

柱底截面上的轴向力设计值:

$$N=155+17.4=172.4(\text{kN})$$

砖柱高厚比:

$$\beta=\gamma_\beta \frac{H_0}{h}=\gamma_\beta \frac{4.2}{0.37}=11.35$$

查表 7.6，$e/h=0$，得：$\varphi=0.796$。因为 $A=0.37\times0.49=0.1813\ \text{m}^2<0.3\ \text{m}^2$，砌体设计强度应乘以调整系数。

$$\gamma_a=0.7+A=0.7+0.181\ 3=0.881\ 3$$

查表 7.3，MU10 烧结普通砖，M2.5 混合砂浆砌体的抗压强度设计值为

$$f=1.30\ \text{N/mm}^2$$

$$\gamma_a\varphi fA=0.881\ 3\times0.796\times1.30\times0.181\ 3\times10^6=165\ 340(\text{N})$$

$$=165.3\ \text{kN}<N=172.4\ \text{kN}$$

该柱承载力不满足要求。

三、相关案例—房屋支撑柱承载力计算

某房屋支撑柱为一矩形截面偏心受压柱，截面尺寸为 490 mm×740 mm，采用 MU10 烧结普通砖及 M5 混合砂浆，柱的计算高度 $H_0=5.9$ m，该柱所受轴向力设计值 $N=320$ kN(已计入柱自重)，沿长边方向作用的弯矩设计值 $M=33.3$ kN·m，试验算该柱的承载力是否满足要求。

解：(1)验算柱长边方向的承载力

偏心距：
$$e=\frac{M}{N}=\frac{33.3\times10^6}{320\times10^3}=104\ (\text{mm})$$

$$y=\frac{h}{2}=\frac{740}{2}=370\ (\text{mm})$$

$$0.6y=0.6\times370=222\ (\text{mm})>e=104\ (\text{mm})$$

相对偏心距：
$$\frac{e}{h}=\frac{104}{740}=0.140\ 5$$

高厚比：
$$\beta=\gamma_\beta\frac{H_0}{h}=\gamma_\beta\frac{5\ 900}{740}=7.97$$

查表 7.5，得：$\varphi_0=0.61$，则

$$A=0.49\times0.74=0.363\ (\text{m}^2)>0.3\ (\text{m}^2),\ \gamma_a=1.0$$

查表 7.3，得：$f=1.5\ \text{N/mm}^2$，则

$$\varphi_0 fA=0.61\times1.5\times0.363\times10^6=332.1\times10^3\ \text{N}=332.1(\text{kN})>N=320\ \text{kN}$$

满足要求。

(2)验算柱短边方向的承载力

由于弯矩作用方向的截面边长 740 mm 大于另一方向的边长 490 mm，故还应对短边进行轴心受压承载力验算。

高厚比：
$$\beta=\gamma_\beta\frac{H_0}{h}=\gamma_\beta\frac{5\ 900}{490}=12.04,\quad \frac{e}{h}=0$$

查表 7.5，得 $\varphi_0=0.819$，则

$$\varphi_0 fA=0.819\times1.5\times0.363\times10^6=445.9\times10^3(\text{N})=445.9(\text{kN})>N=320\ \text{kN}$$

满足要求。

知识拓展——世界最高建筑：哈利法塔

哈利法塔，原名迪拜塔，又称迪拜大厦或比斯迪拜塔，是世界第一高楼与人工构造物。哈利法塔高 828 m，楼层总数 162 层，造价 15 亿美元。大厦内设有 56 部升降电梯，速度最高达

17.4 m/s，另外还有双层的观光电梯，每次最多可载 42 人。哈利法塔始建于 2004 年，当地时间 2010 年 1 月 4 日晚，迪拜酋长穆罕默德·本·拉希德·阿勒马克图姆揭开被称为“世界第一高楼”的“迪拜塔”纪念碑上的帷幕，宣告这座建筑正式落成，并将其更名为“哈利法塔”。

哈利法塔是全球最高建筑，从第 124 层开始到最顶端，相当于埃菲尔铁塔的高度。而从底端到 124 层的高度，则相当于马来西亚的双子塔高度。哈利法塔由 SOM 设计，设计图纸达到 4 000 张，深化图纸的数量要比设计图纸多出 10 倍。

针对高达 828 m 的人类有史以来的最高建筑，结构工程师采用了全新的结构体系——扶壁核心。塔楼平面呈三叉形，居中的是由电梯井和楼梯井所组成的核心筒，三支翼由核心筒伸出，任何一翼都以另两支为扶壁。居中的核心筒用于抗扭，三支翼用来抗剪与抗弯。

从哈利法塔的平面图(图 7.14)中可以看出，一个六边形的核心筒居中，用于布置竖向交通。每一翼的纵向走廊墙形成核心筒的扶壁，共 6 道；横向分户墙作为纵墙的加劲肋；此外，每翼的端部还有 4 根独立的端柱。整个建筑就像一根刚度极大的悬臂梁，抵抗风和地震产生的剪力和弯矩。

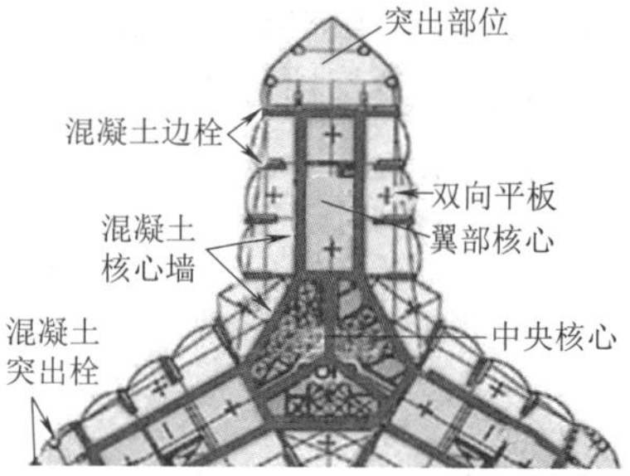

图 7.14　哈利法塔的平面图

哈利法塔 601 m 以下采用混凝土结构，601～828 m 采用钢框架支撑体系。风荷载作用下，混凝土结构顶点 601 m 处，最大位移 450 mm。钢桅杆顶点 828 m 处，最大位移1 450 mm。因此，对舒适度要求较高的酒店和公寓，均布置在 601 m 以下的混凝土结构部分，而 601 m 以上则做办公使用。

为了保持这幢超高层建筑物的稳定性，采用了高强度的混凝土。“迪拜塔”的设计标准是能够经受里氏 6 级地震(当地属于地球上少地震的地区)。它还能在 55 m/s 的大风中保持稳定(在高楼中办公的人完全感觉不到大风的影响)。哈利法塔在设计过程中共进行了 40 余次风洞试验，大部分模型采用 1∶500，但同时也做了 1∶250 整体模型，及 1∶50 高区模型等大尺度风洞模型。结构有 6 个主风向角，分别对应 3 个翼尖方向和 3 个凹入方向，试验表明翼尖方向为风荷载最小风向角，凹入方向为风荷载最大风向角。因此在考虑建筑平面摆放时，将翼尖方向朝向场地主风向，有效地降低结构风荷载。

哈利法塔的建筑幕墙总面积为 13.5 万 m^2，相当于 17 个足球场面积。采用单元式幕墙，玻璃为中空玻璃，超白玻璃外片镀银灰反射膜，内片镀 Low-E 膜。可见光透射率 20%，综合热透射率 16%。铝型材主要采用 6063-T5、6063-T6，表面氟碳喷涂。塔楼设置了 18 台擦窗机和固定伸臂，其外伸长度可达 10～20 m，这些设备不用时可以隐藏起来。18 台设备和 36 个工人，全部清洗一遍大楼需要 2～3 个月。建造哈利法塔创造了混凝土单级泵送高度的世界纪录——601 m。

思考题

7-1　什么是砖砌体？

7-2　实心砖砌体墙常用的砌筑方法有哪些？

7-3　什么是砌块砌体？什么是石砌体？

7-4　影响砌体抗压强度的主要因素有哪些？

单元八　钢　结　构

学习导读

目前,我国钢结构主要分为建筑钢结构和桥梁钢结构,与目前普遍采用的钢筋混凝土结构相比,具有强度高、工程造价低、自重轻、施工周期短和可工厂化制作等优点,如此多优势得到了国家技术政策的支持,从重大工程、标志性建筑使用钢结构到钢结构普遍使用,发展迅速。随着新技术的不断发展,钢结构还具有节约资源、减少碳排放、可循环利用、有效实现绿色要求的优越性。随着市场经济的发展和进一步成熟,我国钢结构产业将进入到一个飞速发展的时代。

能力目标

1. 具备分析钢结构类型、焊接方法和螺栓连接方法的能力;
2. 具备对钢结构连接检算的能力;
3. 具备对轴心受力构件的强度、刚度和稳定性检算的能力。

知识目标

1. 掌握钢结构的基本概念及类型;
2. 熟悉钢结构的焊接方法;
3. 掌握钢结构对接焊缝连接检算;
4. 熟悉螺栓连接的方法;
5. 掌握普通螺栓连接和高强度螺栓连接检算;
6. 掌握轴心受力构件的强度、刚度和稳定性检算。

学习项目一　钢结构概述

一、引　　文

改革开放以来,我国的钢铁工业持续发展,钢产量在 1999 年就已达到 1.3 亿 t,成为世界第一钢铁大国,发达国家的建筑用钢量为钢产量的 45%~55%,而我国建筑用钢量仅占钢总产量的 20%左右,如按此比例推算,则我国有 4 000 万 t 左右的发展空间,随着我国经济的快速发展和人们生活水平的不断提高,我国建筑行业取得了非常大的成绩,在此背景下我国的建筑项目不仅越来越多的采用钢结构,规模也越来越大。其中钢结构设计水平的优劣与否,直接关系到建筑主体结构的稳定。基于此,本项目从建筑结构设计当中的钢结构设计入手,简单的介绍钢结构的概念及钢结构连接检算。

二、相关理论知识

(一)钢结构的概念

钢结构是用型材或板材制成的拉杆、压杆、梁、柱、桁架等构件,采用焊缝或螺栓连接而成的结构。钢结构在土木建筑工程中有着广泛的应用和广阔的前景,其发展在我国迎来了一个前所未有的时期。钢结构的主要应用范围有:工业厂房、大跨度结构、多层及高层结构、高耸结构、桥梁结构、板壳结构、轻钢结构等。与混凝土结构、砌体结构等其他结构相比,钢结构明显的性能特点有:强度高、重量轻、材质均匀、生产与安装工业化程度高、抗振及抗动力荷载性能好、气密性及水密性好、耐热性好,但防火性差、抗腐蚀性较差。

(二)钢结构的连接方法

钢结构连接方法的合理性及其连接质量的优劣直接影响钢结构的工作性能。钢结构的连接应符合安全可靠、构造简单、传力明确、施工方便和节约钢材等原则。连接接头应有足够的强度,应该有施行连接手段的足够空间。钢结构的连接方法有焊接连接、螺栓连接和铆钉连接三种,如图 8.1 所示。

焊接连接不削弱构件截面,任何方位和角度都可直接连接,刚度大、构造简单、施工方便,可采用自动化作业使生产效率提高,是目前钢结构连接中应用最普遍的连接方法。但是,在焊缝附近的钢材,因焊接高温的影响可能致使某些部位材质变脆;焊缝的塑性和韧性较差,施焊可能产生缺陷,致使疲劳强度降低;焊接结构刚度大,局部裂纹易扩展到整体,尤其是在低温下易发生脆断;焊接过程中钢材所受高温与冷却分布不均,致使结构产生焊接残余应力和残余变形,对结构的承载力、刚度和使用性能有一定影响。

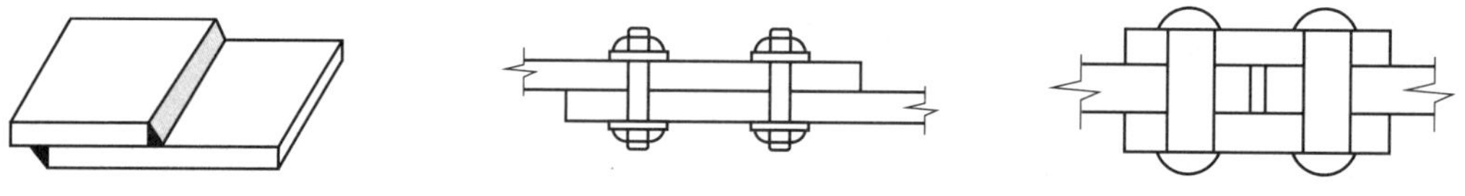

(a) 焊接连接　　(b) 螺栓连接　　(c) 铆钉连接

图 8.1　钢结构的连接方法

螺栓连接有普通螺栓连接和高强度螺栓连接两种。连接施工工艺简单、安装方便,特别适用工地安装连接;同时装拆方便,适用于需要装拆结构的连接和临时性连接。但是,螺栓孔对构件截面有削弱,常需搭接或增设辅助连接板,结构复杂、多费钢材;需要在板件上进行开孔和拼装,拼装时应对孔,整体工作量大,且对制造精度要求较高。铆钉连接传力均匀可靠,塑性与韧性好,对常受动力荷载作用的重要结构比较适用,如铁路钢桥仍有采用铆钉连接的。但是构造复杂、费工费料、打铆噪声大、劳动强度高,目前在钢结构已较少采用,基本已被焊接和高强度螺栓连接所取代。

1. 焊接方法

钢结构的焊接方法有电弧焊、电阻焊和气焊,其中常用的是电弧焊,包括手工电弧焊、埋弧焊(自动或半自动)和气体保护焊等。

(1)手工电弧焊

手工电弧焊是钢结构中最常用的焊接方法。它是由焊条、焊钳、焊件、电焊机和导线组成电路,如图 8.2 所示。通电打火引弧后,在涂有焊药的焊条端和焊件之间的间隙中产生电弧,利用其产生的高温(约 3 000℃),使焊条熔化滴入被电弧加热熔化并吹成的焊口熔池中,同时焊药燃烧,在熔池周围形成保护气体,稍冷后在焊缝熔化金属的表面再形成熔渣,隔绝溶池中的液态金属和空气中的氧、氮等气体接触,避免形成脆性化合物。焊缝金属冷却后与焊件母材熔成一体。

手工电弧焊的设备简单、操作灵活方便,适合于任意空间位置的焊接,对一些短焊缝、曲折焊缝以及现场高空施焊尤为方便,应用十分广泛。但其焊缝质量波动性大、生产效率低、劳动强度大,焊接质量一定程度上取决于焊工的技术水平。

手工电弧焊的焊条应与焊件钢材(主体金属)相匹配,一般情况下,Q235 钢采用 E43 型焊条(E4300～E4328);Q345 钢采用 E50 型焊条(E5000～E5048);Q390 钢和 Q420 钢采用 E55 型焊条(E5500～E5518)。其中,E 表示焊条,前两位数字表示焊条熔敷金属抗拉强度的最小值,第三、四位数字表示适用焊接位置、电流以及焊药类型等。当不同强度的两种钢材进行连接时,应采用与低强度相适应的焊条,即采用低组配方案。

(2)埋弧焊

埋弧焊是电弧在焊剂层下燃烧的一种电弧焊方法。自动埋弧焊的全部设备装在一小车上。小车沿轨道按规定速度移动,通电引弧后,埋在焊剂下的焊丝及附近焊件被电弧熔化,而焊渣浮在熔化了的金属表面,将焊剂埋盖,可有效地保护熔化金属,如图 8.3 所示。当焊机的移动是由人工操作时,称为半自动埋弧焊。自动(或半自动)埋弧焊所用焊丝和焊剂应与主体金属强度相适应,即要求焊缝与主体金属等强度。

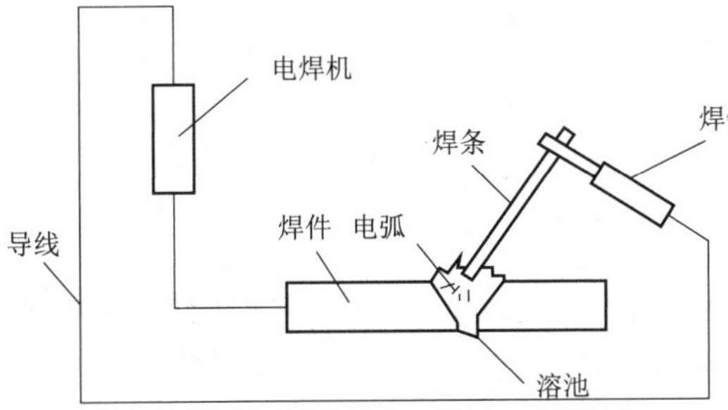

图 8.2 手工电弧焊

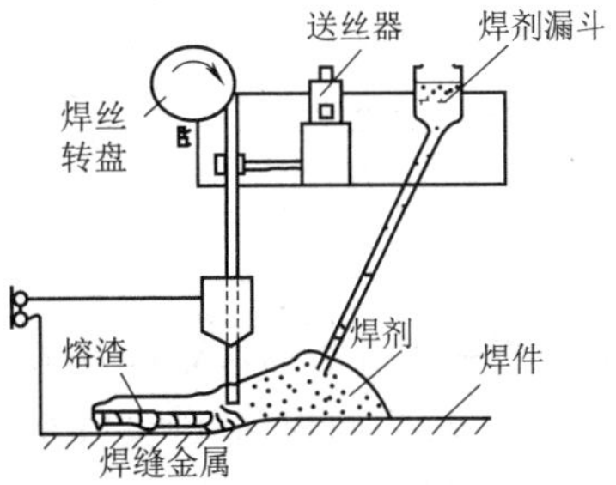

图 8.3 自动埋弧焊

自动埋弧焊的焊缝质量比手工电弧焊好,特别适用于焊接较长的直线焊缝,半自动埋弧焊的质量介于二者之间,由于是人工操作,故适应曲线焊或任意形式的焊缝。与人工电弧焊相比,自动(或半自动)埋弧焊的焊接速度快、生产效率高、劳动条件好、成本低。

(3)气体保护焊

气体保护焊是用喷枪喷出 CO_2 气体(或惰性气体)作为电弧的保护介质,把电弧、熔池与大气隔离,它直接依靠保护气体在电弧周围形成局部保护层,来防止有害气体的侵入而保持焊接过程的稳定,气体保护焊又称气电焊,如图 8.4 所示。

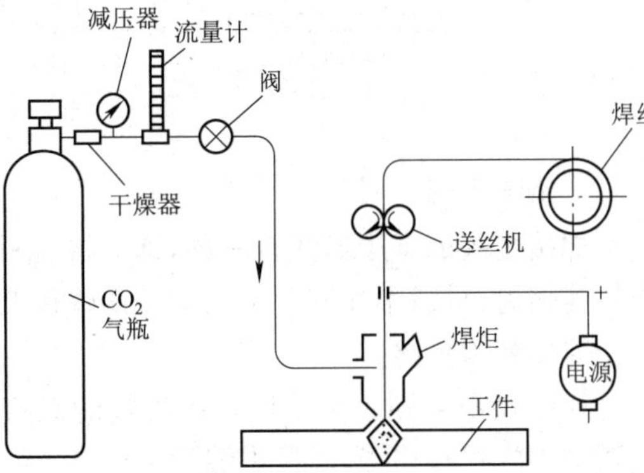

图 8.4 CO 气体保护焊

气体保护焊的优点是电弧加热集中,熔化深度大、焊缝强度高、塑性和抗腐蚀性能好,在操作时也可采用自动或半自动焊方法;由于焊接时没有熔渣，焊工能够清楚地看到焊缝的成型过程，熔滴过渡平缓，焊缝强度比手工电弧焊高，适用于全位置的焊接。缺点是设备复杂、电弧光较强，焊缝表面成型不如电弧焊滑，一般用于厚钢板或特厚钢板的焊接。若在工地等有风的地方施焊，则需搭设防风棚。

2. 焊缝形式

(1)按焊缝的构造形式不同分类，有对接焊缝和角焊缝两种形式。对接焊缝按作用力与焊缝方向之间的位置关系，有对接正焊缝和对接斜焊缝；角焊缝有正面角焊缝（端焊缝）、侧面角焊缝（侧焊缝）和斜向角焊缝（斜焊缝），如图 8.5 所示。

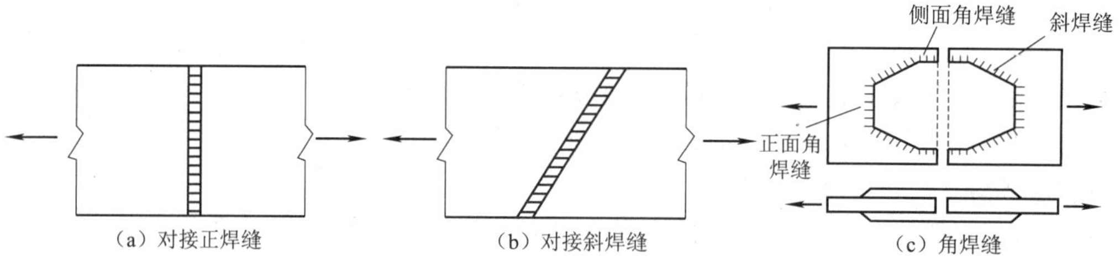

图 8.5 对接焊缝和角焊缝

(2)按被连接构件之间的相对位置，有平接、搭接、T 形连接和角接四种形式，如图 8.6 所示。

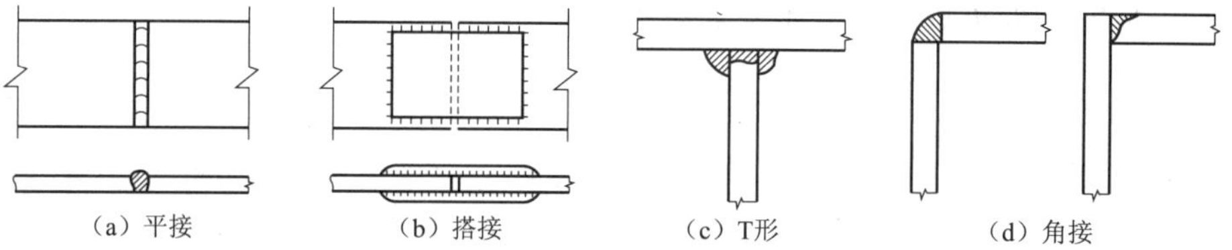

图 8.6 焊缝形式

(3)按焊缝在施焊时的空间相对位置分类，有平焊、竖焊、横焊和仰焊四种形式，如图 8.7 所示。平焊也称为俯焊，施焊条件最好、质量最好；仰焊的施焊条件最差，质量不易保证，在设计和制造时应尽量避免。

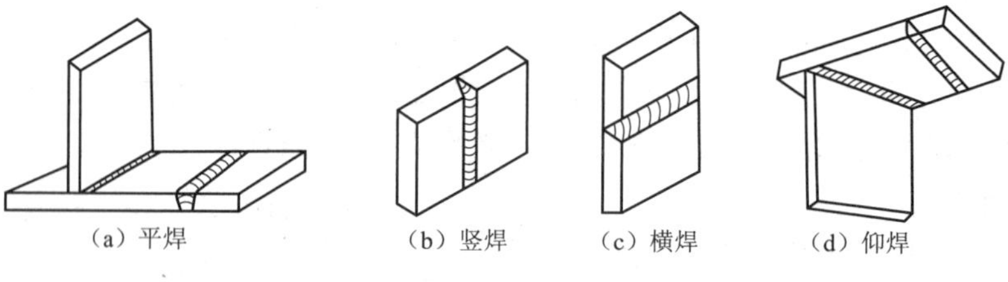

图 8.7 焊缝形式

3. 焊接接头

焊接接头的常用形式有三种，即对接、搭接和角接，如图 8.8 所示。两焊件位于同一平面内的连接为对接；不在同一平面上的两焊件交搭相连为搭接；两焊件以一定角度（通常为直角）互相连接者为角接。

如图 8.8(a)所示为采用对接焊缝的对接连接。对接连接主要用于厚度相同或接近相同的两构件的相互连接，对接焊缝用料经济、传力均匀平顺，没有明显的应力集中，对承受动力荷载的构件采用对接焊缝较为有利，是主要受力的接头连接形式。但是焊件边缘需要加工，被连接两板的间隙和坡口尺寸有严格的要求。

如图 8.8(b)所示为采用角焊缝搭接连接，适用于不同厚度构件的连接，其传力不均匀、材料较贵，但构造简单、施工方便，目前应用广泛。

如图 8.8(c)所示的角部连接主要用于制作箱形截面。

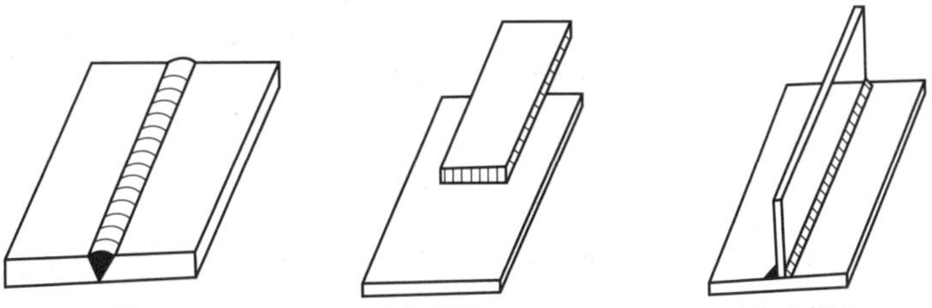

（a）对接　　（b）搭接　　（c）角接

图 8.8　焊接接头形式

4. 焊缝符号

为了便于施工，应采用焊缝符号标明在钢结构施工图中。《焊缝符号表示法》规定：焊缝代号由引出线、图形符号和辅助符号三部分组成。引出线由带箭头的指引线（箭头线）和两条基准线（一条为实线，另一条为虚线）两部分组成。箭头指到图形上的相应焊缝处，横线的上面和下面用来标注图形符号和焊缝尺寸。当引出线的箭头指向焊缝所在的一面时，应将图形符号和焊缝尺寸等标注在水平横线的上面；当箭头指向对应焊缝所在的另一面时，则应将图形符号和焊缝尺寸标注在水平横线的下面。如果为双面对称焊缝，基准线可以不加虚线。对有坡口的焊缝，箭头线应指向带有坡口的一侧。必要时，可在水平横线的末端加部分解释内容作为其他说明之用。

图形符号表示焊缝的基本形式，如用“V”表示 V 形坡口的对接焊缝，辅助符号表示焊缝的辅助要求，如用“◣”表示现场安装焊缝等。当焊缝分布比较复杂或用上述标注方法不能表达清楚时，在标注焊缝代号的同时，可在图形上加栅线表示。部分常用焊缝符号见表 8.1。

表 8.1　部分常用焊缝符号

	角焊缝				对接焊缝	塞焊缝	三面围焊
	单面焊缝	双面焊缝	安装焊缝	相同焊缝			
形式					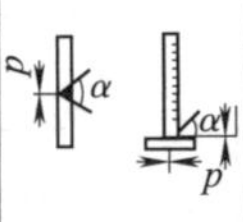		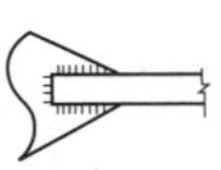
标注方式	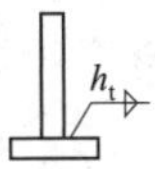	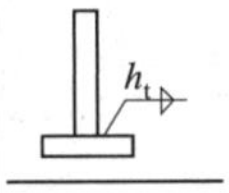	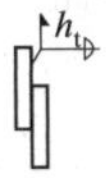	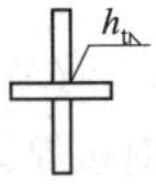	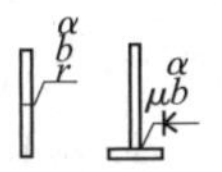		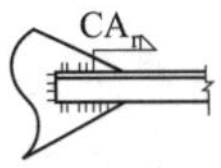

注：h——角焊缝尺寸；o——坡口角度；b——焊件间隙；p——钝边高度。

5. 焊缝缺陷及质量检验

(1)焊缝缺陷

焊缝连接的缺陷是指在焊接过程中，产生于焊缝金属或附近热影响区钢材表面或内部的缺陷。常见的缺陷有裂纹、焊瘤、烧穿、弧坑、气孔、夹渣、咬边、未熔合、未焊透以及焊缝尺寸不符合要求、焊缝成形不良等，如图 8.9 所示。其中裂纹是焊缝连接中最危险的缺陷。

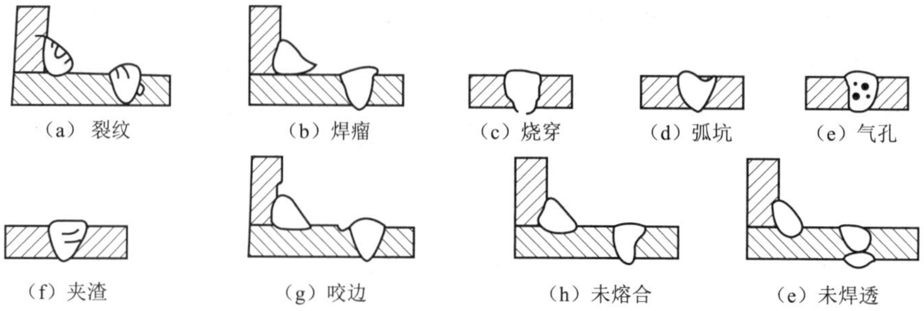

图 8.9　焊缝缺陷

上述缺陷将直接影响焊缝质量和连接强度，使焊缝受力面积削弱，且在缺陷处引起应力集中，导致产生裂纹，并使裂纹扩展引起断裂。

(2)焊缝质量检验

焊缝质量检验一般包括外观检查和内部无损检验，外观检查是对外观缺陷和几何尺寸进行检查；内部无损检验目前广泛采用超声波检验，虽然使用灵活、反应灵敏、经济，但不易识别缺陷性质。有时还采用磁粉检验、荧光检验作为辅助检验方法。此外还可采用 X 射线、Y 射线透照、拍片等方法。

《钢结构工程施工质量验收规范》(GB 50205—2015)规定焊缝按其检验方法和质量要求分为三级，其中三级焊缝只要求对全部焊缝作外观检查；二级焊缝除要对全部焊缝作外观检查外，还需对部分焊缝作超声波等无损探伤检查；一级焊缝要求对全部焊缝作外观检查及无损探伤检查，这些检查都应符合各自的检验质量标准。

6. 对接焊缝的构造与计算

(1)对接焊缝的构造

根据施焊的需要，对接焊缝的焊件常将焊件边缘做成坡口形式，故又称为坡口焊缝。坡口形式与焊件厚度有关，其坡口形式有：I 形、单边 V 形、V 形、U 形、K 形和 X 形，如图 8.10 所示。

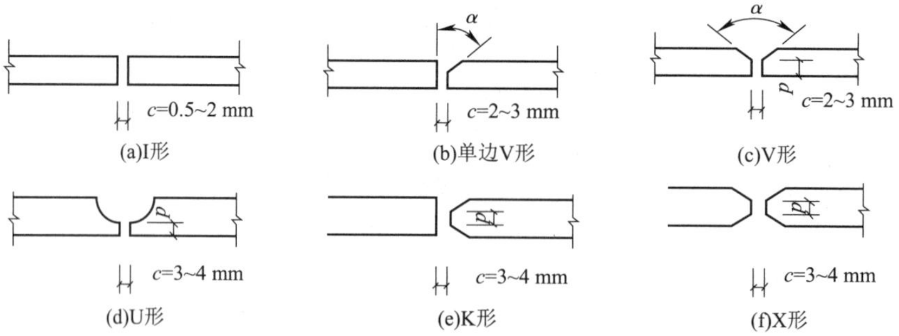

图 8.10　对接焊缝的坡口形式

当焊件厚度很小(手工焊小于 6 mm，埋弧焊小于 10 mm)时，可采用 I 形坡口；当焊件厚度 t=6～20 mm 时，可采用单边 V 形或 V 形坡口，正面焊好后在背面要清底补焊；当焊件厚度 t>20 mm 时，宜采用 U 形、K 形和 X 形坡口，且优先采用 K 形和 X 形坡口，从双面施焊。对接焊坡口形式的选用，应根据板厚和施工条件，按现行标准《手工电弧焊焊接接头的基本形式与尺寸》和《埋弧焊焊接接头的基本形式与尺寸》的要求进行。

在对接焊缝的拼接处：当焊件的宽度不同或厚度在一侧相差 4 mm 以上时，应分别在宽度方向或者厚度方向从一侧或两侧做成坡度不大于 1：2.5 的斜角，如图 8.11 所示，以使截面缓和过渡，减小应力集中。

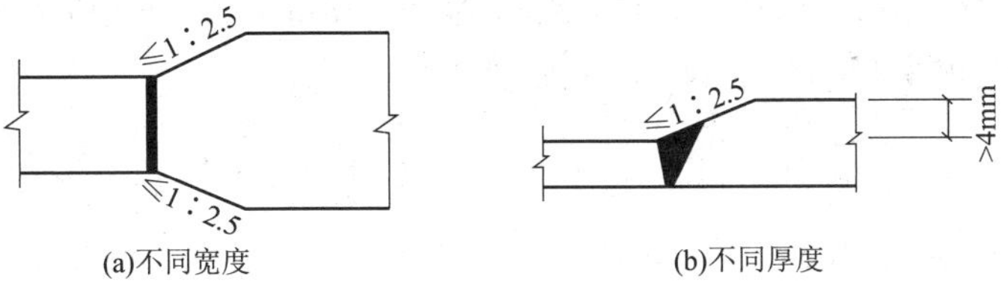

图 8.11　钢板拼接

在焊缝的起灭弧处，常会出现弧坑等缺陷，这些缺陷对承载力影响极大，使结构的动力性能变差。为消除焊口影响，焊接时一般应设置引弧板和引出板，如图 8.12 所示，焊后将它割除。对受静力荷载的结构设置引弧（出）板有困难时，允许不设置引弧（出）板，此时可令焊缝计算长度等于实际长度减 $2t$（t 为较薄焊件厚度）。

（2）对接焊缝的计算

①轴心力作用时对接焊缝的计算

如图 8.13 所示，矩形截面的对接焊缝，其强度计算按下式进行：

$$\sigma=\frac{N}{l_{\mathrm{w}}t}\leqslant f_{\mathrm{t}}^{\mathrm{w}} \text{ 或 } f_{\mathrm{c}}^{\mathrm{w}} \tag{8.1}$$

式中　N——轴心拉力或轴心压力；

l_{w}——对接焊缝的计算长度，当采用引弧板施焊时，取焊缝实际长度；当未采用引弧板施焊时，每条焊缝取实际长度减去 $2t$；

t——在对接接头中为连接件的较小厚度，在 T 形接头中为腹板厚度；

$f_{\mathrm{t}}^{\mathrm{w}}$、$f_{\mathrm{c}}^{\mathrm{w}}$——对接焊缝的抗拉、抗压设计强度。

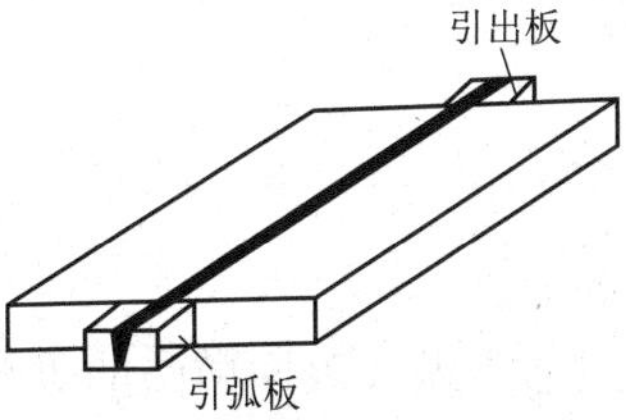

图 8.12　焊缝的引弧（出）板

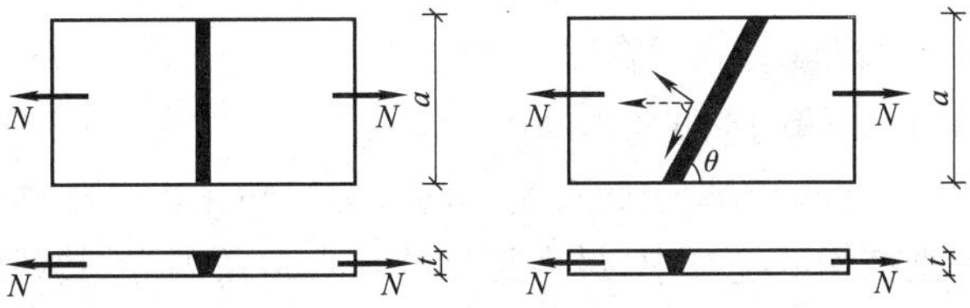

图 8.13　轴心力时对接焊缝的计算

当焊缝连接的强度低于焊件的强度时，为了提高连接的承载能力，可改用斜焊缝，但用斜焊缝时焊件较费材料。《钢结构设计标准》（GB 50017—2017）（以下简称《钢结构标准》）规定，当斜焊缝和作用力间夹角 θ 符合 $\tan\theta\leqslant1.5$ 时，其强度已超过母材，可不再验算焊缝强度。

【例题 8-1】采用对接焊缝连接两块截面为 460 mm×10 mm 的 Q235 钢板，$f_{\mathrm{t}}^{\mathrm{w}}=185\ \mathrm{N/mm^2}$，手工电弧焊，焊条 E43，焊接质量三级。承受轴心拉力设计值 $N=845$ kN，试验算焊缝强度。

解：不采用引弧板施焊时

$$l_{\mathrm{w}}=460-2t=460-2\times10=440(\mathrm{mm})$$

$$\sigma=\frac{N}{l_{\mathrm{w}}t}=\frac{845\ 000}{440\times10}=192(\mathrm{N/mm^2})>f_{\mathrm{t}}^{\mathrm{w}}=185\ \mathrm{N/mm^2}\text{，不符合要求。}$$

采用引弧板施焊时

$$\sigma=\frac{N}{l_{\mathrm{w}}t}=\frac{845\ 000}{460\times10}=183.7(\mathrm{N/mm^2})<f_{\mathrm{t}}^{\mathrm{w}}=185\ \mathrm{N/mm^2}\text{，符合要求。}$$

②弯矩、剪力共同作用时对接焊缝的计算

如图 8.14(a)所示是矩形截面的对接焊缝，截面上的正应力与剪应力分布为三角形与抛物线形，最大正应力和剪应力分别满足下列强度条件：

$$\sigma_{\max}=\frac{M}{W_{\mathrm{w}}}=\frac{6M}{l_{\mathrm{w}}^{2}t}\leqslant f_{\mathrm{t}}^{\mathrm{w}},\tau_{\max}=\frac{VS_{\mathrm{w}}}{I_{\mathrm{w}}t}=\frac{3}{2}\cdot\frac{V}{l_{\mathrm{w}}t}\leqslant f_{\mathrm{v}}^{\mathrm{w}} \tag{8.2}$$

式中　W_{w}——对接焊缝模量；

S_{w}——对接焊缝中性轴面积矩；

I_{w}——对接焊缝中性轴惯性矩；

$f_{\mathrm{v}}^{\mathrm{w}}$——对接焊缝的抗剪设计强度。

如图 8.14(b)所示是工字形截面梁的接头，采用对接焊缝，除应分别验算最大正应力和剪应力外，对于同时受较大正应力和较大剪应力处的腹板与翼缘交接点，还应按下式验算折算应力：

$$\sqrt{\sigma_1^2+3\tau_1^2}\leqslant 1.1f_{\mathrm{t}}^{\mathrm{w}} \tag{8.3}$$

式中　σ_1、τ_1——验算点处的焊缝正应力和剪应力；

1.1——最大折算应力只在局部出现，强度设计值适当提高的系数。

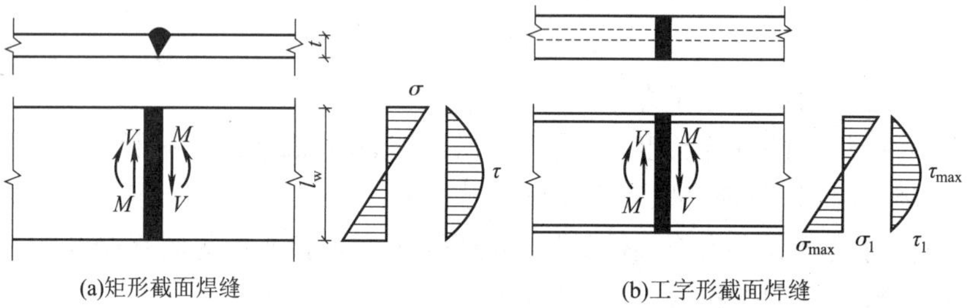

图 8.14　受弯矩和剪力的对接焊缝

7. 角焊缝的构造与计算

(1)角焊缝的形式

角焊缝按两焊脚边的夹角不同分为直角角焊缝和斜角角焊缝。

在钢结构的连接中，最为常见的是直角角焊缝，其截面形式通常做成表面微凸的等腰三角形截面，如图 8.15(a)所示。在直接承受动力荷载的结构中，正面角焊缝的截面如图 8.15(b)所示，侧面角焊缝的截面如图 8.15(c)所示。直角角焊缝的有效厚度 $h_{\mathrm{c}}=h_{\mathrm{f}}\cos45°=0.7h_{\mathrm{f}}$，$h_{\mathrm{f}}$ 称为角焊缝的焊脚尺寸，有效厚度 h_{c}所在的截面称为有效截面。常认为角焊缝的破坏都发生在有效截面。

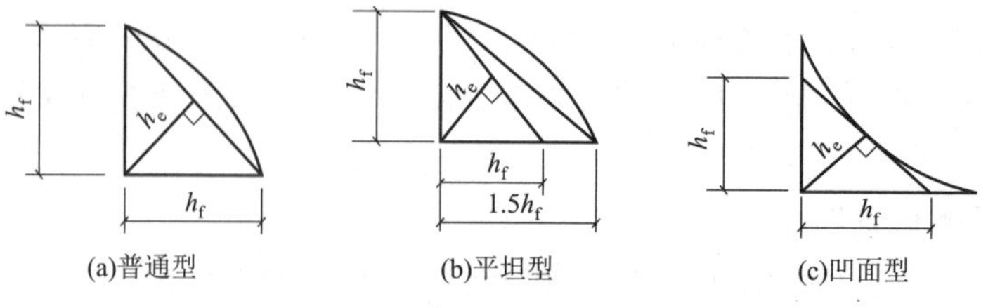

图 8.15　直角角焊缝截面

两焊脚边的夹角 $\alpha>90°$或 $\alpha<90°$的焊缝称为斜角角焊缝，如图 8.16 所示。斜角角焊缝常用于钢漏斗和钢管结构中。对于夹角 $\alpha>135°$或 $\alpha<60°$的斜角角焊缝，除钢管结构外，不宜用作受力焊缝。

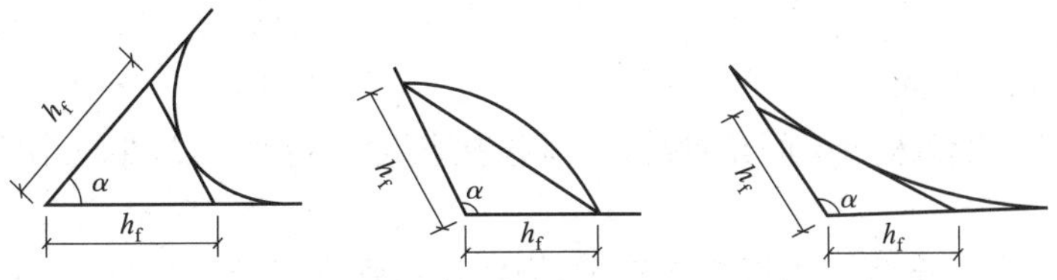

图 8.16　斜角角焊缝截面

(2)角焊缝的构造要求

①最大焊脚尺寸

如焊脚尺寸过大,连接中较薄的焊件容易烧伤和穿透。除钢管结构外,角焊缝的焊脚尺寸不宜大于较薄焊件厚度 t 的 1.2 倍,即 $h\leqslant 1.2t$,如图 8.17 所示。

当角焊缝贴着板边施焊时,如焊脚尺寸过大,有可能烧伤板边,产生咬边现象,为此贴板边施焊的角焊缝还应符合下列要求:

a. 当 $t>6$ mm 时,$h_f\leqslant t-(1\sim2)$mm;

b. 当 $t\leqslant 6$ mm 时,$h_f\leqslant t$。

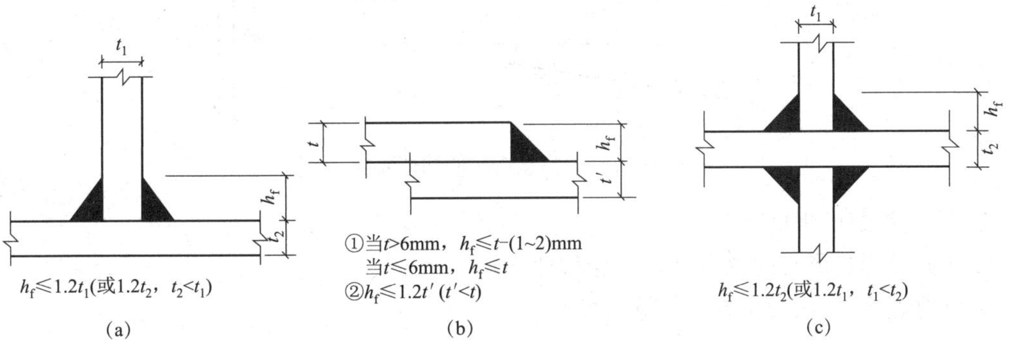

图 8.17　最大焊脚尺寸

②最小焊脚尺寸

焊缝的冷却速度和焊件的厚度有关,焊件越厚则焊缝冷却越快,很容易产生裂纹;焊件越厚,以致施焊时焊缝冷却越快而产生淬硬组织导致母材开裂;当焊件刚度较大时,焊缝也容易产生裂纹。现行《钢结构标准》规定:角焊缝的焊脚尺寸 h_f 不得小于 $1.5\sqrt{t}$,t 为较厚焊件厚度(mm)。计算时,焊脚尺寸取毫米的整数,小数点以后的数都进为 1。自动焊熔深较大,故最小焊脚尺寸可减小 1 mm;对于 T 形连接的单面角焊缝,应增加 1 mm。当焊件厚度小于或等于 4 mm时,则取与焊件厚度相同。

③角焊缝的最大计算长度

侧面角焊缝在弹性阶段沿长度方向受力不均匀,两端大而中间小,并且随着焊缝的长度与厚度之比不同,其差别也各不相同。当长度与厚度之比过大时,侧面焊缝的端部应力就会达到极值而破坏,而中部焊缝的承载能力还得不到充分发挥,这对承受动态荷载的构件尤其不利。故一般规定:在静态荷载作用下,不宜大于 $60h_f$;侧面角焊缝在动态荷载作用下,其计算长度不宜大于 $40h_f$。当实际长度大于上述限值时,其超过部分在计算中不予考虑。若内力沿侧面角焊缝全长分布,其计算长度不受此限,如梁、柱的翼缘与腹板的连接焊缝等。

④角焊缝的最小计算长度

焊缝的厚度大而长度过小时,会使焊件局部加热严重,且起落弧的弧坑相距太近,加上一些可能产生的缺陷,使焊缝强度不够。因此,侧面角焊缝或正面角焊缝的计算长度不得小 $8h_f$

和 40 mm。

⑤搭接连接的构造要求

在搭接连接中，当仅采用正面角焊缝时，其搭接长度不得小于焊件较小厚度的 5 倍，也不得小于 25 mm。

当板件端部仅有两条侧面角焊缝连接时，为使连接强度不致过分降低，每条侧焊缝的长度不宜小于两侧焊缝之间的距离，即 $b/l_w \leqslant 1$，两侧面角焊缝之间的距离 b 也不宜大于 $16t$($t>$ 12 mm)或 200 mm($t \leqslant 12$ mm，t 为较薄焊件的厚度)，以免因焊缝横向收缩，引起板件向外发生较大拱曲，如图 8.18 所示。

所有围焊的转角处必须连接施焊。对于非围焊情况，当角焊缝的端部在构建转角处时，可连续的做长度为 $2h_f$ 的绕角焊，如图 8.18 所示。

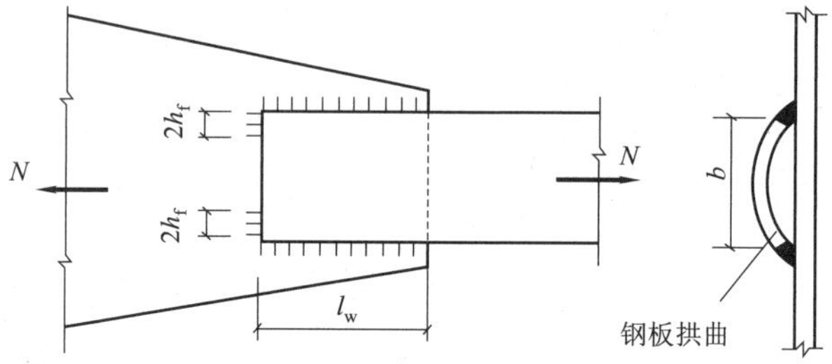

图 8.18　搭接连接的构造要求

(3)直角焊缝的强度计算

①在通过焊缝形心的拉力、压力或剪力作用下

正面角焊缝(作用力垂直于焊缝长度方向)：

$$\sigma_f = \frac{N}{h_e l_w} \leqslant \beta_f f_t^w \tag{8.4}$$

侧面角焊缝(作用力平行于焊缝长度方向)：

$$\tau_f = \frac{N}{h_e l_w} \leqslant f_t^w \tag{8.5}$$

②在各种力综合作用下，σ_f 和 τ_f 共同作用处

$$\sqrt{\left(\frac{\sigma_f}{\tau_f}\right)^2 + \tau_f^2} \leqslant f_f^w \tag{8.6}$$

式中　σ_f ——按焊缝有效截面 $h_e l_w$ 计算，垂直于焊缝长度方向的应力；

τ_f ——按焊缝有效截面计算，沿焊缝长度方向的剪应力；

h_e ——角焊缝的计算厚度，对直角角焊缝等于 $0.7h_f$，h_f 为焊脚尺寸(图 8.15)；

l_w ——角焊缝的计算长度，对每条焊缝取其实际长度减去 $2h_f$；

f_f^w ——角焊缝的强度设计值；

β_f ——正面角焊缝的强度设计值增大系数；对承受静力荷载和间接承受动力荷载的结构，$\beta_f = 1.22$；对直接承受动力荷载的结构，$\beta_f = 1.0$。

(三)钢结构的螺栓连接

螺栓连接可分为普通螺栓连接和高强度螺栓连接两种。普通螺栓通常采用 Q235 钢材制成，安装时用普通扳手拧紧；高强度螺栓则用高强度钢材经热处理制成，用能控制扭矩或螺栓拉力的特制扳手拧紧到规定的预拉力值，把被连接件高度夹紧。

1. 普通螺栓连接

(1)规格

普通螺栓一般都用 Q235 钢制成，钢结构采用的普通形式为大六角头型，其代号用字母 M 和公称直径的毫米数表示，工程中常用 M18、M20、M22 和 M24。普通螺栓分为 A、B、C 三个等级，A、B 级属精制螺栓，C 级属粗制螺栓。

C 级螺栓材料性能等级为 4.6 级或 4.8 级，小数点前的数字表示螺栓成品的抗拉强度不小于 400 N/mm^2，小数点及小数点后的数字表示其屈强比(屈服点与抗拉强度之比)为 0.6 或 0.8。A 级和 B 级螺栓性能等级为 8.8 级，其抗拉强度不小于 800 N/mm^2，屈强比为 0.8。

根据加工的精细程度不同，螺栓孔分为Ⅰ类和Ⅱ类。A、B 级螺栓要求配用Ⅰ类孔，其孔径只比螺栓直径大 0.3～0.5 mm，A、B 级螺栓是由毛坯在车床上经过切削加工精制而成的，加工精度高、连接紧密、传力性能好，但制作和安装复杂、价格较高，已很少在钢结构中采用；C 级螺栓可配用Ⅱ类孔，其孔径比螺栓直径大 1.5～3.0 mm，C 级螺栓由未经加工的圆钢轧制而成，加工粗糙、传力性能较差，但制造安装方便、价格较低，能有效地传递拉力，可多次重复拆卸使用。

螺栓的选择应根据结构尺寸和受力情况而定，受力螺栓一般为 $M \geqslant 16$，在一些受拉或拉剪联合作用的临时安装连接中，经常采用 C 级螺栓。

(2)构造要求

螺栓在构件上的排列应简单、统一、整齐而紧凑，通常有并列和错列两种形式，如图 8.19 所示。并列排列简单整齐，所用连接板尺寸小，但由于螺栓孔的存在，对构件截面削弱较大；错列排列可以减小螺栓孔对截面的削弱，但栓孔排列不紧凑，连接板尺寸较大。螺栓排列应满足下列要求：

①受力要求

在垂直受力方向上，受拉构件各排螺栓的中距及边距不能过小，以免使钢板的截面削弱过多，降低其承载能力；在顺力作用方向上，端距应按被连接件材料的抗压及抗剪切等强度条件确定，以使钢板在端部不致被螺栓撕裂。《钢结构标准》规定端距不应小于 $2d_0$，对受压构件，沿作用力方向的螺栓中距不宜过大，则在被连接的板件间易发生鼓曲现象(图 8.19)。

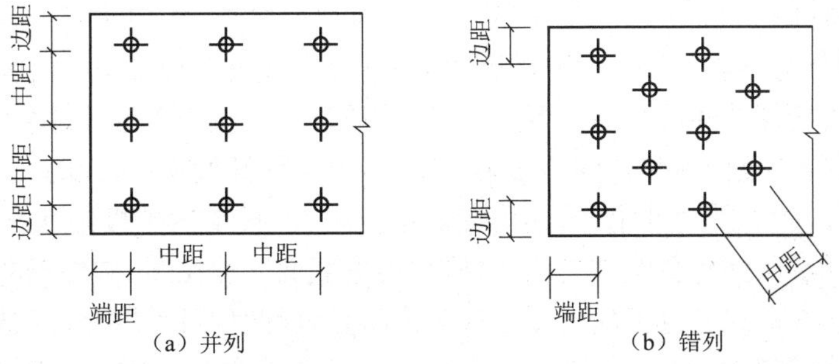

图 8.19　螺栓的排列

②构造要求

螺栓的中距边距不宜过大，以保证钢板间接触面连接紧密，防止潮气侵入缝隙使钢材发生锈蚀。

③施工要求

螺栓间应保持足够的距离，便于用扳手拧紧螺帽。根据扳手尺寸和工人的施工经验，规定最小中距为 $3d_0$。根据以上要求，《钢结构标准》规定钢板螺栓的容许距离应满足图 8.19 及表 8-2 的要求。角钢、工字钢、槽钢、H 形钢上的螺栓排列，除应满足表 8.2 要求外，其螺栓间距见规范。

表 8.2　螺栓的最大、最小容许距离

<table>
<tr><th>名称</th><th colspan="3">位置和方向</th><th>最大容许距离
（取两者的较小值）</th><th>最小容许距离</th></tr>
<tr><td rowspan="4">中心
距离</td><td colspan="3">外排(垂直内力方向或顺内力方向)</td><td>$8d_0$或 $12t$</td><td rowspan="4">$3d_0$</td></tr>
<tr><td rowspan="3">中间排</td><td colspan="2">垂直内力方向</td><td>$16d_0$或 $24t$</td></tr>
<tr><td rowspan="2">顺内力方向</td><td>构件受压力</td><td>$12d_0$或 $18t$</td></tr>
<tr><td>构件受拉力</td><td>$16d_0$或 $24t$</td></tr>
<tr><td rowspan="4">中心至构件
边缘距离</td><td colspan="3">顺内力方向</td><td rowspan="4">$4d_0$或 $8t$</td><td>$2d_0$</td></tr>
<tr><td rowspan="3">垂直内
力方向</td><td colspan="2">剪切边或手工气割边</td><td rowspan="2">$1.5d_0$</td></tr>
<tr><td rowspan="2">车制边、自动气
割或锯割边</td><td>高强度螺栓</td></tr>
<tr><td>其他螺栓或铆钉</td><td>$1.2d_0$</td></tr>
</table>

(3)工作性能及计算

普通螺栓连接按传力方式不同，有抗剪螺栓连接、抗拉螺栓连接和同时抗拉抗剪螺栓连接三种，如图 8.20 所示。

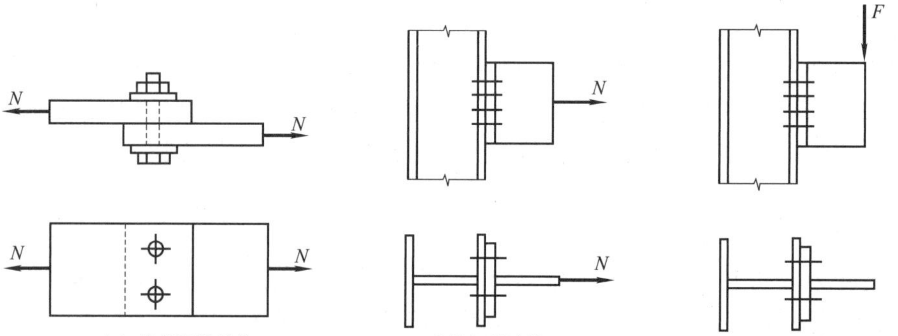

(a) 抗剪螺栓连接　　(b) 抗拉螺栓连接　　(c) 同时抗拉抗剪螺栓连接

图 8.20　普通螺栓连接的传力方式

受剪螺栓连接[图 8.20(a)]的工作阶段可分为弹性阶段、相对滑移阶段和弹塑性阶段。在第一阶段，作用外力靠被连接件之间的摩擦阻力(大小取决于拧紧螺栓时螺杆中所形成的初拉力)来传递，被连接件之间的相对位置不变；第二阶段，被连接件之间的摩擦阻力克服，连接件之间有相对滑移，直至栓杆和孔壁靠紧第三阶段，螺栓杆开始受剪，同时孔壁受到挤压，连接的承载力随之增加，随着外力的增加，连接变形迅速增大，直至达到极限状态而破坏。破坏形式有五种可能：螺栓杆剪断、孔壁被挤压坏、构件沿净截面处被拉断、构件端部剪坏和螺栓杆弯曲破坏。前三种破坏形式通过相应的强度计算来防止，后两种可采取相应的构造措施来保证。

抗拉螺栓连接[图 8.20(b)]中，在外力 N 的作用下，构件相互间有分离趋势，从而使螺栓沿杆轴方向受拉。受拉螺栓的破坏形式是栓杆被拉断，其部位多在被螺纹削弱的截面处。

同时抗拉抗剪螺栓连接[图 8.20(c)]中，由于 C 级螺栓的抗剪能力差，故对重要连接一般均应在端板下设置支托，以承受剪力。对次要连接，若端板下不设支托，则螺栓将同时承受剪力和沿杆轴方向的拉力的作用。

2. 高强度螺栓连接

1)类型与构造

高强螺栓使用日益广泛。常用 8.8 和 10.9 两个强度等级，其中 10.9 级居多。普通螺栓强度等级要低，一般为 4.4 级、4.8 级、5.6 级和 8.8 级。

高强度螺栓用高强度钢制成，常用材料为热处理优质碳素钢，有 35 号钢和 45 号钢，性能等级为 8.8 级；热处理合金结构钢，有 20 MnTiB 钢、40B 钢和 35VB 钢，性能等级为 10.9 级。高强度螺栓的螺帽和垫圈等均用 35 号钢、45 号钢或 15MnVB 钢，经过热处理达到规定的指标要求。高强度螺栓的螺孔一般采用钻成孔。

根据受力性能的不同，常把高强度螺栓连接分为摩擦型和承压型两种。摩擦型螺栓与被连接构件之间的摩擦阻力刚被克服时对应的状态即为极限状态。承压型则是以栓杆被剪断或孔壁被挤压破坏作为极限状态。高强度螺栓在构件上排列布置的构造要求与普通螺栓的构造要求相同。摩擦型高强度螺孔径与杆径之差为 1.5～2.0 mm，承压型高强度螺栓孔径与杆径之差为 1～1.5 mm。

高强度螺栓和普通螺栓连接受力的主要区别是：普通螺栓连接的螺母拧紧的预拉力很小，受力后全靠螺杆承压和抗剪来传递剪力；而高强度螺栓靠拧紧螺母，对螺杆施加强大而受控制的预拉力，此预拉力将被连接的构件夹紧。由于构件夹紧而产生的接触面间的摩阻力来承受连接内力是高强度螺栓连接受力的特点。

2)预应力控制方法和预拉应力计算

(1)预拉力控制方法

我国的高强度螺栓目前有大六角头型和扭剪型两种。虽然这两种高度螺栓预拉力的具体控制方法各不相同，但它们都是通过拧紧螺帽，使螺杆受到拉伸作用，产生预拉力，从而使被连接板件间产生压紧力。大六角头螺栓的预拉力控制方法如下：

①转角法。先用普通扳手进行初拧，使被连接板件相互紧密贴合，再以初拧位置为起点按终拧角度，用长扳手或风动扳手旋转螺母，拧至该角度值时，螺栓的拉力即达到施工控制预拉力。

②扭矩法。先用普通扳手初拧，要求扭矩不小于终拧扭矩的 50%，然后用特制扳手(可以显示扭矩大小)将螺帽拧至预定的终拧扭矩值。应注意施拧时误差不超过 10%。

与普通大六角形高强度螺栓不同，扭剪型高强度螺栓的螺栓头为盘头，螺纹段端部有一个承受拧紧反力矩的十二角体和一个能在规定力矩下剪断的断颈槽。预拉力控制方法采用扭掉螺栓尾部的梅花卡头法：高强度螺栓尾部连接一个截面较小的带槽沟的梅花卡头，槽沟的深度根据终拧扭矩和预拉力之间的关系确定。施拧时，利用特制机动扳手的内外套，分别套住螺栓尾部的卡头和螺帽，通过内外套的相对转动，对螺帽施加扭矩，最后螺杆尾部的梅花卡头被剪断扭掉，达到规定的预拉力值。

(2)预拉力的计算

高强度螺栓使用时，要求把螺栓拧的很紧，使螺栓产生很大预应力，以提高连接件接触面间的摩擦阻力。为保证螺栓在拧紧过程中不会屈服或断裂，必须控制预拉力，预拉力设计值按下式计算：

$$P = 0.6075 f_u A_e \tag{8.7}$$

式中　f_u ——高强度螺栓材料经热处理后的抗拉强度；8.8 级螺栓 $f_u = 830\ \text{N/mm}^2$，10.9 级螺栓 $f_u = 1\,040\ \text{N/mm}^2$；

A_e ——高强度螺栓螺纹处的有效截面面积。

不同规格螺栓的预拉力设计值具体见表 8.3。

表 8.3　高强度螺栓的设计预拉力值

螺栓的强度等级	螺栓公称直径(mm)					
	M16	M20	M22	M24	M27	M30
8.8 级	80	125	150	175	230	280
10.9 级	100	155	190	225	290	355

3)抗滑移系数

高强度螺栓连接中,摩擦力的大小不仅与螺栓预拉力有关,还与被连接构件的材料及其接触面表面处理方法有关。钢材表面经喷砂除锈后,表面看起来光滑平整,实际上金属表面微观上仍是凹凸不平,在很高的压紧力作用下,连接构件表面相互啮合,钢材强度和硬度愈高,使这种啮合的面产生滑移的力就愈大。摩擦面抗滑移系数 μ 值见表 8.4。

表 8.4　摩擦面的抗滑移系数 μ 值

在连接处构件接触面的处理方法	构件钢号		
	Q235 钢	Q345 钢、Q390 钢	Q420 钢
喷砂(丸)	0.45	0.50	0.50
喷砂(丸)后涂无机富锌漆	0.35	0.40	0.40
喷砂(丸)后生赤铁	0.45	0.50	0.50
钢丝刷清除浮锈或未经处理的干净轧制表面	0.30	0.35	0.40

试验表明,摩擦面涂红丹后 $\mu<0.15$,即使经处理后仍然很低,故严禁在摩擦面上涂刷红丹。另外,在潮湿或淋雨条件下拼装,也会降低 μ 值,故应采用有效措施保证连接表面的干燥。

3. 高强度螺栓连接的工作性能及计算

(1)工作性能

在摩擦型高强度螺栓连接中,拧紧螺栓的螺帽使螺杆产生预拉力,从而使被连接件的接触面相互压紧,依靠摩擦力阻止构件受力后产生相对滑移,达到传递外力的目的,摩擦型高强度螺栓主要用于抗剪连接中。当构件的连接受到剪切力作用时,设计时以剪力达到被连接件的接触面之间可能产生的最大摩擦力、构件开始产生相对滑移作为承载力极限状态。摩擦型高强度螺栓连接的剪切变形小、弹性性能好、施工较简单、可拆卸、耐疲劳,特别用于承受动力荷载的结构。

在承压型高强度螺栓连接中,螺栓在承受剪力时,允许超过摩擦力,此时构件之间开始发生相对滑动,从而使螺杆与螺栓孔壁抵紧,螺栓连接时依靠其摩擦力和螺杆受剪及承压共同传递外力,当螺栓连接接近破坏时,摩擦力已被克服,外力全部由螺栓承担,此种连接是以螺栓剪坏或承压破坏作为承载力极限状态,其承载力比摩擦型的承载力高得多,但是此连接会产生较大的剪切变形,不适用于直接承受动载的结构连接。承压型高强度螺栓的破坏形式与普通螺栓连接相似。

在承拉型高强度螺栓连接中,由于预拉力的作用,构件在承受外力之前,在构件的接触面上已有较大的挤压力。承受外拉力作用后,首先要抵消这种挤压力,才能使构件被拉开。此时,承拉型高强度螺栓的受拉力情况和普通螺栓受拉相似,但其变形比普通螺栓连接要小得多。当外拉力小于挤压力时,构件不会被拉开,可以减少锈蚀危害,并可改善连接的疲劳性能。

(2)摩擦型高强度螺栓连接的计算

①单个摩擦型高强度螺栓的承载设计值

$$N_V^b = \frac{n_f \mu P}{r_K} = 0.9 n_f \mu P \tag{8.8}$$

式中　n_f——传力摩擦面数；

μ——摩擦面的抗滑移系数，按表 8.4 采用；

P——每个高强度螺栓的预拉力，按表 8.3 采用；

r_K——螺栓抗力分项系数，$r_K = 1.111$。

②连接一侧所需的螺栓数目

$$n \geqslant \frac{N}{N_V^b} \tag{8.9}$$

式中　N——连接承受的轴心拉力。

③构件的净截面强度验算

假定每个螺栓所传的内力相等，且接触面间的摩擦力均匀地分布在螺栓孔的四周，如图 8.21 所示。每个螺栓所传递的内力在螺栓孔中心线的前方和后方各传递一半。这种通过螺栓孔中心线，并以张拉前的构件接触面之间的摩擦力来传递截面内力的现象称为“孔前传力”。

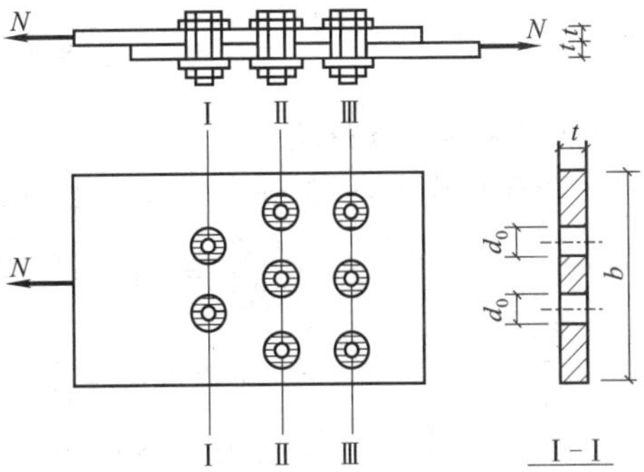

图 8.21　净截面强度验算

一般只需验算最外排螺栓所在的内力最大截面，如图 8.21 所示，最左排螺栓中心所在截面。该截面螺栓的孔前传力为 $0.5\,n_1\dfrac{N}{n}$，该截面的计算内力为

$$N' = N - 0.5 n_1 \frac{N}{n}$$

连接开孔截面的净截面强度按下式计算：

$$\sigma = \frac{N'}{A_n} = (1 - 0.5\frac{n_1}{n})\frac{N}{A_n} \leqslant f \tag{8.10}$$

式中　n_1——截面Ⅰ处的高强度螺栓数目；

n——连接一侧高强度螺栓数目；

A_n——截面 n 处的净截面面积；

f——构件的强度设计值。

【例题 8-2】如图 8.22 所示，截面为 300 mm×16 mm 的轴心受拉钢板，用双盖板和摩擦型高强度螺栓连接。已知连接钢板钢材为 Q345，f=310 N/mm²，螺栓为 10.9 级 M20，螺栓孔直径 d_0=22 mm，接触面喷砂后涂无机富锌漆，承受轴力 N=1 100 kN，试检算此连接强度。

解：(1)检算螺栓连接强度

查表 8.3，一个高强度螺栓的预拉力 P = 155 kN；查表 8.4，摩擦面的抗滑移系数 $\mu = 0.4$，则单个高强度螺栓的承载力为

$$N_V^b = 0.9 n_f \mu P = 0.9 \times 2 \times 0.4 \times 155 = 111.6(\text{kN})$$

单个高强度螺栓承受的轴力为

$$\frac{N}{n} = \frac{1\,100}{12} = 91.7(\text{kN}) < N_V^b = 111.6\ \text{kN}，符合要求。$$

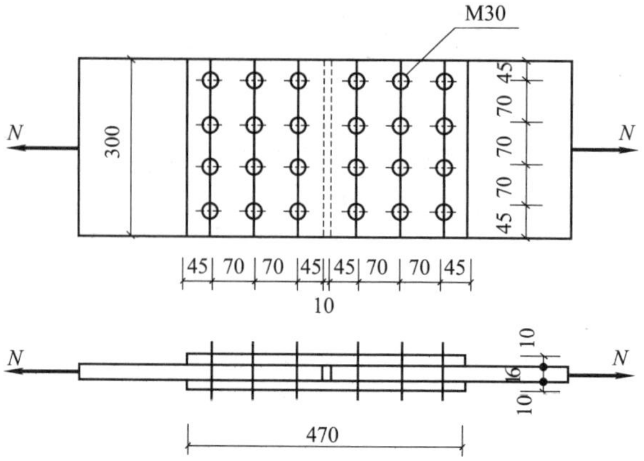

图 8.22　例题 8-3 图(单位:mm)

(2)检算钢板强度

构件厚度 $t = 16\ \text{mm} < 2t = 20\ \text{mm}$,因此验算轴心受拉钢板截面:

$$\sigma = \frac{N'}{A_n} = (1-0.5\frac{n_1}{n})\frac{N}{A_n}$$

$$= (1-0.5\times\frac{4}{12})\times\frac{1\ 100\ 000}{(300-4\times22)\times16}$$

$$= 270.2(\text{N/mm}^2) \leqslant f = 310\ \text{N/mm}^2$$

学习项目二　轴向受力构件

一、引　　文

轴心受力构件是指承受通过截面形心轴的轴向力作用的构件。当轴心力为拉力时,称为轴心受拉构件(或轴心拉杆);当轴心力为压力时,称为轴心受压构件(或轴心压杆)。轴心受力构件是钢结构的基本构件,工程应用比较广泛,如桁架、塔架、网架、支撑等杆件体系,常将杆件节点假设为铰接,当无节间荷载作用时,各杆件在节点荷载作用下承受轴心拉力或轴心压力。

二、相关理论知识

(一)轴心受力构件的截面形式

轴心受力构件的截面形式很多,其常用截面形式分为型钢截面和组合截面两种。型钢按截面划分有圆钢、钢管、角钢、槽钢、工字钢、H 形钢、T 形钢等,由于制造工作量少、省工省时,所以型钢截面构件成本较低,一般用于受力较小的构件。组合截面是由型钢和钢板连接而成,其截面形式有实腹式截面和格构式截面。因为组合截面的形状和尺寸几乎不受限制,所以可根据轴心受力性质和力的大小选用合适的截面。

实腹式截面是由钢板、型钢拼接形成的整体连续截面。格构式截面由几个独立的平面几何形体组成,其相对位置固定,彼此没有联系。格构式轴心受力构件又称格构柱,一般是由几个独立的肢件通过缀板或缀条联系形成整体的组合构件。与实腹式截面构件相比,在用相等材料的条件下,格构式截面的材料集中于分肢,可以增大截面惯性矩,两主轴方向的稳定性得到增强,抗扭性能好、用料节约,但制造费工。

(二)轴心受拉构件的强度和刚度

受拉构件的承载能力一般以强度控制,而受压构件则需同时满足强度和稳定性的要求。

另外，通过保证构件的刚度(限制其长细比)来保证其正常使用。

轴心受拉构件的设计需进行强度和刚度的验算；轴心受压构件的设计需进行强度、稳定和刚度的验算，而且在通常情况下其极限承载能力是由稳定条件决定的。

1. 强度

轴心受拉构件和轴心受压构件的强度计算公式为

$$\sigma=\frac{N}{A_n}\leqslant f \tag{8.11}$$

式中 N——构件的轴心拉力或压力设计值；

A_n——构件的净截面面积；

f——钢材的抗拉或抗压强度设计值。

2. 刚度

轴心受拉构件和轴心受压构件均应具有一定的刚度，才能避免产生过大的变形和振动。受拉和受压构件的刚度是以保证其长细比限值 λ 来实现的：

$$\lambda=\frac{l_0}{i}\leqslant[\lambda] \tag{8.12}$$

式中 λ——构件的最大长细比；

l_0——构件的计算长度；

i——截面的回转半径；

$[\lambda]$——受拉构件或受压构件的容许长细比，具体见表 8.5 和表 8.6。

当构件的长细比过大时，会产生以下不利影响：

(1)运输、安装过程中产生弯曲或过大的变形。

(2)使用期间因其自重作用而过大的挠度。

(3)动力荷载作用下发生较大的振动。

(4)压杆的长细比过大时，构件的极限承载力显著降低。

表 8.5 受拉构件的容许长细比

项次	构件名称	承受静力荷载或间接受动力荷载的结构		直接承受动力荷载的结构
		一般建筑结构	有重级工作制吊车的厂房	
1	桁架的杆件	350	250	250
2	吊车梁或吊车桁架以下的柱间支撑	300	200	—
3	其他拉杆、支撑、系杆等	400	350	—

表 8.6 受压构件的容许长细比

项次	构件名称	允许长细比
1	柱、桥架和天窗架构件	150
	柱的缀条、吊车梁或吊车桁架以下的柱间支撑	
2	支撑(吊车梁或吊车桁架以下的柱间支撑除外)	200
	用以减少受压构件长细比的杆件	

(三)轴心受压构件的稳定性

1. 轴心受压构件的屈曲形式

轴心受压构件丧失稳定而破坏的屈曲形式有以下三种，如图 8.23 所示。

(1)弯曲屈曲只发生弯曲变形,杆件的截面只绕一轴旋转,杆的纵轴线由直线变为曲线。对于一般双轴对称截面的轴心受压细长构件,弯曲屈曲是失稳后的主要屈曲形式,本单元只讨论弯曲屈曲。

(2)扭转屈曲:除支承端外的各截面均绕纵轴扭转,纯扭转屈曲很少单独发生。

(3)弯扭屈曲:杆件在发生弯曲变形的同时伴随着扭转。

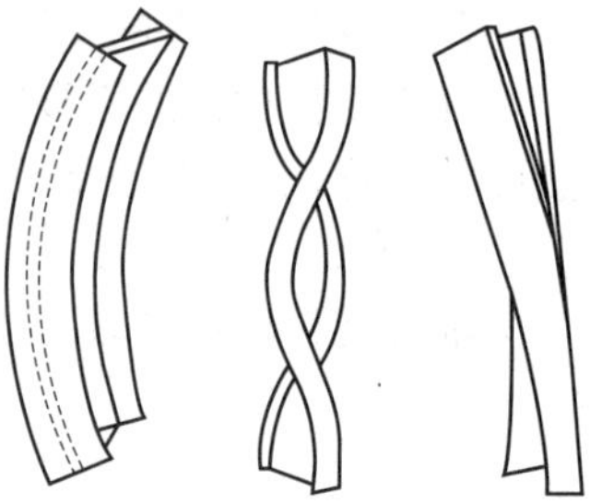

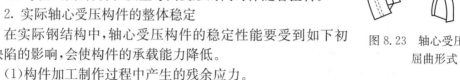

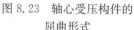

图 8.23 轴心受压构件的屈曲形式

2. 实际轴心受压构件的整体稳定

在实际钢结构中,轴心受压构件的稳定性能要受到如下初始缺陷的影响,会使构件的承载能力降低。

(1)构件加工制作过程中产生的残余应力。

残余应力是在杆件受荷前残存于截面内且能自相平衡的初始应力。主要产生原因是不均匀受热和不均匀冷却、板边缘经火焰切割后的热塑性收缩、型钢热轧后不均匀冷却。

(2)杆件轴线的初始弯曲、轴向力的初始偏心。

实际轴心压杆在制造、运输和安装过程中,不可避免地会产生微小的初弯曲;再因构造和施工等原因,还可能产生一定程度的初始偏心,与理想轴心压杆不同,这样的杆件一经荷载作用就弯曲,属偏心受压,其临界力要比理想压杆低,而且初弯曲和初偏心越大,此影响也就越大。

《钢结构标准》对轴心受压杆件的整体稳定计算采取下列形式:

$$\sigma = \frac{N}{A\varphi} \leqslant f \tag{8.13}$$

式中 N——轴心压力设计值;

A——构件截面的毛面积;

φ——轴心受压构件的整体稳定系数;

f——钢材的抗压强度设计值。

3. 实际轴心受压构件的局部稳定

(1)两种类型的局部失稳现象

①实腹式截面:轴心压杆中的板件(例如工字形组合截面中的腹板或翼缘板)如果太宽太薄,就可能在构件丧失整体稳定之前产生凹凸鼓屈变形(板件屈曲),如图 8.24(a)所示。

②格构式截面:轴心受压柱的肢件在缀条缀板的相邻节间作为单独的受压杆,当局部长细比较大时,可能在构件整体失稳之前产生失稳屈曲,如图 8.24(b)所示。

(2)局部稳定验算

实腹式轴心受压构件都是由一些板件组成的,其厚度与宽度相比都较小,因主要受轴心力作用,故应按均匀受压板计算其板件的局部稳定。

我国《钢结构标准》采用以板件屈曲作为失稳准则。如图 8.25(a)所示为工字形截面轴心压杆,按板的局部失稳不先于杆件的整体失稳的原则和稳定准则决定板件宽厚比(高厚比)限值。

工字形截面翼缘板自由外伸宽厚比、腹板的高厚比的限值分别为

$$\frac{b_1}{t} \leqslant (10 + 0.1\lambda)\sqrt{\frac{235}{f_y}}$$

$$\frac{h_0}{t_{\mathrm{w}}} \leqslant (25 + 0.5\lambda)\sqrt{\frac{235}{f_y}}$$

式中 λ——构件两方向长细比的较大值,当 $\lambda < 30$ 时取 $\lambda = 30$;当 $\lambda > 100$ 时,取 $\lambda = 100$。

箱形截面腹板高厚比的限制为

$$\frac{b_0}{t} 或 \frac{h_0}{t} \leqslant 40\sqrt{\frac{235}{f_y}}$$

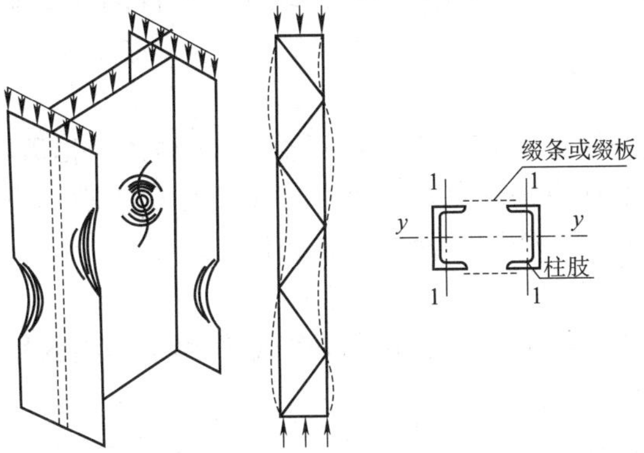

(a) 实腹式截面　　(b) 格构式截面

图 8.24　轴心受压构件的稳定性

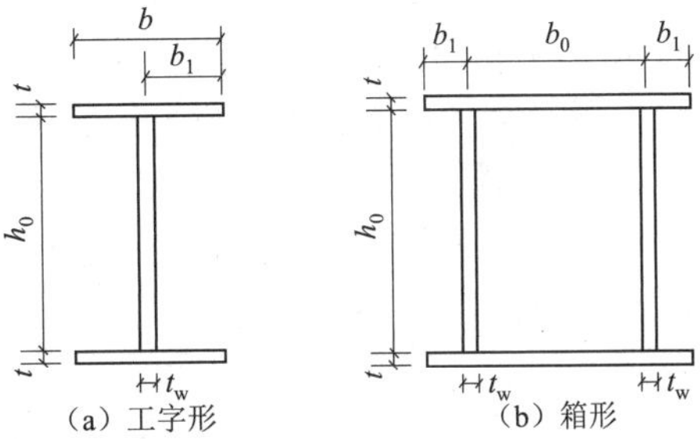

(a) 工字形　　(b) 箱形

图 8.25　工字形、箱形截面板件尺寸

格构柱的单肢在缀件的相邻节间形成了一个单独的轴心受压构件，为保证在承受荷载作用时，单肢稳定性不低于构件的整体稳定性。在钢结构中，要求其单肢长细比 λ_1 应小于规定的许可值。

缀条式格构式：

$$\lambda_1 \leqslant 0.7\lambda$$

缀板式格构式：

$$\lambda_1 \leqslant 0.5\lambda，且不大于 40$$

式中　λ ——构件两方向长细比(对虚轴取换算长细比)的较大值，当 $\lambda > 50$ 时，取 $\lambda = 50$；

λ_1 ——单肢的长细比 $\lambda_1 = l_1/i_1$，l_1 为缀板间距或缀条节点距离。

(四)拉弯与压弯构件的检算

同时承受轴向拉力和弯矩或横向荷载共同作用的构件称为拉弯构件；同时承受轴向压力和弯矩或横向荷载共同作用的构件称为压弯构件。工程中也常把这两类构件称为偏心受拉和偏心受压构件。拉弯和压弯构件的破坏有强度破坏和整体(局部)失稳破坏，本部分主要内容为实腹式单向拉弯与压弯构件的强度、刚度、稳定性检算。

1. 强度检算

考虑轴向力和弯矩的共同作用，可按下式检算：

$$\frac{N}{A_n} \pm \frac{M_x}{\gamma_x W_{nx}} \leqslant f \tag{8.14}$$

式中　N ——轴向拉力或压力；

A_n ——构件净截面面积；

M_x ——绕 x 轴方向的弯矩；

γ_x ——截面塑性发展系数，当压弯构件受压翼缘的自由外伸宽度与其厚度之比大于 $13\sqrt{\frac{235}{f_y}}$ 且不超过 $15\sqrt{\frac{235}{f_y}}$ 时，取 $\gamma_x = 1.0$；需疲劳计算时，宜取 $\gamma_x = 1.0$；

W_{nx} ——构件净截面模量。

2. 刚度检算

采用长细比来控制：

$$\lambda_{max} \leqslant [\lambda]$$

式中　$[\lambda]$——构件容许长细比。

当弯矩较大而轴力较小或有其他特殊需要时，还需检算拉弯构件或压弯构件的挠度或变形条件是否满足要求。

3. 稳定性检算

单向压弯构件的破坏形式较复杂，对于大多数压弯构件来说，最危险的是整体失稳破坏。单向压弯构件可能在弯矩作用平面内弯曲失稳，如果构件在非弯曲方向没有足够的支承，也可能产生侧向位移和扭转的弯扭失稳破坏形式，即弯矩作用平面外的失稳破坏。

(1)弯矩作用平面内的稳定

对弯矩作用在对称轴平面内(设绕 x 轴)的实腹式压弯构件，其在弯矩作用平面内的稳定条件按下式检算：

$$\frac{N}{\varphi_x A} + \frac{\beta_{mx} M_x}{\gamma_x W_{1x}\left(1 - 0.8\dfrac{N}{N_{Ex}}\right)} \leqslant f \tag{8.15}$$

式中　N——所计算构件段范围内的轴心压力；

φ_x——弯矩作用平面内的轴心受压构件稳定系数；

A——构件毛截面面积；

M_x——所计算构件段范围内的最大弯矩；

W_{1x}——弯矩作用平面内截面的最大受压纤维的毛截面模量；

γ_x——截面塑性发展系数；

N_{Ex}——考虑抗力分项系数的欧拉临界力，$N_{Ex} = \dfrac{\pi^2 EA}{\gamma_R \lambda_x^2}$；

β_{mx}——等效弯矩系数，按《钢结构标准》中的规定采用。

(2)弯矩作用平面外的稳定

当弯矩作用在压弯构件截面最大刚度平面内时如果构件抗扭刚度和垂直于弯矩作用的抗弯刚度较小，而侧向又没有足够的支承以阻止构件的侧移和扭转，构件就可能向平面外发生侧向弯扭屈曲而破坏，按下式检算：

$$\frac{N}{\varphi_y A} + \eta\frac{\beta_{tx} M_x}{\varphi_b W_{1x}} \leqslant f \tag{8.16}$$

式中　M_x——所计算构件范围内(构件侧向支承点之间)的最大弯矩设计值；

φ_y——弯矩作用平面外的轴心受压构件稳定系数；

β_{tx}——弯矩作用平面外等效弯矩系数，取值方法与相同；

η——截面影响系数，闭口截面取 0.7，其他截面取 1.0；

φ_b——均匀弯曲的受弯构件整体稳定系数，对闭口截面取 1.0；其余参照规范公式计算腹式压弯构件，当翼缘和腹板由较宽、较薄的板件组成时，有可能会丧失局部稳定，进行局部稳定验算。

①翼缘板的局部稳定

压弯构件翼缘的局部稳定与受弯构件类似，应限制翼缘的宽厚比，即翼缘板的自由端长度 b_l 与其厚度 t 之比，应符合下列要求：

$$\frac{b_l}{t} \leqslant 13\sqrt{\frac{235}{f_y}}$$

当强度和稳定性计算中取 $\gamma_x=1$ 时，可放宽

$$\frac{b_l}{t}\leqslant 15\sqrt{\frac{235}{f_y}}$$

②腹板的局部稳定

为保证压弯构件的局部稳定，对腹板计算高度 h_0 与厚度 t_w 之比的限值见《钢结构标准》。

对工字形和 H 形截面：

当 $0\leqslant\alpha_0\leqslant 1.6$ 时，$\dfrac{h_0}{t_w}\leqslant(16\alpha_0+0.5\lambda+25)\sqrt{\dfrac{235}{f_y}}$；

当 $\alpha_0\geqslant 1.6$ 时，$\dfrac{h_0}{t_w}\leqslant(48\alpha_0+0.5\lambda-26.2)\sqrt{\dfrac{235}{f_y}}$。

式中，$\alpha_0=\dfrac{\sigma_{max}-\sigma_{min}}{\sigma_{max}}$。

知识拓展——大兴国际机场为何被称为“世界新七大奇迹”榜首

北京大兴国际机场(图 8.26)坐落于永定河北岸，单体建筑面积 140 万 m^2，机场建设历时四年，耗资 800 亿元。

北京大兴国际机场定位为大型国际航空枢纽、国家发展新的动力源、支撑雄安新区建设的京津冀区域综合交通枢纽，将在 2021 年和 2025 年分别实现旅客吞吐量 4 500 万人次、7 200 万人次的建设投运目标；将与北京首都国际机场形成协调发展、适度竞争、具有国际竞争力的“双枢纽”机场格局，推动京津冀机场建设成为世界级机场群。

图 8.26　大兴国际机场图

• 首座实现高铁下穿航站楼

新机场的航站楼下将有包括京雄城际铁路、地铁大兴机场线、廊涿城际、S6 线等多条轨道线路。高铁在地下穿越航站楼时的最高时速 350 km，这种穿越和速度设计是全球机场首次实现。

• 世界最大单体减隔振建筑

航站楼共使用 1 320 套隔振装置，为全球最大的单体隔振建筑，建设了世界最大单块混凝土板，抗振设防烈度达 8 度。

• “黑科技”有多智能突破

大兴国际机场采用了智能旅客安检系统。这个系统具备旅客自助验证、防止漏验错判、无感身份识别、人包自动绑定、行李识别分拣、托盘自动回传、信息自动集成、信息快速查询 8 项功能特征。

机场高速全线应用自融冰雪路面技术，北京大兴国际机场高速全线大面积采用了融冰雪材料，可以把结冰点降到零下 12℃左右。这一技术克服了冰雪天气对高速通行能力的影响，同时也大大减少了常规融雪剂材料的使用，减少了对环境和桥梁结构的破坏。

这也是在国内首次在一个项目中，如此大范围地采用自融冰雪路面技术。

• 国内首创层间隔振技术

航站楼距离高铁垂直距离仅为 11 m，高铁以 250 km 的时速通过 510 m 长的高铁隧道时，会产生较强的振动和较大风压。

北京大兴国际机场为世界最大综合交通枢纽、世界首座"双进双出"式航站楼、世界首座高铁下穿的航站楼……初步统计，北京大兴国际机场已经创造了 40 余个国际、国内第一。英国《卫报》更是将其评为"新世界七大奇迹"之首。

思考题

8-1　钢结构的连接方法有哪些？

8-2　轴心受压构件丧失稳定而破坏的屈曲形式有哪些？

8-3　气体保护焊的优点有哪些？

8-4　长细比过大的轴心受压构件，产生的不利影响有哪些？

8-5　什么是钢结构？钢结构的优点有哪些？

参 考 文 献

[1]　中华人民共和国建设部. 建筑结构可靠度设计统一标准：GB 50068—2018[S]. 北京：中国建筑工业出版社，2018.

[2]　中国建筑科学研究院. 混凝土结构设计规范：GB 50010—2010[S]. 北京：中国建筑工业出版社，2010.

[3]　沈蒲生. 混凝土结构设计原理[M]. 北京：高等教育出版社，2012.

[4]　中国建筑科学研究院. 混凝土结构工程施工规范：GB 5066—2011[S]. 北京：中国建筑工业出版社，2011.

[5]　李生勇. 混凝土结构与砌体结构[M]. 哈尔滨：哈尔滨工业大学出版社，2013.

[6]　中国建筑科学研究院. 混凝土结构工程施工质量验收规范：GB 50204—2015[S]. 北京：中国建筑工业出版社，2015.

[7]　滕智明，朱金铨. 混凝土结构及砌体结构[M]. 2 版. 北京：中国建筑工业出版社，2003.

[8]　蓝宗建，朱万福. 混凝土结构与砌体结构[M]. 南京：东南大学出版社，2007.

[9]　中国建筑科学研究院. 建筑结构荷载规范：GB 50009—2012[S]. 北京：中国建筑工业出版社，2012.

[10]　徐有邻，周氐. 混凝土结构设计规范理解与应用[M]. 北京：中国建筑工业出版社，2002.

[11]　沈蒲生，罗国强. 混凝土结构[M]. 北京：中国建筑工业出版社，2011.

[12]　王文睿，张乐荣. 混凝土结构及砌体结构[M]. 北京：北京师范大学出版社，2010.

[13]　沈蒲生. 混凝土结构设计新规范(GB 50010—2010)解读[M]. 北京：机械工业出版社，2011.

[14]　李小敏. 混凝土结构与砌体结构[M]. 杭州：浙江大学出版社，2011.

[15]　陈志华. 钢结构原理[M]. 武汉：华中科技大学出版社，2007.

[16]　陈绍蕃，顾强. 钢结构基础[M]. 2 版. 北京：中国建筑工业出版社，2007.

[17]　丁广炜，袁光英. 混凝土钢结构检算[M]. 北京：人民交通出版社，2015.

附　　录

附表 1　钢筋的计算截面面积及理论质量

公称直径(mm)	不同根数钢筋的计算截面面积(mm²)									单根钢筋理论质量(kg/m)
	1	2	3	4	5	6	7	8	9	
6	28.3	57	85	113	142	170	198	226	255	0.222
6.5	33.2	66	100	133	166	199	232	265	299	0.260
8	50.3	101	151	201	252	302	352	402	453	0.395
8.2	52.8	106	158	211	264	317	370	423	475	0.432
10	78.5	157	236	314	393	471	550	628	707	0.617
12	113.1	226	339	452	565	678	791	904	1 017	0.888
14	153.9	308	461	615	769	923	1 077	1 231	1 385	1.21
16	201.1	402	603	804	1 005	1 206	1 407	1 608	1 809	1.58
18	254.5	509	763	1 017	1 272	1 526	1 780	2 036	2 290	2.00
20	314.2	628	941	1 256	1 570	1 884	2 200	2 513	2 827	2.47
22	380.1	760	1 140	1 520	1 900	2 281	2 661	3 041	3 421	2.98
25	490.9	982	1 473	1 964	2 454	2 945	3 436	3 927	4 418	3.85
28	615.8	1 232	1 847	2 463	3 079	3 695	4 310	4 926	5 542	4.83
32	804.2	1 609	2 413	3 217	4 021	4 826	5 630	6 434	7 238	6.31
36	1 017.9	2 036	2 054	4 072	5 089	6 107	7 125	8 143	9 161	7.99
40	1 256.6	2 513	3 770	5 027	6 283	7 540	8 796	10 053	11 310	9.87
50	1 964	3 928	5 892	7 856	9 820	11 784	13 748	15 712	17 676	15.42

注：表中直径 d=8.2 mm 的计算截面面积及理论重量仅适用于有纵肋的热处理钢筋。

附表 2 每米板宽内的钢筋截面面积表

钢筋间距(mm)	当钢筋直径(mm)为下列数值时的钢筋截面面积(mm^2)											
	4	5	6	8	10	12	14	16	18	20	22	25
70	180	280	404	718	1 122	1 616	2 199	2 872	3 635	4 488	5 430	7 012
75	168	262	377	670	1 047	1 508	2 053	2 681	3 393	4 189	5 068	6 545
80	157	245	353	628	982	1 414	1 924	2 513	3 181	3 927	4 752	6 136
90	140	218	314	559	873	1 257	1 710	2 234	2 827	3 491	4 224	5 454
100	126	196	283	503	785	1 131	1 539	2 011	2 545	3 142	3 801	4 909
110	114	178	257	457	714	1 028	1 399	1 828	2 313	2 856	3 456	4 462
120	105	164	236	419	654	942	1 283	1 676	2 121	2 618	3 168	4 091
125	101	157	226	402	628	905	1 232	1 608	2 036	2 513	3 041	3 927
130	97	151	217	387	604	870	1 184	1 547	1 957	2 417	2 924	3 776
140	90	140	202	359	561	808	1 100	1 436	1 818	2 244	2 715	3 506
150	84	131	188	335	524	754	1 026	1 340	1 696	2 094	2 534	3 272
160	79	123	177	314	491	707	962	1 257	1 590	1 963	2 376	3 068
170	74	115	166	296	462	665	906	1 183	1 497	1 848	2 236	2 887
175	72	112	162	287	449	646	880	1 149	1 454	1 795	2 172	2 805
180	70	109	157	279	436	628	855	1 117	1 414	1 745	2 112	2 727
190	66	103	149	265	413	595	810	1 058	1 339	1 653	2 001	2 584
200	63	98	141	251	392	565	770	1 005	1 272	1 571	1 901	2 454
250	50	79	113	201	314	452	616	804	1 018	1 257	1 521	1 963
300	42	65	94	168	262	377	513	670	848	1 047	1 267	1 636